LE MICROSCOPE

ET

L'ANATOMIE VÉGÉTALE

LIBRAIRIE F. SAVY

LE MICROSCOPE
MANUEL A L'USAGE DES ÉTUDIANTS
PAR H. FREY
PROFESSEUR A L'UNIVERSITÉ DE ZURICH

TRADUIT DE L'ALLEMAND SUR LA DEUXIÈME ÉDITION

Par le Dr P. SPILLMANN

1 vol. in-18, avec 62 figures dans le texte et une note sur l'emploi des objectifs à correction et à immersion. . . . . 4 fr.

RECHERCHES
SUR
LA STRUCTURE DU PISTIL
ET SUR L'ANATOMIE COMPARÉE DE LA FLEUR
PAR
PH. VAN TIEGHEM
MAITRE DE CONFÉRENCES A L'ÉCOLE NORMALE

Paris, 1871. 2 vol. in-4, avec 16 planches gravées.. . . . . 20 fr.

ICONOGRAPHIE
DES MOUSSES
PAR
R. KLEINHANS

Paris, 1871. 1 vol. in-4, cartonné en toile anglaise, contenant 30 planches gravées, représentant 270 espèces, avec texte explicatif en regard. 25 fr.

PARIS. — IMP. SIMON RAÇON ET COMP., RUE D'ERFURTH, 1.

LE MICROSCOPE

ET

SON APPLICATION SPÉCIALE A L'ÉTUDE DE

L'ANATOMIE VÉGÉTALE

PAR

LE DR H. SCHACHT

TRADUCTION FRANÇAISE

PUBLIÉE D'APRÈS LA TROISIÈME ÉDITION ALLEMANDE

PAR

M. DALIMIER

Ancien élève de l'École normale supérieure, professeur au Lycée de Rennes

Avec 100 figures intercalées dans le texte, et 2 planches

PARIS

F. SAVY, LIBRAIRE-ÉDITEUR

24, RUE HAUTEFEUILLE, 24

M DCCC LXV

PRÉFACE DE L'AUTEUR.

La 3e édition de cet ouvrage est, comme les précédentes, destinée à servir de fil conducteur aux débutants dans les recherches microscopiques, et spécialement aux botanistes.

J'y ai conservé les divisions principales, si ce n'est que le 4e et le 5e chapitre ont été confondus ici en un seul; mais le fond de l'ouvrage a été complétement remanié et j'aurai atteint mon but s'il donne aux étudiants le moyen de se familiariser avec le microscope.

A propos des différents microscopes, j'ai donné mon opinion d'une manière générale et indiqué avec soin à quelle époque remontaient les instruments dont je me suis servi; il est possible que depuis mes observations, grâce à l'active concurrence qui existe aujourd'hui entre nos opticiens, il se soit produit dans ces instruments des améliorations qui me soient restées inconnues.

J'ai rassemblé, au sujet de la préparation des objets d'une manière générale, un grand nombre de petits secrets de manipulation qui m'ont été suggérés par une longue expérience.

Dans le IVe chapitre, j'ai, d'après l'ordre de mon *Lehrbuch* et de mon *Grundriss*, exposé rapidement tous les problèmes importants d'anatomie, de morphologie et d'or ganogénie végétale, et, dans chacune de ces questions, j'ai indiqué la méthode spéciale à suivre et les plantes à choisir pour voir convenablement les choses. On pourra recourir, pour avoir plus de détails sur certains points, aux deux livres désignés ci-dessus, ou simplement aux figures sur bois extraites de ces ouvrages. J'ai fait mention dans ce chapitre des découvertes les plus récentes de la science. Pour l'organogénie de la fleur, j'ai choisi de nouveaux exemples.

Enfin, les deux derniers chapitres traitent du dessin et de la conservation des préparations microscopiques; j'y ai fait mention de mes découvertes les plus récentes.

Cette troisième édition est, je le répète, complétement refondue; j'espère qu'elle remplira son but et sera, pour les étudiants, un conseiller utile dans leurs recherches microscopiques.

Bonn, décembre 1861.

HERMANN SCHACHT.

PRÉFACE DU TRADUCTEUR.

En livrant à l'impression la traduction de l'ouvrage du Dr. *Schacht*, je désire expliquer au lecteur comment j'ai été conduit à entreprendre cette publication.

Mon frère *Paul Dalimier*, maître de conférences à l'Ecole normale supérieure, avait trouvé dans ce livre des ressources précieuses pour son enseignement et en avait entrepris la traduction pour son usage particulier. Quelques botanistes éminents ont bien voulu l'engager à livrer sa traduction à la publicité, et, sur cette invitation flatteuse, il s'était mis à l'œuvre. Il craignait de ne pouvoir justifier l'excès de confiance qu'on voulait bien lui accorder: il fut entraîné par son ardeur au travail, par son amour pour la science.

Mais, hélas! cette ardeur devait bientôt s'éteindre. Une douloureuse maladie est venue nous l'enlever au début de sa carrière, au début de ce travail.

Je me suis fait un devoir de continuer moi-même son œuvre avec les quelques documents qu'il m'a laissés. Il me manquait, pour faire consciencieusement ce travail, une connaissance approfondie de la langue allemande; mais, en l'entreprenant, je savais pouvoir compter sur le concours de Mr. *Van Tieghem*, préparateur à l'Ecole normale. Ce concours ne m'a pas fait défaut, et je tiens à en remercier ici publiquement Mr. *Van Tieghem*. Grâce à sa précieuse collaboration, j'ai pu terminer un ouvrage qui, je l'espère, rendra quelques services en France.

Comme l'indique le titre du livre, c'est surtout au point de vue de l'anatomie végétale que l'auteur s'occupe de l'emploi du microscope. Or c'est précisément vers cette branche de la science que semblent se diriger aujourd'hui les efforts de beaucoup de botanistes. Je serai heureux et j'aurai atteint mon but si ce traité d'anatomie, qui est, par dessus tout, un livre pratique, peut faciliter le travail aux jeunes étudiants et contribuer ainsi au progrès des sciences.

St. Lo (Manche), 5 septembre 1864.

JULES DALIMIER.

NOTES DU TRADUCTEUR.

Depuis la publication de l'ouvrage du Dr. *Schacht*, Mr. Van Tieghem a inséré dans le bulletin de la société botanique de France (séances des 8 mai et 12 juin 1863) une note très-intéressante relativement aux colorations que communiquent les acides aux tissus d'un grand nombre de végétaux. Ces colorations peuvent être d'un grand secours pour l'étude de l'anatomie végétale; aussi ai-je tenu à combler la lacune qui existe à ce sujet dans cet ouvrage.

Je me fais également un devoir de signaler les derniers perfectionnements que Nachet a apportés à ses appareils déjà si remarquables.

I.

Si l'on plonge dans une goutte d'acide chlorhydrique étendu une coupe de tige de rosier, pour l'examiner ensuite au microscope, ou voit, au bout de quelques minutes, tous les ilôts du liber colorés en un beau rose violacé; le réactif ne colore ni les cellules de l'écorce, ni le cambium; la teinte rose se montre également dans le bois, mais elle s'y limite le plus souvent à la zône la plus extérieure et à celle qui entoure immédiatement la moelle.

L'examen de coupes faites à différentes hauteurs sur une très-jeune branche de rosier, et traitées par l'acide chlorhydrique, montre que ce sont les jeunes vaisseaux du bois qui se colorent les premiers; le liber très-jeune ne se colore pas; plus âgé, il prend une teinte rose pâle, enfin il devient rose vif; les fibres du bois se comportent comme celles du liber. Passe-t-on de là à une branche de plusieurs années, on voit le liber conserver indéfiniment sa propriété, et le

*

bois la perdre peu à peu à mesure que ses couches sont plus anciennes, tandis que la coloration persiste dans la couche la plus récente et dans l'étui médullaire où le tissu conserve une certaine jeunesse; ce résultat s'explique par l'incrustation des fibres ligneuses.

Au lieu de traiter des coupes de tiges ou de racines par une goutte d'acide, on peut profiter de l'évaporation dont les feuilles sont le siége, pour faire monter l'acide étendu dans les branches; on les colore ainsi en rose dans toute leur longueur, et, en disséquant ensuite le végétal, on peut suivre la marche des faisceaux fibro-vasculaires colorés dans les racines, les tiges, et les feuilles, comme on suit le cours d'une artère injectée dans une préparation d'anatomie.

La formation d'un composé rose dans les fibres et les vaisseaux, par l'action des acides sur les principes immédiats dont ils sont imprégnés, n'est pas un fait général, bien qu'il se retrouve dans un grand nombre de familles importantes (Amentacées, Conifères, Rosacées, Ericinées, Hippocastanées, Ampélidées, etc.). Il existe des végétaux où les acides déterminent des colorations bien différentes: bleu foncé (hippophaé), bleu cendré (Aconit, Nigelle, Narcisse), vert (Berberis), vert d'eau (renoncule, Caltha), jaune brillant (Allium). Enfin, dans certaines familles importantes il ne se produit aucune coloration (Composées, Labiées, Scrofularinées, Crucifères, Caryophyllées, Légumineuses sauf quelques exceptions, etc.).

Cette action colorante n'appartient pas en propre à l'acide chlorhydrique: les acides sulfurique, nitrique, et phosphorique étendus l'exercent aussi; les acides oxalique et acétique la possèdent à un moindre degré.

Signalons, en terminant, l'application que l'on peut faire de cette réaction pour déceler dans un tissu le mélange de fibres textiles provenant de végétaux différents.

Mr. *Payen* avait déjà indiqué la coloration violacée que prennent les tiges de Conifères plongées dans l'acide chlorhydrique étendu (mars 1863), et Mr. GUILLARD est arrivé, de son côté, aux résultats énoncés plus haut (Comptes rendus de l'académie des Sciences, 15 juin 1863). —

II.

A propos de la description des microscopes de NACHET, je parlerai des *objectifs à immersion et correction* que Mr. SCHACHT n'a pu décrire dans son ouvrage: cela servira, en même temps, de description générale des objectifs. La fig. (1) représente la forme extérieure d'un objectif à correction: le collier, à deux rangs de molletés, sert, à l'aide d'un pas de vis très-fin, à faire éloigner ou rapprocher la première lentille des deux supérieures. Ces modifications ont pour résultat de corriger les aberrations produites dans les images par l'épaisseur du verre mince recouvrant l'objet, cette épaisseur devant toujours être une fonction de la distance de la lentille à l'objet lui-même. Ainsi, si on place sur l'objet un verre mince, relativement épais, on augmentera la distance focale en remontant la première lentille près des deux autres, pour avoir le meilleur effet. Si, au contraire, la préparation est couverte d'un verre extrêmement mince, il faudra séparer la première lentille des deux autres.

Fig. 1.

La fig. (1) montre un petit curseur servant d'index aux deux lignes C et D qui correspondent aux positions extrêmes: 1° *couvert* d'un verre épais, 2° *découvert* ou couvert d'un verre extra-mince.

Cette correction s'opère, du reste, par tâtonnement, puisque, le plus souvent, on ne peut apprécier l'épaisseur du verre mince. On opère, dans ce cas, de la manière suivante: l'objectif étant remonté, c'est-à-dire à C, pour l'épaisseur la plus grande qu'il comporte, on dévisse un peu le collier et l'on met au foyer en descendant ainsi lentement, à deux ou trois reprises, avec une main, pendant que l'autre ajuste au foyer par la vis de rappel; on arrive rapidement à la meilleure correction possible.

Il est clair, d'après cela, que si, pour des préparations à faire, ou avait des verres minces choisis à l'épaisseur convenable à un objectif, la correction serait inutile. C'est ce qu'admet *Nachet* en faisant des objectifs à immersion sans correction, applicables surtout aux études d'anatomie dans lesquelles, heureusement, les objets étant contenus dans un liquide, l'influence du verre mince se fait moins sentir.

Avec un objectif N°. 7 ou 8 de *Nachet* on voit, dans la lumière centrale, les facettes hexagonales du *Pleurosigma* angulata, et, avec une lumière de 30° environ d'obliquité, on aperçoit les stries fines du *Grammatophora subtilissima* et du *Surirella gemma*.

Remarquons ici, et c'est un éclaircissement nécessaire pour le lecteur de ce livre, que les numéros des objectifs des différents opticiens ne coïncident pas: ainsi, le N° 7 d'Oberhaeuser ou Hart-

NACK correspond au N° 3 de NACHET; de même le N° 9 correspond au N° 6 de NACHET. — NACHET s'est surtout préoccupé de garder la plus grande distance focale possible dans ses objectifs forts, et je crois qu'il n'en existe pas d'autres qui permettent l'emploi de verres aussi épais.

III.

Microscope binoculaire.

La disposition que Mr. NACHET a adoptée pour appliquer le microscope binoculaire à tous les instruments d'ancienne forme est représentée par la figure 2. L'appareil est composé de deux corps se séparant à volonté: l'un, A, entre dans le tube ordinaire du microscope et sert à recevoir le système prismatique produisant les deux images propres à donner l'effet stéréoscopique; le corps B, fixé sur le prisme latéral, peut être, à l'aide d'une vis, éloigné ou rapproché du tube A. On peut donc placer les deux oculaires à une distance convenable pour l'écartement des yeux des observateurs, et fusionner sans effort les deux images. Ces images étant dissemblables et provenant de perspectives différentes données par l'objectif, produisent un effet de relief saisissant, et font comprendre, du premier coup d'œil, les organisations les plus compliquées.

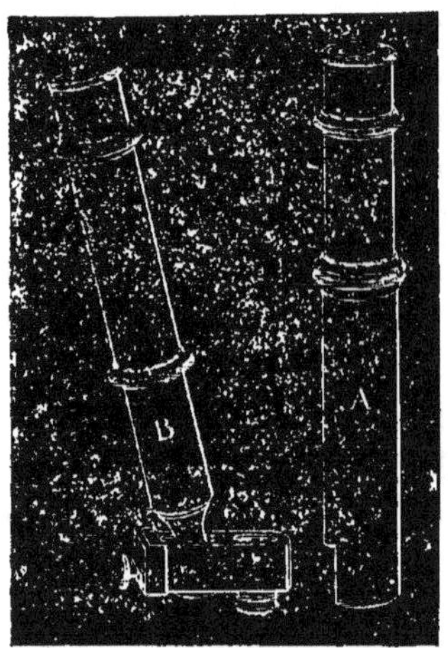

Fig. 2.

L'application de cet appareil aux microscopes de toute forme est extrêmement facile: les objectifs à employer restent les mêmes, et l'on évite ainsi, par cette disposition, l'acquisition d'un instrument spécial.

JULES DALIMIER.

EXPLICATION DES PLANCHES.

Pl. I.

Fig. 1. Pointe d'un sac embryonnaire non fécondé de *Crocus vernus*, avec l'appareil filiforme des deux vésicules dont le globule de protoplasma est dissous dans l'eau du porte-objet; *se* membrane du sac embryonnaire[1]); *x* appareil filiforme.

Fig. 2. Pointe du sac embryonnaire de *Zea Maïs* récemment fécondé. Le globule de protoplasma *y*, muni encore de son appareil filiforme *x*, s'élève très-nettement au-dessus de la membrane du sac embryonnaire *se*.

Fig. 3. Pointe du sac embryonnaire de *Pedicularis silvatica*, récemment fécondé. *a*, place de la vésicule qui ne s'est pas développée; *y*, la vésicule qui s'élève à une hauteur de $\frac{16}{400}$ de millimètre au dessus de la membrane du sac embryonnaire. L'ouverture du sac embryonnaire est ici extrêmement nette; onremarque aussi que la paroi de la vésicule développée s'est épaissie dans sa partie supérieure.

Fig. 4. Une vésicule embryonnaire de *Phormium tenax*, récemment fécondée; le petit appareil filiforme (*x*) persiste encore sur le globule de protoplasma *(y)*, qui s'est déjà recouvert d'une membrane solide, et est lié intimement avec lui.

Fig. 5. Le petit microscope (D) de *Bénèche*, réduit de moitié. *a*, l'oculaire; *b* et *c*, tubes glissant l'un dans l'autre, ce qui permet de raccourcir l'appareil; *d*, le tube auquel est adapté le pied pesant de l'appareil; *e*, l'objectif, vissé sur le tube; *f*, le porte-objet, qui peut être élevé ou abaissé au moyen d'une vis *k*; *g*, le bras qui relie le tube à la tige *t* du pied; *o*, le miroir, qui est relié par la fourchette *p* au bras *r*, et peut être déplacé par suite de la mobilité de ces dernières parties; *u*, le disque rond du pied; *n*, le trou du porte-objet; *x*, une cheville de fer, au-dessous de la table, contre laquelle presse la tige *y*, disposition qui est maintenant complétement supprimée.

Fig. 6. Le prisme à dessiner, dont l'anneau *z* peut glisser sur le tube du microscope, et est supporté par l'anneau *z* (fig. 5).

Fig. 7. Le microscope III de *Zeiss*, réduit de moitié. *a*, l'oculaire; *b* et *c*, le tube, qui ne peut pas se raccourcir; *d*, le fourreau dans lequel

---

[1]) Par l'action de la dissolution iodée de chlorure de zinc, l'appareil filiforme du *Crocus* et du *Gladiolus* se colore nettement en bleu, ce qui montre son analogie avec la matière cellulaire: la manière dont il se comporte au microscope polarisant, ne le rapproche nullement de la cuticule *(Hofmeister)*.

le tube peut monter ou descendre; *e*, l'objectif; *g*, le bras qui réunit le tube au pied *t; k*. la tête de vis qui sert à ajuster définitivement l'appareil, en faisant monter ou descendre le bras *g* au moyen d'un mécanisme qui est caché dans le pied *t*; *x*, le régulateur de ce mouvement; *f*, une table immobile sur laquelle s'appuient deux ressorts; *n* un disque de verre arrondi à sa partie inférieure; *o*, le miroir qui est mobile au moyen du bras *r*, et de la fourchette *p*, et peut être déplacé de l'axe du microscope. — Le microscope III b. ressemble au précédent; seulement son miroir est plus grand et présente une face plane et l'autre concave, et il est muni d'un pied très-lourd en fer à cheval.

Fig. 7 A. Coupe transversale de la table du microscope précédent; f, la table plate; *n,* la masse sphérique (grandeur naturelle).

Fig. 8—10. *Pleurosigma angulatum* (p. 28).

Fig. 8. La paroi siliceuse, grossie 360 fois. Les trois systèmes de stries sont encore trop fins pour pouvoir être représentés dans cette figure.

Fig 9. Partie de cette enveloppe de silice grossie 960 fois, dessinée avec la chambre claire d'Oberhäuser.

Fig. 10. Figure idéale. *a* et *b* les deux systèmes de lignes obliques, qui se coupent suivant un angle de 60°; *c*, le troisième système de lignes horizontales qui forment encore un augle de 60° avec les précédentes et dessinent ainsi des hexagones entourés chacun de six petits triangles. Le losange *x* est formé par le croisement des lignes obliques seules, et la ligne ponctuée *d* représente le cas où les lignes horizontales rencontrent les lignes obliques de telle façon que les petits triangles disparaissent.

Fig. 11 et 12. *Nitzschia sigmoïdea* (p. 30).

Fig. 11. L'enveloppe siliceuse, grossie 360 fois.

Fig. 12. Une partie de cette enveloppe, grossie 960 fois. La bandelette qui se trouve sur le côté paraît convexe; elle se dilate et se rétrécit, ce qu'il est impossible de figurer ici.

Fig. 13. *Grammatophora subtilissima* (p. 30).

La paroi siliceuse, placée dans le baume de Canada, grossie 960 fois avec la lentille N°. 10. de *Hartnack*, dans la lumière oblique.

Fig. 14 et 15. *Surirella Gemma* (p. 32).

Fig. 14. L'enveloppe siliceuse, grossie 360 fois.

Fig. 15. La partie centrale grossie 960 fois avec la lentille N° 10 de *Hartnack*, dans la lumière oblique.

Fig. 16 et 17. *Ecaille d'Hipparchia Janira.* (p. 27).

Fig. 16. L'écaille tout entière, grossie 360 fois.

Fig. 17. Petite partie de l'écaille, grossie 960 fois.

Fig. 18 et 19. *Ecaille de Podura plumbea* (p. 31).

Fig. 18. Ecaille entière, grossie 360 fois.

Fig. 19. Fragment de cette écaille, grossi 960 fois.

Pl. II.

Abréviations employées dans cette planche:

anth. Anthére
br. bractée
gm. gemmule
grm. embryon
pet. pétale
pl. placenta
sep. sépale
stg. stigmate.
stl. style.

Fig. 1—13. Ananassa sativa (p. 243).

Fig. 1. Une bractée, ou feuille de l'enveloppe externe, avec un tout jeune bouton. *(gm.)*

Fig. 2. Une fleur ouverte; l'ovaire a été enlevé avec le scalpel.

Fig. 3. Coupe longitudinale par le milieu de la fleur.

Fig. 4. Une feuille du calice, isolée.

Fig. 5. Coupe transversale par la pointe d'un jeune bouton; elle traverse les deux premiers verticilles (calice et corolle.)

Fig. 6. Coupe transversale d'un autre bouton dans lequel toutes les parties sont également développées.

Fig. 7. Un pétale avec deux étamines dont l'une repose, en x, dans une sorte de gouttière formée par le pétale.

Fig. 8. Coupe transversale du *style.*

Fig. 9. Coupe transversale d'un ovaire.

Fig. 10. Coupe longitudinale par le milieu d'un ovaire.

Fig. 11. La partie supérieure du stigmate, avec ses trois branches.

Fig. 12. Coupe transversale d'une anthére.

Fig. 13. Un grain de pollen; x, pli par où se développera le tube pollinique.

Fig. 14—26. Matthiola maderensis. (p. 246).

Fig. 14. Le cône de végétation; premier élément d'une fleur, vu d'en haut.

Fig. 15. Le même, après l'apparition des deux premiers sépales.

Fig. 16. Le même, après l'apparition du premier et du second verticille calicinal, tous deux binaires.

Fig. 17. Coupe transversale, faite un peu plus tard. On constate l'apparition du verticille suivant, de la corolle, qui est quaternaire.

Fig. 18. Coupe transversale, faite encore plus tard. Le quatrième verticille, binaire, a paru (les étamines ont un court filet, et ressemblent à deux mamelons).

Fig. 19. Coupe transversale, dans un développement plus avancé. Les quatre pétales, lorsque la fleur est achevée, se sont moins développés que les autres verticilles, et ne sont plus visibles. On voit le cinquième verticille, qui est quaternaire; ces étamines ont un long filet.

Fig. 20. Coupe transversale dans la partie inférieure d'un bouton dont toutes les parties sont complétement développées. On voit ici les pétales avec leurs onglets, et les 4 anthéres du même verticille avec leurs longs filaments. Les nervures médianes des deux feuilles de l'ovaire se rapprochent pour former une cloison.

Fig. 21. Coupe transversale dans l'ovaire d'une fleur achevée. *y*, la paroi de séparation, contre laquelle sont attachés deux ovules.

Fig. 22. Une fleur achevée dont le calice et la corolle sont enlevés.

Fig. 23. La figure précédente, moins les deux étamines de devant.

Fig. 24. Une fleur, peu de temps avant son épanouissement.

Fig. 25. Un pétale d'une fleur ouverte.

Fig. 26. Un grain de pollen dépouillé de son exine.

Fig. 27—33. **Lythrum virgatum.** (p. 248).

Fig. 27. Ebauche d'une jeune fleur, avec six feuilles calicinales.

Fig. 28. Même fleur, peu de temps aprés. Entre les six sépales apparaissent six excroissances en forme de poinçons. (voir fig. 31.)

Fig. 29. Coupe transversale dans une fleur pourvue d'un calice, d'une corolle et du premier verticille d'étamines.

Fig. 30. Coupe longitudinale par le milieu d'une fleur complétement développée. Le réceptacle s'allonge en forme |de tuyau et entraine le calice et la corolle à la partié supérieure de la fleur. L'ovaire est supére.

Fig. 31. L'ovaire, peu de temps avant l'épanouissement.

Fig. 32. Coupe longitudinale à travers une fleur ouverte.

Fig. 33. L'ovaire d'une fleur achevée; coupe transversale.

Fig. 34—48. **Cuphea strigulosa** (p. 249).

Fig. 34. Ebauche d'un bouton, vue d'en haut. On voit les rudiments de six sépales.

Fig. 35. Coupe longitudinale par le milieu d'une fleur un peu plus développée. Le calice, la corolle, et le premier verticille d'étamines sont déjà visibles.

Fig. 36. Coupe transversale dans une jeune fleur, aprés le développement du second verticille d'étamines.

Fig. 37. Coupe longitudinale par le milieu d'un bouton dont toutes les parties sont complétement développées. Par la formation d'un tube calicinal, les sépales et les pétales sont rejetés à la partie supérieure, ce qui est encore visible dans les deux figures suivantes.

Fig. 38 et 39. Etats suivants du développement, coupes longitudinales. *x*, excroissance solide située sur le côté de l'ovaire.

Fig. 40. Coupe longitudinale à travers le bouton, un peu avant l'épanouissement, faite de telle sorte que l'on puisse voir la longue colonne *z* de l'anthére, qui adhère au côté interne du tube calicinal.

Fig. 41. Partie d'une coupe longitudinale par la pointe du tube calicinal, permettant de voir les deux petits pétales.

Fig. 42. Une étamine, avec son filet recourbé.

Fig. 43. Ovaire coupé dans sa partie inférieure, de maniére à montrer le placenta central et les deux loges.

Fig. 44. Le placenta central.

Fig. 45. Coupe transversale de l'ovaire; la petite loge est stérile.

Fig. 46. Coupe longitudinale de l'ovule, telle que le raphé ne soit pas visible.

Fig. 47. Coupe transversale de l'étamine d'une fleur achevée.

Fig. 48. Un grain de pollen.

Fig. 49—52. Cuphea platycentra (p. 249.)

Fig. 49. La pointe du tube calicinal d'une fleur ouverte, étendue pour montrer les étamines au nombre de onze; les pétales ne sont pas dévelopés.

Fig. 50. Deux grains de pollen: *a,* dans l'essence de citron, *b,* dans l'acide sulfurique.

Fig. 51. Coupe transversale de l'ovaire, dont les deux loges sont fécondées.

Fig. 52. La fleur au moment de la maturité de la graine. Le placenta central s'est recourbé en brisant la paroi de l'ovaire et le tube calicinal.

Fig. 53. Cecropia palmata (p. 251.)

Coupe longitudinale par le milieu d'une fleur femelle. *a,* une enveloppe cylindrique charnue que je regarde comme la paroi de l'ovaire dépourvue de style et de stigmate. Elle entoure un ovule dont le tégument externe se termine en style qui porte une touffe de poils fins remplaçant le stigmate.

**

TABLE DE MATIÈRES.

III. Règles générales pour l'usage du microscope et pour la préparation des objets microscopiques.

IV. De la méthode à suivre dans les recherches microscopiques.

V. Exemples pour l'organogénie de la fleur.

I.

INTRODUCTION.

L'ART D'OBSERVER AU MICROSCOPE, ET SES DIFFI- CULTÉS. — DU BON USAGE DE CET INSTRUMENT ET DE LA MÉTHODE.

Les progrès des Sciences Naturelles ont toujours immédiatement suivi nos progrès dans l'Optique. Avec les perfectionnements importants du Télescope et du Microscope, la science des temps modernes, guidée par une meilleure méthode, a pris un élan prodigieux; et en même temps que le Télescope dévoilait à l'oeil humain l'immensité des cieux étoilés, le monde des infiniment petits s'est découvert à l'aide du Microscope. Le Télescope, comme son nom l'indique, sert pour les objets éloignés; il nous transporte dans des sphères lointaines, souvent inaccessibles; il nous montre d'autres mondes et les lois éternelles de leurs mouvements. Le Microscope nous ramène sur la terre et ne sert qu'à notre planète; c'est le télescope des objets qui nous touchent; avec sa puissance de grossissement, il nous rend visibles les petites choses, et, par là, rend possible une intelligence plus profonde de la structure intime et des phénomènes vitaux des corps qui nous entourent.

La connaissance des objets microscopiques, dont la régularité est si étonnante, particulièrement dans les formations organisées, animales et végétales, est devenue indispensable pour beaucoup de branches des Sciences Naturelles, et de plus, instructive et intéressante pour tous les hommes éclairés. Chimistes, Minéralogistes, Botanistes, Zoologistes, tous en ont besoin: le microscope est pour leurs recherches un instrument nécessaire. Et, ce n'est pas seulement à la science spéculative que cet instrument a rendu d'utiles services;

il sert également aux sciences d'application: il vient en aide au médecin instruit pour faire un diagnostic sûr, et lui fait connaître plus amplement les résultats de l'autopsie. Enfin le commerce et l'industrie en tirent souvent un parti avantageux pour l'examen des tissus et la découverte des falsifications.

Mais il ne suffit pas de posséder un microscope, quelque bon qu'il soit; il faut encore autre chose pour arriver à faire des observations profitables. On doit être familiarisé aussi bien avec le maniement de l'instrument qu'avec le mode de préparation des objets de recherches; on doit apprendre avant tout à voir avec intelligence et à observer avec discernement. Voir de ses propres yeux, c'est déjà un art difficile, comme Schleiden le remarque avec raison; mais voir à l'aide du microscope, c'est chose bien plus difficile encore, parce que cet instrument enlève à notre oeil tout point d'appui sur les objets environnants qui ne sont pas grossis, et avec lesquels toute comparaison devient impossible.

Pour qui regarde à l'aide d'un microscope, il y a en outre deux choses à considérer:

1°· Nous ne voyons avec cet instrument, surtout pour les forts grossissements, que des surfaces planes et non les corps eux-mêmes. — En changeant la position du foyer, nous pouvons pénétrer dans l'intérieur d'un objet transparent, sans le déranger, et y observer des surfaces situées à des profondeurs diverses. Si nous recommençons cette opération en tournant l'objet de différents côtés, particulièrement suivant la direction des trois dimensions, alors seulement, nous pourrons le concevoir avec son relief; ce qui présente dans beaucoup de cas de grandes difficultés.

2°· Il est bien rare qu'avec un microscope nous observions les objets dans leurs conditions naturelles; nous sommes forcés de les amincir et de les disposer d'une manière particulière. Dès lors, nous ne devons jamais oublier les changements que nous avons nous-mêmes opérés, soit à cause du milieu dans lequel est placé l'objet, soit avec l'instrument tranchant, etc.

Un usage fréquent et sérieux du microscope met en garde contre ces erreurs dont la cause ne doit pas être rejetée sur l'instrument, mais seulement sur l'observateur qui ne le connaissait pas assez bien, qui n'a pas suffisamment apprécié les différences que présentent les objets vus au microscope ou à l'oeil nu, et qui n'a pas su reconnaître les modifications apportées à la forme naturelle de l'objet de ses études. Ajoutez encore les erreurs qui proviennent de causes étrangères, telles que la poussière, et les bulles d'air dans l'eau; ainsi que les liquides secrétés à la surface de l'oeil, phénomènes avec lesquels l'observateur doit être familiarisé.

Le point essentiel pour les recherches microscopiques, c'est toujours de savoir bien se servir de l'instrument et bien interpréter ce qu'on a vu; et, pour arriver à ce résultat, il est aussi nécessaire d'avoir une grande habileté pratique dans le maniement du microscope et des objets d'étude, qu'une méthode sûre et appliquée avec intelligence. On avancera moins vite, il est vrai, mais avec plus de sécurité; on s'efforcera de saisir l'objet par le plus de côtés qu'il sera possible, et de l'étudier à fond; on ne négligera aucun détail, et l'on contrôlera ses propes observations de la façon la plus scrupuleuse; et marchant ainsi d'un pas assuré, on arrivera à bonne fin.

Un travail sans méthode conduit rarement à des résultats: ainsi la coupe de bois la plus fine, qui ne serait faite que suivant une seule direction, ou suivant de mauvaises directions, ne conduira nullement à la connaissance du bois que l'on veut étudier; de même, des observations isolées, faites cà et là, ne peuvent être concluantes que pour l'état que l'on a eu précisément sous les yeux, et n'apportent aucun renseignement sur les états antérieur ou ultérieur. Que l'on suive au contraire, avec une saine méthode, une série non interrompue d'états successifs d'un organe, on arrivera à des données irréfutables sur l'histoire de son développement. Quelques questions encore pendantes seraient vidées depuis longtemps, si, toujours guidé par une saine méthode, on ne s'était avancé qu'avec mesure et réflexion.

Aussi, dans cette troisième édition de mon *Traité sur l'usage du Microscope*, que j'ai considérablement modifiée et destinée spécialement aux botanistes, je me suis appliqué avant tout à perfectionner la méthode de recherches; car j'ai la conviction qu'il y a là beaucoup à faire. Il est vrai que je n'ai pas pu encore, cette fois, indiquer une méthode spéciale pour chaque cas particulier; mais les commençants trouveront des instructions générales suffisantes pour les questions importantes d'Anatomie et de Morphologie; quant à l'observateur expérimenté, il saura bien, s'il s'est servi de mon livre, ce qu'il y a à faire dans chaque cas particulier. La vieille devise de la Bible, „Essaie toutes choses, et garde le meilleur", peut s'appliquer aussi au microscope. On doit y apporter en effet la plus grande patience dans les recherches difficiles et changer souvent de méthode pratique; mais à la longue, en persévérant, on découvrira la voie sûre.

Les recherches approfondies, même lorsqu'elles n'apportent aucun fait nouveau, sont d'une valeur inappréciable, ne fût-ce que comme confirmation de ce que l'on sait; les observations superficielles, au contraire, ne servent en rien à la science; souvent même elles lui nuisent. Pour beaucoup de personnes ce peut être un exercice très recréatif de regarder sans but une série d'objets n'ayant entre eux aucun rapport; toutefois cet amusement contribuera peu à l'instruction positive de l'observateur: des faits sans coordination ne sauraient conduire à une science véritable. Ce serait donc se tromper que de chercher dans mon livre une énumération recréative d'objets microscopiques; mais si quelque lecteur veut utiliser pour ses propres recherches les faits d'expérience rassemblés ici, je me présente à lui avec confiance pour lui servir de guide.

II.

INSTRUMENTS NÉCESSAIRES POUR LES RECHERCHES SCIENTIFIQUES FAITES A L'AIDE DU MICROSCOPE.

1. MICROSCOPE COMPOSÉ.

CONDITIONS QUE DOIT REMPLIR UN BON MICROSCOPE. — La netteté et la clarté des images sont les deux premières conditions que doit remplir un bon microscope. Les images des objets très-minces, qui en général ne peuvent servir que comme test-objets à la lumière transmise, doivent présenter des contours nettement dessinés, et sans coloration. Plus les lignes apparaissent fines et distinctes dans le dessin et plus le microscope est parfait; il l'est au contraire d'autant moins que les contours sont plus renflés et plus effacés. Le champ, en outre, doit offrir une vive lumière et des bords parfaitement incolores.

La netteté des images et l'intensité de la lumière qu'elles reçoivent, dépend, en première ligne, des objectifs, c'est à dire de ces verres qui rassemblent les rayons émanés de l'objet, pour transmettre l'image à la lentille convergente de l'oculaire. La perfection de cette image est d'autant plus grande que l'objectif a été travaillé avec plus de soin. L'oculaire ne sert qu'à grossir encore l'image fournie par l'objectif; mais naturellement, il en amplifie les défauts. De plus, la quantité de lumière qui arrive à l'oeil diminue avec la force de l'oculaire, et l'image, dès lors, devient plus sombre et moins nettement dessinée.

Ces motifs ont déterminé les opticiens modernes à donner à leurs microscopes des objectifs forts et des oculaires faibles; le seul inconvénient regrettable de cette disposition, c'est de diminuer la distance entre l'objectif et le corps que l'on observe. Cependant, comme à cause du renversement de l'image, on ne dissèque pas sous le microscope, cet inconvénient ne devait pas être pris en considération; d'autant plus que les grossissements moyens, de 200 à 400 fois, peuvent encore être employés sans verre à couvrir : il n'y a que les objectifs les plus forts qui possèdent une longueur focale assez courte pour qu'il devienne nécessaire d'interposer un verre mince.

CORPS DU MICROSCOPE. — Outre les parties spécialement optiques du microscope, les objectifs et les oculaires, le corps même de l'instrument a aussi son importance. Il doit être solide, posséder une table large et bien fixe, un mouvement double et travaillé avec soin, et surtout un appareil d'éclairage commodément installé.

Les pieds élevés des anciens microscopes sont aujourd'hui abandonnés avec raison, puisqu'il est bon que l'observateur soit assis, quand il fait de longues recherches. Le pied en fer à cheval du grand modèle d'OBERHÄUSER, à cause de sa solidité et de sa commodité, est devenu pour ainsi dire le type normal pour les grands instruments des nouveaux opticiens allemands ou français; il a été imité par eux soit dans toutes ses parties, soit avec quelques modifications, et il mérite en effet la préférence sur tous les autres modèles que je connais. La table est mobile autour d'un axe vertical, ainsi que le tube du microscope; mais par ailleurs complètement fixe; cette rotation de la table a une grande importance, aussi bien pour la lumière transmise obliquement que pour la lumière incidente. Les corps des grands microscopes anglais sont au contraire trop compliqués et peu commodes pour faire de véritables recherches; on voit qu'ils sont moins destinés à l'étude qu'à la comparaison des effets produits par divers artifices d'éclairage sur les test-objets les plus compliqués.

Il est toujours fâcheux qu'un microscope ne possède qu'un seul mouvement; que celui-ci s'obtienne d'ailleurs à l'aide d'une roue et d'une crémaillère, comme dans les instruments de SCHIEK, PLÖSSL, AMICI et NOBERT, ou par le glissement du tube dans un tuyau, comme dans ceux d'OBERHÄUSER, BÉNÈCHE, WAPPENHANS, MERZ, NACHET, SCHRÖDER, HASERT et ZEISS. Il est fort rare, à l'exception des microscopes de SCHIEK, que le mouvement à l'aide d'une crémaillère soit suffisamment bien travaillé; quant au glissement lent du tube, que l'on produit avec la main, il exige un certain exercice. Aussi les meilleurs microscopes d'aujourd'hui outre le mouvement précédent, possèdent-ils tous une vis de rappel pour les petits déplacements. Dans tous les anciens microscopes que je connais, la table était elle-même mobile et pouvait s'approcher ou s'éloigner de l'objectif à l'aide de la vis de rappel. Il n'y avait qu'OBERHÄUSER qui construisît des tables immobiles dans la direction verticale, pour son grand modèle; la vis de rappel élevait ou abaissait le tube, disposition assurément préférable, qui a été presque partout imitée. Tous les microscopes de SCHIEK, ainsi que les petits instruments de BÉNÈCHE possèdent un petit mouvement, théoriquement défectueux, mais. qui cependant se justifie en quelque sorte dans la pratique. De même que dans les instruments de NOBERT, la table, d'une largeur suffisante, est reliée à la colonne du microscope, à l'aide de deux pointes fines, comme une soupape à clapet. On peut à l'aide d'une vis déplacer la table et lui faire faire avec la colonne un angle qui varie de 88 jusqu'à 92 degrés: l'objet est ainsi rapproché ou éloigné de l'objectif. Quand l'instrument est bien travaillé, l'image n'est pas dérangée; la table d'ailleurs a une fixité suffisante, et est préférable à l'ancienne table, moins solide, qui se déplaçait suivant la direction verticale. [1]) Un long usage de ces microscopes finit par montrer le grave défaut de cette disposition, et le principe adopté par OBERHÄUSER est encore ce qu'il y a de mieux: ZEISS l'a employé pour tous ses microscopes, même pour les petits modèles.

ECLAIRAGE ET DIAPHRAGMES. — L'appareil d'éclairage se compose du miroir et des diaphragmes; il faut y joindre une lentille pour projeter la lumière à la surface des objets opaques, ainsi que des pièces accessoires destinées à concentrer, sur les objets transparents que l'on observe, les rayons réfléchis par le miroir.

Si le microscope, comme c'est l'habitude dans les grands instruments, possède un miroir plan et un miroir concave, on emploie le premier pour les faibles grossissements. AMICI n'emploie qu'un miroir plan audessus duquel cependant il place une lentille convergente, mobile dans le sens vertical et dans le sens horizontal; son miroir peut donc servir avec ou sans la lentille, comme miroir courbe ou miroir plan. Dans les derniers instruments de cet opticien, le miroir et la lentille convergente sont remplacés par un prisme

---

[1]) Dans le mouvement de la table, la platine ne reste pas parallèle à l'objectif, ce qui n'est gênant que lorsqu'on emploie de forts grossisse-. ments; aussi dans les petits instruments il n'y a pas lieu d'en tenir compte. (**Pl. I, Fig. 5.**)

de verre à surfaces courbes. En déplaçant verticalement la lentille convergente, ou le prisme, on peut porter le foyer soit sur l'objet lui-même, soit au-dessus ou au-dessous, et par là on augmente ou on diminue l'intensité de la lumière: c'est le résultat qu'obtient OBERHÄUSER en faisant monter ou descendre le miroir courbe. Son grand modèle porte un miroir plan et un miroir courbe; et il en est ainsi dans les grands instruments de NACHET, BÉNÈCHE, WAPPENHANS, SCHRÖDER, HASERT et ZEISS et même dans leurs plus grands modèles le miroir peut s'élever ou s'abaisser.

Les diaphragmes cylindriques qui ont été employés pour la première fois par OBERHÄUSER méritent la préférence sur tous les autres appareils destinés à produire une diminution graduelle de lumière. Ce résultat ne peut en aucune façon s'obtenir à l'aide de diaphragmes en forme de disques tournants, lors même qu'on les place loin de l'objet, même à un pouce audessous. ZEISS a imaginé, pour ses modèles de moyenne et de petite grandeur, un disque à diaphragmes, en forme de cloche, et dont la partie convexe est dirigée vers le haut; il est fixé dans une table épaisse en métal et de telle sorte que chaque ouverture vient successivement se placer à une très-petite distance du porte-objet. Je regarde comme incommodes les plaques simples, percées dans leur milieu et qu'on place directement au-dessous du porte-objet dans l'ouverture de la table. Les ouvertures qui sont placées fort près de l'objet doivent, même théoriquement, être beaucoup plus petites que celles qui sont plus éloignées. Elles concentrent beaucoup mieux sur l'objet la lumière nécessaire, et offrent ce grand avantage que l'on peut placer à l'oeil nu les petits objets au-dessus de l'ouverture et en abréger par là même la recherche à l'aide du microscope, pour laquelle on perdait souvent beaucoup de temps. Le plus grand avantage des diaphragmes cylindriques consiste dans leur mobilité suivant une ligne verticale: en les approchant en effet du porte-objet ou en les éloignant, on renforce ou on diminue peu à peu la lumière, ce qui est souvent important pour les objets très-délicats. Dans les instruments qui ne possèdent pas ces diaphragmes, on cherche à y suppléer en faisant ombre avec la main, pour atténuer successivement la clarté. L'ouverture du diaphragme que l'on emploie doit toujours être proportionnée au grossissement; pour les grossissements faibles, on se sert de larges trous et réciproquement. Si on emploie une lumière très-oblique, les diaphragmes doivent être complètement supprimés, afin que la table présente aux rayons une large ouverture et que ceux-ci puissent parvenir à l'objet; dans ce cas on peut encore employer des diaphragmes qui ne laissent arriver sur l'objet que les rayons réfléchis par le miroir; c'est ce qu'a fait Hasert pour ses grands microscopes, et Bénèche a suivi son exemple. Un travailleur exercé a rarement besoin de changer de diaphragme pendant le cours d'une observation. D'ailleurs, à ce point de vue, le grand modèle d'Oberhäuser est encore avantageusement disposé puisqu'il y est possible de changer de diaphragme sans enlever l'objet. Les diaphragmes convexes de Zeiss ne remplacent pas complètement les diaphragmes cylindriques; mais ils permettent d'adoucir la lumière d'un seul côté, lorsque l'ouverture n'est pas placée dans l'axe du tube. (Pl. 1. Fig. 7.)

Dans les anciens microscopes le miroir concave était, il est vrai, mobile dans plusieurs directions, mais toujours dans l'axe du tube; aussi l'éclairage oblique n'était possible que dans des limites fort restreintes. Amici, le premier, a montré l'importance, pour beaucoup de cas, de ce mode d'éclairage; Oberhäuser y a apporté un perfectionnement, en ajoutant la rotation de la table autour d'un axe vertical et en donnant ainsi la faculté de faire tomber la lumière oblique sur l'objet, sous l'angle que l'on désire. Ces résultats qu'a obtenus Oberhäuser en écartant le miroir de l'axe du tube et en faisant tourner la table, Nachet a cherché à les réaliser à l'aide d'un prisme oblique, mobile autour de son axe, et qu'il fixe entre le miroir et la table. Cet appareil rend des services réels pour l'observation de certains objets, tels que les écailles des ailes de l'*Hipparchia Janira* femelle, etc.; on peut l'employer pour tous les grands modèles. La lentille convergente imaginée par Nobert, plane du côté inférieur; mais de l'autre côté, convexe sur les bords et concave en son milieu, produit un effet analogue à celui du prisme oblique, quoique plus faible cependant. Toutefois les rayons lumineux venant se croiser sur l'objet, on n'est pas obligé, comme avec le prisme, de placer cet objet dans une position déterminée par rapport à l'appareil d'éclairage. Aussi découvre-t-on simultanément sur un grand nombre d'écailles d'*Hipparchia* les fines raies transversales, malgré la diversité de leurs directions; avec la lumière oblique, au contraire, qu'elle soit donnée par un miroir écarté de l'axe du tube, ou avec le prisme oblique, on ne voit bien les lignes transversales que sur les écailles dont la grande dimension est parallèle à la direction des rayons obliques, c'est à dire pour lesquelles la lumière tombe à angle droit sur ces lignes.[1])

Dans les anciens instruments, à l'exception du petit modèle d'Oberhäuser et des pieds en tambour, il est facile de donner au miroir un mouvement qui permette de l'écarter de l'axe du tube; il n'est besoin pour cela que d'un bras métallique d'un pouce et demi de long, à l'une des extrémités duquel est porté l'arc tournant dans lequel se meut le miroir et qui est fixé au pied de l'instrument à une hauteur réglée sur la longueur focale de ce miroir. Les petits microscopes les plus récents sont ainsi disposés pour l'éclairage oblique.

On ajoute à presque tous les microscopes une lentille destinée à éclairer les objets opaques; elle est d'ordinaire peu utile parce que le diamètre en est trop petit et la courbure, trop faible. Oberhäuser, dans ses derniers grands modèles, donne une lentille convergente de 8 centimètres de diamètre, qui concentre une lumière suffisante sur l'objet, même par un ciel sombre. Cette lentille peut tourner dans plusieurs sens; elle est portée sur un pied massif et spécial que l'on place devant le microscope. Lorsqu'on la fait agir sur les ailes colorées d'un papillon, on obtient les plus beaux phénomènes de coloration, en faisant tourner la table autour de son axe; ce qui provient de ce que la lumière tombe suivant différentes directions sur les écailles de l'aile. Cette lentille produit aussi quelquefois d'heureux effets pour l'observation des corps opaques, quand on la combine avec la rotation de la table; elle peut même être fort avantageuse pour des objets transparents très-minces; et avec des objectifs qui, à la lumière transmise, ne laissent découvrir aucune ligne sur le *Pleurosigma angulatum*, on peut les apercevoir quelquefois avec la lumière directe, mais accompagnées de phénomènes de coloration. (Il faut dans ce cas intercepter complètement la lumière réfléchie par le miroir.)

On n'emploie que bien rarement les appareils destinés à concentrer la lumière transmise sur un objet transparent; on les trouve dans les grands microscopes anglais. De ce nombre est le conden-

---

[1]) Ces deux appareils sont fournis par Zeiss d'Jéna à des prix modérés, (de 3 à 4½ Thlr.); il est toujours nécessaire de lui envoyer le microscope auquel ils sont destinés. Ces appareils sont d'ailleurs superflus pour les instruments nouveaux dont le miroir peut s'écarter de l'axe du tube.

sateur achromatique, composé d'un système d'objectifs qui se place
sous l'ouverture de la table et concentre sur l'objet le faisceau lumineux provenant du miroir. Il peut servir parfois pour observer des
test-objets difficiles à voir, tels que le *Pleurosigma angulatum;* il
permet d'apercevoir, avec la lumière normale d'une lampe, des détails qu'on ne saurait découvrir à l'aide des mêmes objectifs qu'avec
la lumière du ciel dirigée obliquement. Mais les bons objectifs n'ont
pas besoin de ce secours; et c'est là ce qui, à mon avis, rend superflus la plupart des autres instruments d'éclairage dont les Anglais
arment leurs grands microscopes. [1]

Table du microscope. — La table du microscope doit être
large et bien fixe, comme je l'ai déjà recommandé; sa surface doit
être plane, sans têtes de vis saillantes, sans compresseurs à demeure
pour assujettir les préparations. J'ajouterai même que les petits
appareils qui, à l'aide de vis de rappel déplacent l'objet sous le
microscope, ne peuvent que gêner un observateur exercé. Dans
quelques cas cependant il est nécessaire d'avoir deux compresseurs
élastiques plantés dans la table, pour maintenir la préparation.

Micromètres et autres instruments, accessoires. —
Comme appareils de mesure, on emploie la vis micrométrique et le
micromètre de verre, qui ont chacun leurs avantages et leurs inconvénients. Schiek, Plössl et Nobert donnent généralement des
vis micrométriques; Amici, Oberhäuser, Bénèche, Wappenhans,
Nachet et Zeiss construisent des micromètres de verre. L'usage
de la vis micrométrique exige beaucoup de temps, parcequ'il faut
prendre au moins 7 à 8 mesures pour diverses positions de la vis,
et calculer ensuite la moyenne. Le micromètre en verre que l'on
place dans l'oculaire et qu'Oberhäuser ajoute quand on le demande, est très-exactement divisé; et il suffit, à ce qu'il me semble,
pour toutes les mesures microscopiques qui, indépendamment de cela
ne sont jamais absolument précises. La mesure en elle même est
simple; on compte le nombre des traits qui recouvrent l'objet et on
multiplie le résultat par la valeur connue d'une division. D'ailleurs
la vis micrométrique coûte fort cher; c'est à peine si on peut l'avoir
à moins de 40 Thlr.; l'oculaire micrométrique ne coûte au contraire
que de 8 à 12 Thlr.

---

[1] Bénèche livre sur commande pour 25 Thlr. le condensateur achromatique.

Parmi les accessoires indispensables d'un microscope, il faut citer les *porte-objets* [1]) dont la grandeur et la forme se règlent d'après la table de l'instrument, et qui doivent être fabriqués de verre à glace sans bulles, bien pur et d'une médiocre épaisseur; en outre les *verres à couvrir* d'épaisseurs variables, que l'on sait aujourd'hui très-bien souffler en Angleterre. Ceux qui ont été bien polis sont préférables, il est vrai; mais ils sont d'un prix beaucoup plus élevé. L'épaisseur du verre que l'on emploie dépend de l'objectif. Tous les autres accessoires, tels que les pinces et les aiguilles que l'on fixe sur la table, sont de pures frivolités. Je tiens pour aussi superflus ces prétendus test-objets conservés dans une monture en bois entre des feuilles de mica. Celui qui possède un bon microscope et qui veut s'en servir sérieusement doit acquérir au bout de peu de temps assez d'habileté pour pouvoir faire lui-même ses préparations. Cependant il est des test-objets qui ne doivent jamais manquer à un bon microscope: tels sont les écailles de l'*Hipparchia Janira* femelle, et pour les microscopes tout-à-fait supérieurs, quelques enveloppes de Diatomées, telles que le *Pleurosigma angulatum*, le *Grammatophora subtilissima,* et le *Nitzschia sigmoïdea.* Tout microscope qui, placé dans des conditions convenables, pourra montrer ce que je demande de lui, n'a pas besoin d'autre recommandation; celui au contraire qui ne pourra pas supporter cette épreuve est insuffisant pour les recherches difficiles.

Microscopes divers. — Les meilleurs microscopes composés que je connaisse sont construits aujourd'hui par Amici à Florence, Belthle et Rexroth (successeurs de Kellner) à Wetzlar, Bénèche à Berlin, Hartnack (successeur d'Oberhäuser) à Paris, Hasert à Eisenach, Nachet et fils à Paris, Nobert à Gripswald, Plössl à Vienne, Schiek à Berlin, Schröder à Hambourg, Wappenhans à Berlin et Zeiss à Jéna. Toutefois il peut sortir des microscopes plus ou moins parfaits d'autres ateliers qui me sont restés inconnus.

J'ai eu l'occasion d'étudier à Madère (1856) ainsi qu'à Londres (1857) les grands microscopes anglais de Ross et ceux de Slmith et Beck tous deux opticiens à Londres. Ils n'étaient pas supé-

---

[1]) Je désignerai dans cet ouvrage sous le nom de *porte-objets,* le verre large sur lequel on dépose les objets pour l'observation et sous celui de *verre à couvrir,* le verre mince que l'on interpose entre l'objectif et l'objet. (P. D.)

rieurs à mon microscope d'Oberhäuser auquel je venais d'adapter les lentilles de Bénèche. Un grand microscope de Ross que possède depuis peu Mr. le Dr. G. Wagener à Berlin réalise, il est vrai, un progrès plus considérable, mais assurément ne dépasse pas les nouveaux objectifs d'Amici, de Bénèche, Hartnack et Zeiss. De plus, les microscopes anglais se vendent aujourd'hui à un prix double ou même triple de celui des instruments allemands ou français; le corps en est incommode et d'un maniement difficile; aussi trouveront-ils difficilement accès en Allemagne.

Fig. 1.

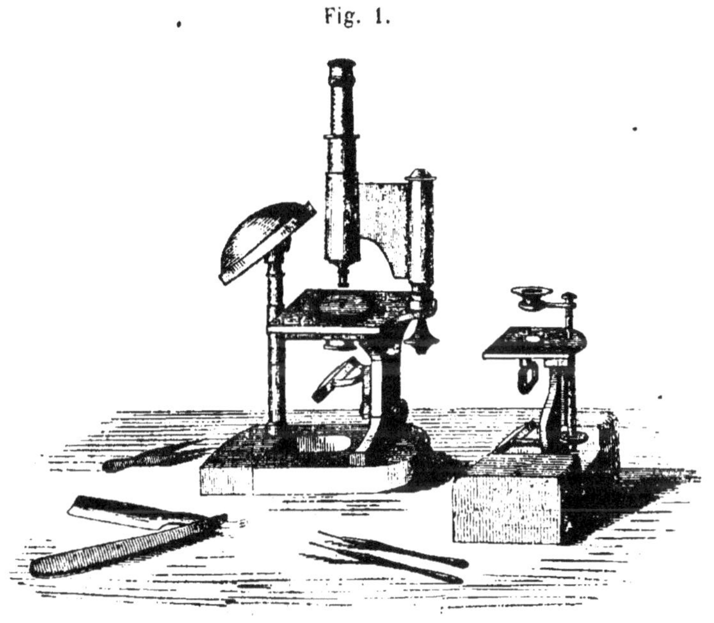

Je me sers toujours pour travailler du grand modèle d'Oberhäuser, que je possède depuis 1849, et que j'ai considérablement amélioré en y ajoutant beaucoup de nouveaux objectifs et autres perfectionnements de Bénèche, Schröder, Nachet et Hartnack. Je possède en outre de plus petits microscopes d'Oberhäuser, de Bénèche et de Zeiss et j'ai eu souvent l'occasion d'essayer les instruments des autres opticiens que je connais et de les comparer avec les miens.

Fig. 1. Grand modèle d'Oberhäuser diminué dans le rapport de 6,5 à 1. A côté est le microscope simple de Zeiss.

'Le grand modèle (pied en fer à cheval) d'OBERHÄUSER (Fig. 1.) qui a été adopté avec plus ou moins de modifications par beaucoup d'opticiens, pour leurs grands instruments, a l'avantage d'être solide sur sa base; mais il est trop lourd comme microscope de voyage. On l'a quelquefois modifié, à l'exemple des anglais, en faisant reposer la table et le tube sur un axe mobile, disposition que l'on retrouve aussi dans le grand microscope de NACHET. (Fig. 2.)

Fig. 2.

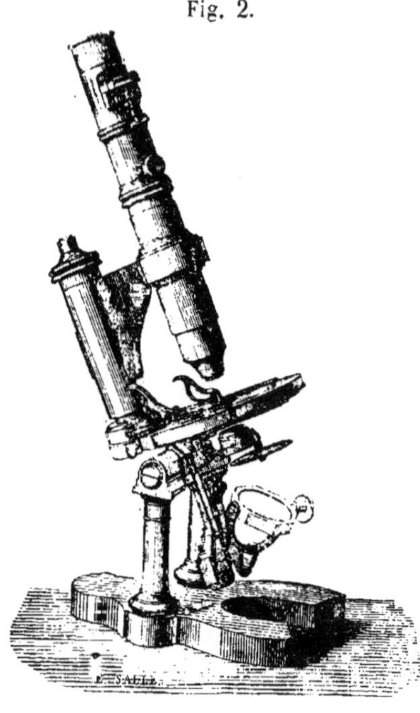

L'ancien microscope d'AMICI de Florence, comme celui que possède Mr. Schleiden, est excellent dans ses parties optiques, mais détestable, audelà de toute mesure, dans le travail du métal. Le pied en est peu élevé et à cause de cela commode dans la pratique. De ses instruments les plus récents, je ne connais que les petits microscopes du prix de 70 à 80 Thlr. dont le corps est vissé sur la boîte et offre une grande simplicité. Le miroir et la lentille convergente y sont remplacés par un prisme de verre à surfaces courbes. Le microscope d'AMICI se distingue de tous ceux que je connais en ce que chaque système de lentilles, pour donner une image parfaite, exige un verre à couvrir d'une épaisseur particulière, souvent considérable. Les objectifs les plus forts sont des lentilles à immersion qu'AMICI a le premier employées et qui donnent des images nettes et brillantes Ils permettent, même à la lumière normale, d'apercevoir simultanément les trois systèmes de lignes du *Pleurosigma angulatum*. (On porte une goutte d'eau distillée sur la surface inférieure de la lentille, ou sur le verre à couvrir, de manière que ce verre et l'objectif soient séparés par une couche d'eau.) Les petits microscopes sont eux mêmes pourvus d'une lentille à immersion.

Les microscopes de BELTHLE, successeur de KELLNER, à Wetzlar,

Fig. 2. Grand modèle de Nachet, diminué dans le rapport de 5 à 1.

ont une certaine réputation; malheureusement je n'ai pas eu l'occasion d'en faire un examen sérieux.

Bénèche de Berlin (Tempelhoferstr. 90) n'est pas non plus resté en arrière; après de nombreux essais, il a considérablement amélioré ses objectifs; et je dois reconnaître que tous les objectifs sortis de ses ateliers, qui sont entre mes mains (N°s 4, 7, 8, 9 et 11), sont au nombre des meilleurs que j'aie eu l'occasion d'essayer. Ils donnent tous un champ brillant et blanc, font apercevoir les lignes de l'objet avec une grande netteté, et au point de vue de l'achromatisme, ils sont-mieux corrigés que la plupart des autres. Les systêmes 4, 7, 8 et 11 s'emploient avec une lumière normale; le système 9, au contraire, avec la lumière oblique. Ce dernier, combiné avec l'oculaire le plus faible, donne un grossissement de 260 fois, à une distance de 250 millimètres; il montre parfaitement à la lumière oblique les trois systèmes de lignes du *Pleurosigma angulatum*, ainsi que les lignes transversales beaucoup plus fines du *Nitschia sygmoïdea*. Le système 11, avec la lumière normale, et l'oculaire le plus faible, donne un grossissement de 304 fois et se distingue par la netteté et l'absence de coloration des images. Bénèche a adopté sans modification le grand modèle d'Oberhäuser pour ses instruments de grande et de moyenne dimension. Ses petits microscopes possèdent au contraire la table mobile de Nobert (pag. 6); le miroir y est disposé de manière à permettre l'emploi de la lumière oblique. (Pl. I, Fig. 5.) Avec deux objectifs et trois oculaires, pouvant donner des grossissements variables de 25 à 350 fois, ces derniers instruments coûtent 30 Thlr. (prix courant). Bénèche construit pour le prix de 15 Thlr. des microscopes encore plus petits, sur le modèle de ceux de Lerebours de Paris, dans lesquels le fond de la boîte et l'un des côtés tiennent au corps même de l'instrument, ce qui fait que la boîte, quand on l'enlève, ressemble à une guérite. Les mêmes, encore diminués, s'emploient comme microscopes de poche; ils n'ont, avec leur boîte, que 4 pouces un quart de longueur, et 2 pouces un quart de largeur. Le tube a trois allonges; on peut aussi agrandir l'espace compris entre la table et le miroir, de sorte que l'instrument disposé pour l'observation atteint 8 pouces un quart de longueur. Avec un objectif (N°· 7) et l'oculaire, qui s'y ajoute, il donne un grossissement de plus de 200 fois: il serait à désirer cependant qu'on pût employer soit isolément soit combinées deux à deux les lentilles de l'unique système d'objectifs. Le prix s'élève à 18 Thlr. Cet instrument, comme le microscope de poche de Nachet dont le volume est plus petit encore, est très-commode pour les voyages et peut même servir dans beaucoup de recherches. [1])

Les objectifs d'Oberhäuser qui se distinguaient par la vive clarté et la netteté des images, ont encore été perfectionnés par E. Hartnack (Place Dauphine, 21. à Paris). Ainsi le nouveau système 7, plus grossissant que l'ancien, montre déjà, à la lumière oblique, les trois systèmes de lignes du *Pleurosigma angulatum* que l'on peut apercevoir aussi, même à la lumière normale, mais avec un grossissement beaucoup plus élevé, en employant ses objectifs les plus récents et les plus forts, que l'on plonge dans une goutte d'eau, à l'exemple d'Amici. (N°s 9 et 10.) Le système 10, combiné avec le premièr oculaire, donne un grossissement net et clair de **544** fois, mesuré à la chambre claire à une distance de **250** millimètres. Avec le même oculaire, il permet, avec une lumière parfaitement normale, de voir en même temps et avec une grande netteté, même par un ciel sombre, les trois systèmes de lignes du test-objet ci-dessus; à la lumière oblique, il montre aussi les systèmes de lignes de test-objets beaucoup plus délicats, tels que le *Nitzschia sygmoï-dea* et le *Grammatophora,* dont je parlerai plus loin en détail. Il peut en outre être associé à de forts oculaires sans que la netteté du dessin soit beaucoup diminuée; mais il n'est pas complètement achromatique; il donne malheureusement une légère teinte bleuâtre. Le prix du N°- 9 est de **150** Francs; celui du N° 10, de **150** Fr. Les efforts de Hartnack sont surtout dirigés vers un résultat, qui est d'obtenir, en même temps qu'une belle lumière blanche, une netteté

---

[1]) Pendant l'impression de cet ouvrage, Bénèche a considérablement amélioré son petit microscope **D.** Il y a laissé la table mobile, comme auparavant (**Pl. I, Fig. 5**); mais il lui a donné un mouvement lent qui permet es plus petits déplacements sans produire d'oscillations. Le disque plan à diaphragmes a été remplacé par la calotte sphérique imaginée par Zeiss. Il coûte comme autrefois 30 Thlr., avec 3 oculaires et les systèmes d'objectifs **4** et **7.** Je le recommande aux débutants à cause de la netteté et de l'achromatisme des images qu'il donne; je citerai aussi comme digne d'éloges le microscope **B** du catalogue de cet opticien, construit sur le modèle du grand microscope d'Oberhäuser (**Fig 1. pag. 13**), mais réduit au tiers. Il ne coûte que 100 Thlr., avec les systèmes **4, 7, 8** et **9**, avec **5** oculaires et un micromètre oculaire, et il réunit tous les avantages du grand modèle **A** qui coûte beaucoup plus cher.

aussi grande de l'objet sur toute la surface du champ. Aussi distingue-t-il, et avec raison, les objectifs destinés à la lumière normale et ceux qui sont destinés à la lumière oblique. La monture métallique est aussi parfaite qu'autrefois. Les plus grands modèles sont d'ordinaire munis des systèmes 4, 7, 8 et 9 ou 10 et des oculaires de 1 à 5; ils coûtent de 700 à 1000 Francs suivant la nature des pièces accessoires. La largeur et la mobilité de la table autour de son axe, la bonne installation du miroir ainsi que la construction si avantageuse des diaphragmes, tout cela, joint à la perfection des parties optiques, fait de ce microscope un instrument hors ligne. Les diaphragmes peuvent s'adapter aux différents modes d'éclairage et j'ai pu employer aussi bien la lentille de Nobert que le prisme oblique de Nachet (voir p. 10). Un des cinq oculaires porte un excellent micromètre de verre pour prendre les mesures. — Les instruments de moyenne grandeur avec une table fixe, avec les objectifs 4, 7 et 9 et 3 oculaires dont un micromètre, coûtent 375 Frs. et sont justement estimés. Je ferai aussi le même éloge des petits microscopes de cette maison; cependant le pied en forme de tambour ne permet pas d'écarter le miroir de l'axe du tube. De plus la table des plus petits modèles, de 100 Fr., est un peu trop étroite; c'est pourquoi je préfère les instruments de 115 Fr. marqués du N° 2 sur le catalogue. Les uns et les autres possèdent d'ailleurs deux objectifs et deux oculaires et grossissent jusqu'à 300 fois.[1])

Les microscopes de Hasert d'Eisenach, que j'ai eu l'occasion d'examiner, il y a 3 ans, permettaient de voir à la lumière oblique des choses extraordinaires; ils montraient admirablement les systèmes de lignes des test-objets les plus délicats, tels que le *Pleurosigma*

---

[1]) Je dois faire observer que si M. Schacht a trouvé un peu bleuâtre la lumière des instruments de Hartnack, cela vient peut-être de ce qu'il les a comparés avec des microscopes dont la lumière était jaunâtre. Tous les systèmes de Hartnack que j'ai eu l'occasion d'examiner sont précisément remarquables par la blancheur et la pureté de la lumière.

Quant à la prétendue distinction établie par Hartnack entre les objectifs pour la lumière normale et les objectifs pour la lumière oblique, elle n'a jamais été faite par cet opticien d'une façon aussi tranchée. Voici ce qu'il pense à ce sujet: de deux systèmes qui auraient le même angle d'ouverture, celui qui serait parfait pour la lumière oblique peut être très-médiocre pour la lumière normale; mais, au contraire, celui qui serait parfait pour la lumière normale le sera toujours autant pour la lumière oblique. (**P. D.**)

angulatum, le *Grammatophora subtilissima*, et le *Nitzschia syg-moïdea;* mais ils donnaient cependant à la lumière normale une image défectueuse. La monture, faite sur le modèle d'Oberhäuser, manquait encore d'élégance et de perfection. Dans le N° 25 du Journal de Botanique de 1861, Hasert annonce lui-même ses microscopes „comme surpassant pour l'habileté de l'exécution, les meilleurs instruments d'Allemagne, d'Angleterre ou d'autres pays". Le plus grand modèle avec une table tournante, trois oculaires et trois forts objectifs est coté de 120 à 130 Thlr., et le petit modèle avec deux oculaires et deux objectifs, à 50 Thlr.

Nachet et fils (Paris, rue St. Séverin 17) construisent d'excellents microscopes, dont, malheureusement, je ne connais qu'en partie les perfectionnements récents. Le plus grand modèle (Fig. 2. p. 14) correspond à peu près au modèle en fer à cheval d'Oberhäuser; et possède comme lui une table tournante, avec la même solidité et le même soin dans le travail; mais il en diffère par la disposition du miroir et des diaphragmes. La table et le tube sont fixés sur un axe qui peut s'incliner; le tube lui-même présente une modification qui permet d'introduire le micromètre de verre dans tous les oculaires. L'instrument est marqué 1150 Fr., mais on a pour ce prix 8 systèmes d'objectifs (0 — 7), dont les 4 derniers sont *à correction,* pour les verres à couvrir d'épaisseurs diverses; 3 oculaires, un oculaire micromètre, et un micromètre objectif; une lentille convergente pour les objets opaques, un goniomètre, un appareil de polarisation, un compresseur, et divers appareils d'éclairage. Avec 6 objectifs sans correction (0, 1, 2, 3, 5 et 7), 3 oculaires, un micromètre objectif et un oculaire micromètre, une lentille convergente, un appareil d'éclairage pour la lumière directe et pour la lumière oblique, et une chambre claire etc, le prix de l'instrument s'élève à 635 Francs.

Le second grand modèle (N° III du catalogue) a un pied en tambour, comme celui qu'employait autrefois Oberhäuser. Il coûte 490 Fr., avec cinq systèmes d'objectifs, (1, 2, 3, 5 et 7), trois oculaires et plusieurs autres appareils; mais on peut l'avoir pour 360 Francs à une plus petite échelle (N° IV). Les petits microscopes sont construits avec ou sans l'inclinaison du tube; pourvus de trois objectifs (1, 3, 5) et de 3. oculaires, ils coûtent 190 Fr. (Fig. 3) ou 165 Fr. (Fig. 4). En outre Nachet construit encore un modèle qui peut être employé comme microscope simple ou comme microscope composé. (Il est marqué 120 Fr. sous le N° X du catalogue.

(Fig. 5). *Microscope à dissection et d'observation*). Cet instrument est accompagné de 2 systèmes d'objectifs (1 et 3), d'un oculaire et

Fig. 3.

Fig. 4.

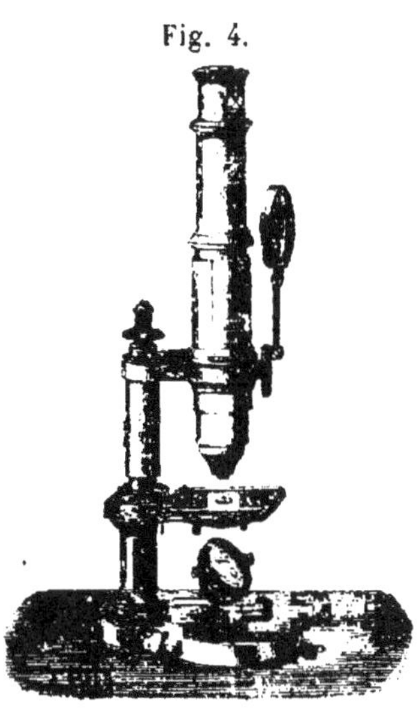

de 3 doublets de puissance différente. Le bras qui porte le microscope composé peut s'enlever et se remplacer par celui qui reçoit les

Fig. 5.

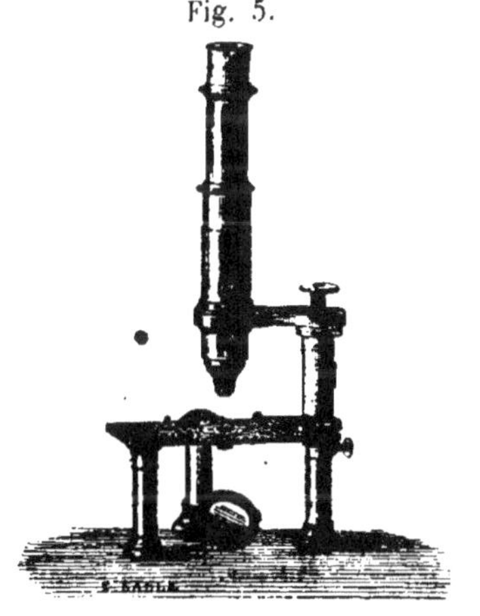

Fig. 6.

doublets. Vendu seulement comme microscope simple, il ne coûte plus que 50 Fr. — Enfin le microscope de poche (Fig. 6) qui avec

Fig. 3. Microscope petit modéle, avec axe mobile, réduit au cinquième.
Fig. 4.   idem   sans axe mobile,   idem
Fig. 5. Microscope à dissection et d'observation, réduit au sixième.
Fig. 6. Microscope de poche, réduit au quart.

sa caisse ne dépasse pas 90 millim. de longueur et 50 millim. de largeur est installé d'une manière très-simple. Le corps de l'instrument se visse sur le couvercle de la caisse dont une partie forme

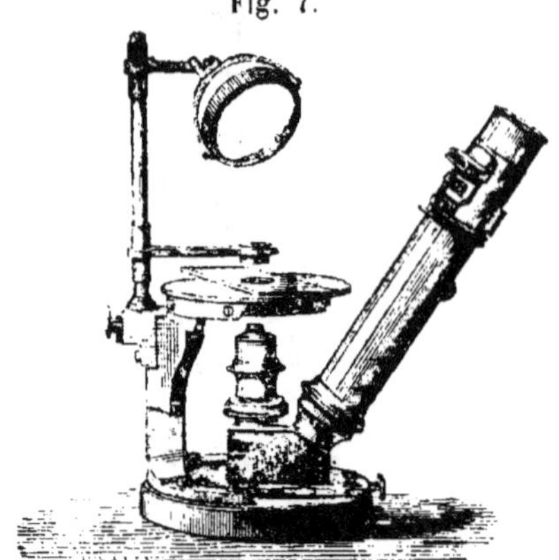

Fig. 7.

la table à objets, à l'aide de deux coulisses qui peuvent se dissimuler; le miroir est au-dessous, dans la boîte même. Le tube a un double mouvement. Ce microscope se vend 180 Fr. avec 3 oculaires.

Nachet fabrique aussi un microscope spécial pour les recherches chimiques *(microscope renversé)*, dans lequel le miroir est au-dessus de la table, tandis que l'objectif est au-dessous (Fig. 7): c'est afin de préserver les lentilles du contact des vapeurs acides ou d'autres liquides. Quand on veut changer d'objectif, on fait glisser en arrière le corps du microscope, le long d'une coulisse. Il se vend 350 Fr. avec 4 objectifs (0, 1, 3 et 5) et un oculaire. On trouve chez le même opticien, pour le prix de 400 Fr., un *microscope binoculaire* avec 3 objectifs (0, 1, 3) dans lequel on regarde à l'aide des deux yeux et qui doit donner plus de relief aux images. Il fabrique aussi des instruments avec lesquels deux ou trois personnes peuvent observer en même temps, *(Microscopes à 2 ou à 5 corps)*, (Fig. 9 et 10): ils se vendent 300 Fr. avec les objectifs 0, 1, 3. Dans ces deux derniers microscopes, les petits déplacements qui doivent servir à rendre l'image nette pour chacun des yeux, s'opèrent

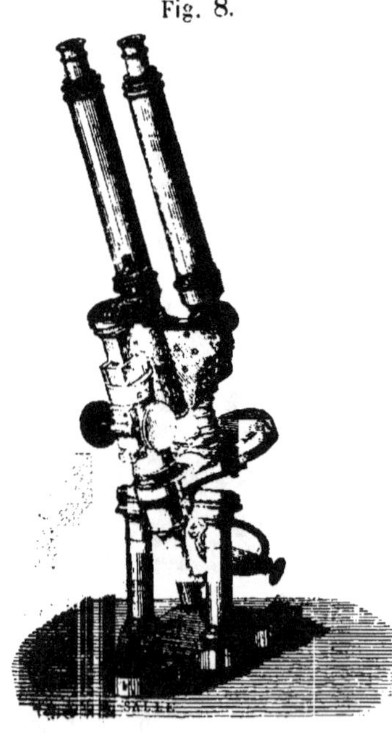

Fig. 8.

Fig. 7. Microscope renversé, réduit au cinquième.
Fig. 8. Microscope binoculaire, réduit au sixième.

en éloignant l'oculaire du système d'objectifs. L'instrument destiné
à deux personnes peut, suivant la position du prisme, donner une
image droite ou renversée, tandis que le microscope à trois corps ne
donne que des images droites. De ces quatre derniers instruments,
je n'ai encore vu que les deux premiers: le microscope renversé
présente des inconvénients au point de vue de l'éclairage; le binoculaire ne peut s'employer qu'avec de faibles grossissements; quant aux
deux autres, ils peuvent être fort utiles pour les démonstrations, mais
ils donnent des images moins parfaites que les microscopes à un
seul tube. [1])

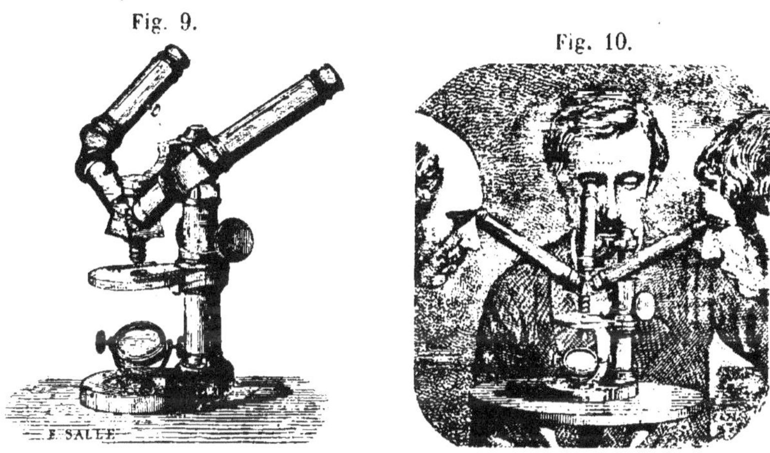

Fig. 9.

Fig. 10.

Fig. 9. Microscope à deux corps, réduit au septième.
Fig. 10. Microscope à trois corps.

[1]) Les microscopes binoculaires ont été modifiés de façon à pouvoir
s'appliquer à tous les microscopes ordinaires dans lesquels le corps
porteur des objectifs peut se détacher de l'instrument. Cette disposition
s'obtient en appliquant un nouveau corps, percé, immédiatement audessus de l'objectif, d'une ouverture destinée à recevoir l'appareil prismatique,
et porteur lui-même du second tube oculaire; la séparation des images a
lieu comme précédemment au-dessus de l'objectif, et l'appareil prismatique
est disposé de manière à permettre le déplacement du tube oculaire ad-
ditionnel, afin d'éloigner ou de rapprocher les deux corps à la distance
des yeux de l'observateur. Les tubes sont inclinés de telle sorte qu'ils
forment un angle d'environ 10 degrés; la fusion des deux images est obtenue avec la plus grande facilité. Le même système de prismes peut se
disposer de manière à donner un microscope à deux corps séparés, pour
deux observateurs, et par conséquent peut aussi s'appliquer à tous les
microscopes unioculaires actuels: dans ce cas, l'un des tubes reste droit,
et l'autre est incliné d'environ 30 degrés. (**P. D.**)

Nachet distingue deux sortes d'objectifs: les objectifs ordinaires et les objectifs à corrections, et il vend ces derniers à un prix qui est plus du double de celui des numéros correspondants, (3 à 8) pour les objectifs ordinaires; ceux-ci coûtent de 20 à 80 Fr.; les autres, de 50 à 180 Fr. Le système 8 est une lentille à immersion qu'on peut aussi employer à sec; malheureusement je n'ai pas pu le comparer avec les lentilles à immersion de Hartnack. [1])

Le microscope de Nobert a d'excellentes lentilles et de bons appareils de mesure. La table a une disposition spéciale; elle est reliée au support par une double charnière autour de laquelle elle est mobile. Je n'ai pas encore pu examiner les nouveaux instruments de cet opticien; et dès lors, je ne puis pas dire s'il a apporté à ses objectifs les mêmes améliorations que les autres, et si les quelques défauts de son support ont été corrigés. Je recommande toutefois son micromètre de verre, ainsi que les surfaces rayées qui servent à définir la puissance du microscope.

Plössl de Vienne a dû perfectionner récemment ses microscopes, mais je ne puis rien en dire *de visu*. [2])

Les microscopes de Schiek, de Berlin, (Marienstrasse, 1a) ont conservé leur vieille réputation: les objectifs en ont été améliorés, de manière qu' aujourd'hui ils laissent voir simultanément, à la lumière oblique, les trois systèmes de lignes du *Pleurosigma angulatum.* Mais il a en général conservé l'ancienne habitude d'associer des objectifs faibles à des oculaires forts; la distance de l'objectif à l'objet est, il est vrai, plus grande que lorsqu'on emploie des objectifs forts

---

[1]) Nachet a construit un appareil appelé *revolver porte-objectif* qui, appliqué au pas de vis du corps, permet de changer les objectifs avec la plus grande facilité et presque instantanément.

Il applique aussi aux microscopes, pour l'éclairage, un cône de verre dont la base est immédiatement au dessous de l'objet, et dont le sommet est dirigé vers le bas. Dans cette position, ce cône produit un faisceau lumineux d'un angle considérable et supérieur à l'angle d'ouverture des objectifs faibles, de sorte que la lumière ne pénètre pas dans ceux-ci mais si on interpose un objet, il paraît lumineux dans le champ resté noir, les contours et les détails de cet objet arrêtant la lumière rasante du faisceau formé par le cône. Les objets semi-opaques, surtout, si difficiles à bien voir dans la lumière transmise par le miroir, sont extrêmement lumineux avec cet éclairage. (**P. D.**)

[2]) Voir dans la seconde édition les prix des instruments de Nobert, Schiek, Plössl et Wappenhans.

avec de faibles oculaires; et d'un autre côté la largeur plus grande du tube et la force de l'oculaire augmentent les dimensions du champ. Pour beaucoup de cas cette disposition est commode; mais le plus souvent elle ne saurait être un avantage parce que le bord du champ ne peut pas être au foyer en même temps que le milieu. Le travail de la monture est excellent dans les instruments de Schiek; ceux de petite ou de moyenne grandeur méritent les plus grands éloges; quant aux grands modèles, il en construit le pied d'après la forme que l'on demande.

Hugo Schröder de Hambourg (Holländischer Brook, 31.) qui n'est connu que depuis quelques années, promet déjà beaucoup; il ne lui manque évidemment que de bons conseils et le secours d'un homme expérimenté. Ses objectifs forts, ont une longueur focale encore trop courte: ainsi, le plus fort d'entre eux (N°· 3) ne permet pas l'emploi des verres à couvrir les plus minces. Il est vrai qu'à l'aide d'une lentille de correction qui remplace la lentille supérieure, on peut s'en servir avec les verres à couvrir ordinaires; mais ainsi modifié, cet objectif perd beaucoup de sa valeur et à la lumière oblique, il ne montre plus aussi bien les raies du *Pleurosigma an-gulatum*. Le système 3 correspond en quelque sorte au système 11 de Bénèche, mais il lui est inférieur pour la lumière normale. Schröder construit trois sortes d'oculaires, les uns simples, et d'au-tres qu'il appelle *orthoscopische* et *aplanatische*, et qui sont très-recommandables. Ses modèles de grandeurs variées ressemblent à ceux d'Oberhäuser, mais ils sont plus petits et plus légers; de même, dans les grands modèles, la table est mobile autour d'un axe ver-tical. Les prix varient suivant le nombre d'objectifs et d'oculaires que l'on demande. Le microscope le plus grand, muni d'un objectif et de deux oculaires *orthoscopiques* est du prix de 60 Thlr.

Wappenhans (Besselstrasse 18, Berlin), qui suit encore l'an-cienne méthode et cherche à obtenir le grossissement surtout à l'aide des oculaires, construit des microscopes qui, dans leurs pièces opti-ques, se rapprochent beaucoup de ceux de Schiek. Les images sont nettes, mais non complètement incolores; cependant je n'ose pas émettre mon avis sur ses instruments les plus récents. Il donne au support la forme que l'on demande, celle des modèles de Schiek ou celle d'Oberhäuser. Les petits instruments (50 Thlr.) ont la table de Nobert et permettent l'emploi de la lumière oblique. Ces microscopes donnent des grossissements qui varient de 36 à 700 fois.

On trouve chez lui des instruments encore plus petits du prix de 35 Thlr., faits sur le modèle de ceux d'Oberhäuser.

Carl Zeiss d'Jéna dont les microscopes simples sont avantageusement connus depuis longtemps, construit aussi aujourd'hui des microscopes composés d'une grande perfection dont plusieurs ont été entre mes mains. Ils se distinguent en ce que les images sont nettes, claires, et parfaitement planes; les pieds sont commodes, bien travaillés; tous portent une table solide, d'une grandeur suffisante et les petits mouvements de déplacement s'effectuent à l'aide d'une colonne creuse. [1] Le plus grand modèle 0 correspond dans toutes ses parties au pied en fer à cheval d'Oberhäuser. Il est pourvu d'une table mobile autour de son axe et de diaphragmes cylindriques; sa hauteur est de 14 pouces. Les modèles, de I à IV, ont au contraire des formes spéciales; la base est un anneau (I), ou un fer à cheval (III), ou un disque circulaire (II et IV); dans tous l'appareil à diaphragmes présente une surface convexe. (Pl. I, Fig. 7A) Dans les modèles I et III le miroir peut être écarté de l'axe du tube, soit en avant, soit latéralement, ce qui donne un vaste champ pour les déplacements du miroir. La hauteur du modèle I est de 12 po. $^{1}/_{2}$, et celle du modèle III, 12 pouces. (voir Pl. I, Fig. 7.).

Le plus petit modèle IV, dans lequel le miroir ne se déplace que latéralement et dans une seule direction, peut servir encore pour les systèmes d'objectifs les plus forts: c'est un point par lequel les petits instruments de Zeiss se distinguent avantageusement de deux des autres opticiens. Les systèmes d'objectifs les plus faibles A, B, C, sont excessivement clairs et exigent souvent qu'on éteigne la plus grande partie de la lumière; et alors, avec les oculaires faibles, ils donnent une image, plane, nette et incolore. Le système C composé de 3 lentilles sert pour deux grossissements. Avec les lentilles supérieure, et inférieure, séparées par une pièce intermédiaire, on obtient un grossissement de 50 fois en prenant l'oculaire 1; de même la lentille supérieure du système A qui se compose de deux verres peut servir pour les plus faibles grossissements (25 fois). L'objectif C, combiné avec l'oculaire 2, montre très-bien les raies transversales

---

[1] Ce mouvement est très-lent, même dans les petits modèles; on n'y remarque pas une déviation sensible de l'image quand on emploie la lumière normale; mais à la lumière oblique, l'image se déplace dans la direction de la lumière, phénomène sur lequel ZEISS a le premier appelé l'attention. *(Annales de Poggendorf.)*

des écailles d'*Hipparchia Janira,* à un grossissement de 120 fois.
Le système D donne à la lumière normale des images remarquables
et permet de découvrir avec une lumière un peu oblique les raies
transversales de l'*Hipparchia;* le système F les montre très-bien à
la lumière normale, pour une position quelconque de l'écaille. Ce
système présente une égale perfection pour tous les modes d'éclairage, et ses effets sont aussi nets pour les coupes les plus minces
de bois de *pin* que pour les carapaces de *Pleurosigma angulatum.*
On en voit les 3 systèmes de raies sur les carapaces un peu épaisses,
à la lumière normale; mais avec la lumière oblique, elles apparaissent sur tous les individus simultanément, quelle que soit leur direction, et elles offrent une netteté qui est à peine surpassée par
les lentilles à immersion de Hartnack. Les hexagones se reconnaissent sur toute la surface, qui semble d'ailleurs presque plane, et
les raies du bord sont aussi bien dessinées que celles du milieu. Le
système F, moins clair, à la vérité, que D et E, peut s'accommoder
encore des plus forts oculaires et montrer aussi à la lumière oblique
les raies transversales du *Nitschia sygmoïdea* et du *Grammatophora
subtilissima.*[1]) Il exige, comme le système D, un verre à couvrir
d'une épaisseur déterminée.

Zeiss laisse à l'acheteur le soin de choisir ses objectifs et ses
oculaires qu'il compte à part.

Le modèle 0 (la boîte comprise) coûte . . . . . 55 Thlr.
        I. 27   ,,
       II. 18   ,,
      III. 15   ,,
      IV. 11   ,,

Le système d'objectifs A, grossissant de 50 à 115 fois, coûte 6 Thlr.

B,	75 – 150	8
C,	80 – 200	9
D,	160 – 740	15
E,	240 – 900	15
F,	330 – 1500	20 [2])

[1]) Je n'ai pas pu jusqu'à présent découvrir avec ce système les raies
du *Grammatophora subtilissima,* conservé dans le baume; dans ce cas,
d'ailleurs, il faut, avec la lentille à immersion No. 10 de Hartnack, un
éclairage tout spécial. Pour le *Pleurosigma angulatum* conservé dans le
baume, le système **F** se comporte comme les lentilles à immersion.

[2]) Les grossissements de **A, B, C,** sont indiqués avec les oculaires de
1 à **3**; les grossissements pour **D, E, F,** avec les oculaires de **1** à **4**.

Les oculaires 1—4 se paient 2 Thlr.; et les micromètres-oculaires, 3 Thlr. (5 millimètres divisés en 50 parties). On peut avoir exceptionellement, pour 24 Thlr., le petit modèle IV, avec un système d'objectifs, (C), et deux oculaires; d'ailleurs les corps de microscopes ne se vendent pas à part; ils doivent être accompagnés d'au moins deux systèmes d'objectifs et de deux oculaires. Un objectif seul, destiné à un microscope étranger, se vend avec une augmentation de 25 %. Le modèle III que je possède, avec les lentilles A, C, D, F. et les oculaires 2 et 3, me donne des grossissements variables depuis 25 jusqu'à 950 fois; il offre une perfection suffisante pour les recherches ordinaires et se recommande surtout, comme microscope de voyage, à cause de ses petites dimensions. La boîte, en bois de chêne poli, a 7 pouces $^3/_4$ de longueur, 5 pouces de largeur et 3 pouces $^1/_2$ de hauteur.[1]

Recommandations pour le choix d'un microscope. — Quand on veut se procurer un microscope, il faut se demander deux choses: d'abord, le prix que l'on peut ou que l'on veut y mettre, et en second lieu, l'usage qu'on en veut faire. Je ne recommanderai jamais aux commençants les grands microscopes d'un prix élevé, parce qu'ils ne leur seraient pas plus utiles que les instruments simples à bon marché. Ainsi les petits instruments, qui grossissent de 50 à 300 fois, son bien suffisants pour les recherches morphologiques et pour l'enseignement scolaire. Mais ceux qui, sachant déjà travailler, veulent poursuivre des questions difficiles d'anatomie et de physiologie animale ou végétale, ne doivent pas reculer devant la dépense; il leur faut des corps de microscopes plus parfaits et les meilleurs objectifs; dans quelques cas cependant, ils pourraient se contenter

---

[1] Dans son dernier catalogue (novembre 1861), ZEISS a annoncé un modèle **III, b,** qui diffère du modèle **III,** par un pied en laiton, plus élégant et plus lourd, et en forme de fer à cheval; par un miroir plus grand, plan d'un côté et concave de l'autre. Avec le système **F,** le grand miroir courbe est plus efficace que le miroir de dimension moindre du modèle **III.** — ZEISS m'a récemment envoyé 5 objectifs (**F**), pour m'en laisser choisir le meilleur; ce n'est qu' après plusieurs heures de comparaison que j'ai pu déterminer celui qui méritait à mon avis la préférence. Il est fait mention plus loin du microscope de poche de ZEISS. Le modèle **III,** b, est du prix de 18 Thlr. De plus Zeiss donne un procédé fort ingénieux, pour mesurer l'épaisseur des verres à couvrir, ce qui est très-important pour l'emploi des objectifs puissants. Avec un Nonius au dixième de millimètre, on peut apprécier 2 centièmes de millimètre.

des petits instruments de Zeiss, d'un prix modéré, avec les objectifs A, C, D, et F.

Il est très-difficile, je pourrais même presque dire impossible,
d'exprimer aujourd'hui une opinion consciencieuse sur les microscopes
des divers constructeurs, parceque les bons instruments ne sont
plus, comme autrefois, le monopole d'opticiens isolés, et que la riva-
lité créée par l'extension de cette fabrication a amené de tous côtés
des perfectionnements. Aussi, dans ces dernières pages, n'ai-je émis
que des opinions relatives aux instruments particuliers que j'ai eus
entre les mains, et l'on ne doit pas oublier que les mêmes qualités
ne se retrouvent pas toujours dans tous les microscopes sortis d'un
même atelier. J'ajouterai même qu'il est bien rare de pouvoir comparer deux microscopes à côté l'un de l'autre, dans des conditions
semblables et avec le même test-objet; souvent on est forcé de s'en
rapporter à ses souvenirs. Je ne veux donc prononcer aucun juge-
ment définitif sur des questions de cet ordre; mais cependant, je ne
crois pas me tromper en proclamant comme excellents les microscopes de Bénèche, Hartnack, Nachet et Zeiss.

Test-objets. — Le moyen le plus sûr pour apprécier la bonté
d'un microscope, c'est de voir avec quel grossissement il fait voir
nettement les détails d'un objet; plus ce grossissement est faible, et
plus l'instrument a de valeur. Par exemple, un bon microscope montre,
avec un grossissement de 80 diamètres, les raies longitudinales des
écailles de l'*Hipparchia Janira* femelle, et avec un grossissement de
40 fois seulement, les raies longitudinales des écailles de *Lepisma
saccharinum*. Quant aux stries transversales des écailles d'*Hipparchia*, je les découvre, à la lumière oblique, avec les systèmes 5—7
de Hartnack, avec le N°· 7 de Bénèche, et aussi, avec le syst.
C de Zeiss, pour un grossissement de 200 fois à peine. Avec les
objectifs puissants elles apparaissent très-clairement, et doivent se
voir même à la lumière normale. Ces stries transversales, quand la
lumière oblique du miroir tombe sur elles à angle droit, se présentent sous la forme de lignes nettement tracées, très-rapprochées les
unes des autres; elles se croisent avec les rainures longitudinales en
passant par dessus. (Les écailles longues et brillantes sont les plus
difficiles à voir, et par suite, préférables comme test-objets). — (Pl. I,
Fig. 16 et 17.) Quand les stries transversales ne se présentent que
sous forme de lignes granulées ou interrompues, c'est que l'objectif
est défectueux.

On recommande aussi pour les mêmes usages la *plaque test-objet* de Nobert sur la quelle on trouve de 15 à 20 systèmes de lignes d'une finesse de plus en plus grande. Le numéro du système que l'on peut apercevoir donne avec précision la valeur de l'objectif. Mais comme l'appréciation du dernier système nettement visible dé-

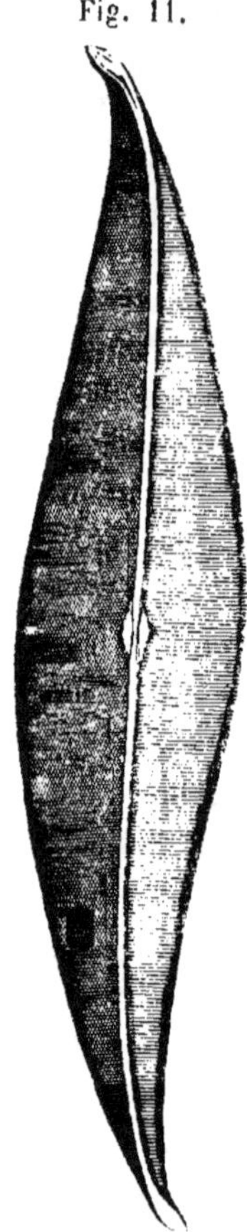

Fig. 11.

pend de l'oeil de l'observateur, et que par ailleurs cette plaque coûte fort cher (30 Thlr.), on se sert de préférence des carapaces de Diatomées. Le *Pleurosigma angulatum*, que l'on trouve à Paris chez Bourgogne, est un des meilleurs test-objets pour les objectifs forts. Les trois systèmes de lignes de ce squelette siliceux se reconnaissent aujourd'hui, à la lumière oblique, même avec des objectifs relativement faibles, (N°. 7 de Hartnack, et N°. 9 de Bénèche). [1] —: c'est ce qui prouve d'une manière éclatante les progrès réalisés depuis quelque temps dans la construction des microscopes. À l'époque, en effet, où parut la seconde édition de cet ouvrage, on ne pouvait les apercevoir qu'avec des grossissements bien plus considérables, et une précision beaucoup moindre Le progrès le plus sensible a été réalisé par les lentilles à immersion d'Amici, de Hartnack et de Nachet qui, même à la lumière normale, montrent nettement et simultanément les trois systèmes de lignes. (Pl. I, Fig 9.)

Pour voir aussi bien que possible chacun des systèmes de lignes du *Pleurosigma angulatum*, il faut écarter le miroir de l'axe du tube, et faire tomber la lumière oblique à angle droit sur la direction de ces lignes; l'appareil à diaphragmes doit être supprimé, si l'objet est placé de telle sorte que sa nervure longitudinale fasse un angle droit avec le faisceau lumineux, on aperçoit successivement, en déplaçant le foyer, l'un et l'autre système de lignes obliques qui se coupent sous un angle de

Fig. 11. Enveloppe siliceuse du Pleurosigma angulatum vue à un grossissement de 650 fois. — À droite on ne voit que les stries horizontales, et à gauche, les deux systèmes de lignes obliques qui se croisent.

---

[1] Le No. 7. de Hartnack donne avec le premier oculaire un grossissement de 200 fois; et le No. 9 de Bénèche, un grossissement de 260 fois.

60 degrés. Tournez alors la table ou le porte-objet, de 90 degrés, et vous reconnaîtrez le troisième système de lignes transversales qui fait aussi un angle de 60 degrés avec chacun des deux précédents. Pour rendre bien visible chaque système, il faut en général, outre la rotation de la table, un faible déplacement du foyer, parce qu'ils sont placés sur l'objet à des hauteurs différentes, caractère que présentent aussi les raies longitudinales et transversales des écailles de papillon. (Chez le *Lepisma saccharinum*, les raies longitudinales appartiennent à la couche supérieure que l'on trouve quelquefois exfoliée par places, et les raies obliques sont inférieures.) L'apparence obscure qu'offrent les stries des écailles de papillon ou des enveloppes siliceuses de diatomées est due à l'ombre formée dans ces petits sillons, comme cela se passe pour les traits d'un micromètre de verre; voilà pourquoi la lumière oblique produit son maximum d'effet lorsqu'elle tombe à angle droit sur ces lignes.

Les raies transversales du *Pleurosigma angulatum* sont très-difficiles à voir; les deux systèmes de lignes obliques peuvent au contraire se distinguer avec des objectifs de force moyenne. Ils circonscrivent alors des espaces rhombiques que j'ai représentés sur la Fig. 10 de la planche I par la lettre x. Mais quand les trois systèmes de lignes sont visibles, ces espaces se présentent alors avec 6 angles (Fig. 10, y), parceque les lignes horizontales viennent tronquer de chaque côté les pointes du rhombe. Si ces mêmes lignes coupaient le rhombe par la moitié, il y aurait alors un triangle de chaque côté, comme l'indique la ligne ponctuée d. De ces dispositions particulières résultent les diverses apparences de ce curieux test-objet, suivant la position du foyer et le mode d'éclairage. Les lignes horizontales semblent les plus profondes, ce qui explique la difficulté qu'on éprouve à les voir; de même les côtés horizontaux des hexagones sont moins nettement tracés que les 4 côtés latéraux formés par les raies obliques. L'observation attentive de ce test-objet, placé dans différents milieux ne permet pas d'expliquer autrement que nous ne l'avons fait l'apparence de structure perlée à laquelle quelques micrographes paraissent croire encore. Avec la lumière normale et les lentilles à immersion, on doit pouvoir découvrir simultanément les 3 systèmes de lignes. Les oculaires les plus faibles donnent naturellement les images les plus élégantes; cependant, avec une bonne lumière, les oculaires les plus forts qui donnent avec la lentille à immersion, N°· 10, un grossissement de plus

de 2000 fois, ne doivent pas nuire à la netteté de l'image. Un bon
objectif pour la lumière oblique doit montrer les espaces hexagonaux
de l'enveloppe du *Pleurosigma*.

Il existe une autre carapace de diatomée dont les détails sont
plus difficiles à voir que ceux du Pleurosigma et qui, je crois, a été
d'abord mise en usage en Angleterre; c'est le *Nitzschia sygmoïdea*
ou *Sygmatella Nitzschia*, d'une forme longue et étroite qui montre,
lorsqu'il est conservé à sec, des lignes transversales beaucoup plus
fines et plus serrées. (Pl I. Fig. 11 et 12.) On ne peut les voir
qu'à la lumière oblique avec la lentille à immerson de Hartnack;
elles se découvrent aussi avec les plus forts objectifs sans immersion
de Bénèche, Hartnack et Zeiss. Je n'ai jamais pu y reconnaître
autre chose que ces raies transversales.

Le *Grammatophora subtilissima* semble présenter encore une plus
grande difficulté, quand il est conservé dans le baume de Canada;
les stries si fines et si serrées du bord de cette carapace ne se reconnaissent qu'à l'aide de la lentille à immersion, N°. 10, à la lumière oblique et avec une brillante lumière, celle d'un nuage blanc
par exemple. (Pl. I, Fig 13.)

Dans un test-objet livré par Bourgogne sous le nom de *Grammatophora marina* et conservé à sec, j'ai reconnu sur les bords,
outre les lignes transversales, deux autres systèmes de lignes se croisant sous un angle de 60 degrés et qui produisent des effets semblables à ceux que j'ai décrits à propos du *Pleurosigma angulatum*.
Toutefois les stries étaient ici plus fines encore et plus rapprochées,
et les lignes transversales appartenaient à la couche supérieure, ce
qui les rend plus faciles à voir; le *Pleurosigma* offre précisément le
contraire. Je présume dès lors que le *Grammatophora subtilissima*,
que je ne possède que dans le baume, montrerait à sec ces mêmes
systèmes de lignes obliques.[1]) Le *Grammatophora marina*, même
dans le baume de Canada, est d'ailleurs un test-objet plus facile à
voir que les carapaces plus petites du *Grammatophora subtilissima*.

Le *Surirella Gemma* paraît encore plus délicat que les précédents.
On y trouve des bandes transversales placées à des distances iné-
gales et s'avançant jusqu'au milieu de la carapace. Parallèlement à

---

[1]) J'ai vérifié moi-même récemment ce que M. Schacht ne fait ici que
présumer. Avec les plus forts objectifs de Hartnack, le *Grammatophora
subtilissima* présente sur ses bords deux systèmes de lignes obliques qui
se croisent comme celles du Grammatophora marina. (**P. D.**)

ces bandes courent des stries transversales faciles à reconnaitre; (Pl. I, Fig. 14) et enfin, par dessus le tout, s'étend un système de lignes longitudinales excessivement fines qui traversent les bandes transversales de la façon la plus élégante. (Pl. I, Fig. 15). Je ne puis voir ces dernières lignes qu'avec la lumière oblique, un ciel d'un blanc brillant, et la lentille à immersion, N°· 10. Les autres objectifs n'en laissent pas même soupçonner l'existence; et si l'objet est placé dans le baume de Canada, elles peuvent rester invisibles, même avec la lentille à immersion.

Je me suis longuement étendu sur les test-objets de microscope dont il a été le plus question dans ces derniers temps; je les ai décrits et représentés avec précision, parce que les descriptions et les figures qu'on en a données jusqu'à ce jour sont en général très - défectueuses. Pour le *Pleurosigma*, à la vérité, Reinecke en a déjà donné un bon dessin et une bonne explication; il se refuse, comme moi, à admettre l'existence de points hexagonaux et explique cette apparence à l'aide des trois systèmes de lignes. Mais parmi les figures qu'il a extraites, à ce sujet, des ouvrages anglais, et qui m'étaient déjà en partie connues par l'ouvrage de Quekett, celles qui portent les numéros 1, 2, 8, sont complètement fausses en ce que les ponctuations apparentes n'y sont pas représentées une seule fois dans leur véritable position relative. Les figures 4 et 5 sont défectueuses aussi; car on ne peut pas les interpréter à l'aide des trois systèmes de lignes, ce qui est le cas pour les Fig. 6, 7; seulement, ici encore, les lignes transversales sont mal placées par rapport aux deux autres systèmes de lignes, et au lieu d'hexagones on a des triangles équilatéraux (Pl. I, Fig. 10, d.) [1] Les *Nitzschia, Grammatophora* et *Surirella* ne sont pas encore employés en Allemagne comme test-objets; et même, on n'y est pas encore d'accord au sujet des écailles de quelques insectes. Ainsi Harting[2] prétend que dans les écailles de *Podura plumbea,* il n'y a pas de raies transversales, tandis que je les vois sur tous les échantillons; elles y donnent une apparence noduleuse aux bandes longitudinales et dessinent avec elles un réseau (Pl. I, Fig. 18 et 19). Sur les écailles brillantes on aperçoit des raies transversales arquées que les objectifs ordinaires permettent de découvrir avec la lumière oblique. Les

---

[1] Friedrich Reinecke, Beiträge zur neueren Mikroskopie. Dresd. 1858.
[2] P. Harting. Das Mikroskop. p. 282.

apparences microscopiques doivent varier pour les écailles d'insectes comme pour les diatomées, avec la direction et la position des systèmes de lignes ou des bandes, et avec la largeur de ces bandes. Ainsi nous voyons, dans le plus grand nombre des écailles de papillon, des bandes longitudinales assez larges et des bandes transversales très-étroites qui se croisent à angle droit, *(Hipparchia, Lycaena argus)*; dans le *Lepisma saccharinum* au contraire, des bandes longitudinales, larges encore, avec des bandes transversales un peu irrégulières et dirigées obliquement, ce qui donne aux premières l'apparence de spirales; enfin on trouve chez le *Podura plumbea* des bandes longitudinales larges, mais interrompues, combinées avec des bandes transversales un peu plus étroites et faiblement marquées. Dans les Diatomées au contraire, il existe deux ou trois systèmes de bandes; dans le *Pleurosigma attenuata*, des bandes longitudinales assez larges sont associées à d'autres, transversales et étroites; dans le *Surirella*, ces dernières sont fortement dessinées et les longitudinales sont moins nettes, c'est à dire moins saillantes, et peu différentes des précédentes en largeur; dans le *Pleurosigma angulatum* et le *Grammatophora marina*, enfin, on trouve trois systèmes de bandes d'égale largeur qui se coupent sous des angles de 60 degrés. La nature et la direction de la lumière donnent à ces objets des apparences multiples, avec lesquelles il est bon de se familiariser pour apprendre à bien apprécier les changements que le microscope peut apporter aux images.

On a divisé les écailles de papillons et les carapaces de diatomées d'après le nombre des bandes qui apparaissent sur un côté donné, en test-objets faciles ou difficiles, et on a voulu avec cela établir une échelle donnant la valeur de chaque combinaison d'objectifs et d'oculaires. Mais la comparaison des mesures a fait voir que les nombres obtenus ne sont pas les mêmes pour tous les échantillons de ces objets; ainsi les petits individus du *Pleurosigma angulatum* et du *Grammatophora subtilissima* possèdent des bandes transversales plus étroites et dès lors plus nombreuses que celles des individus plus grands. Voilà pourquoi on a souvent donné la préférence, comme test-objet, à la plaque de Nobert dont il est parlé plus haut. [1] Malgré toute mon admiration pour la finesse presque

---

[1] Nobert doit avoir fabriqué des test-objets qui présentent des groupes de traits éloignés l'un de l'autre d'une distance qui varie depuis $\frac{1}{4000}$ jusqu'à $\frac{1}{10000}$ de ligne et que les meilleurs objectifs anglais n'ont pas pu mettre en évidence — Reinecke, p. **43**. (Comparer p. 28.)

incroyable et la précision de ces divisions qui vont jusqu' à donner, d'après Warren de la rue, 2216 traits sur un millimètre, je ne puis croire possible la ressemblance absolue de tous les exemplaires de ce test-objet. De plus, les derniers groupes de traits, que j'ai pu comparer, il y a quelques années, sont beaucoup plus faciles à distinguer à la lumière oblique que les lignes transversales du *Grammatophora subtilissima* et du *Nitzschia sigmoïdea :* aussi je préfère ces diatomées comme test-objets, pour apprécier à cet égard la force d'un microscope. Il ne faut pas toutefois perdre de vue la manière dont l'objet est conservé ; le *Grammatophora subtilissima,* conservé à sec, est à peine plus difficile à distinguer que le *Pleurosigma angulatum;* dans le baume de Canada, c'est au contraire un des test-objets les plus difficiles ; et il en est à peu près de même pour le *Pleurosigma* dans le baume.

On se tromperait beaucoup si l'on ne voulait juger de la bonté d'un microscope que d'après ses effets à la lumière oblique, pour laquelle on emploie surtout les écailles de papillons et les carapaces de diatomées. Ce qu'il y a de plus important, ce sont les effets de l'instrument ou plutôt d'une combinaison déterminée d'objectif et d'oculaire, pour la lumière normale. Aussi doit-on regarder comme un immense progrès les lentilles à immersion, qui, à la lumière normale, font découvrir des détails qu'on ne pouvait apercevoir jusqu'ici qu' à la lumière oblique. Les objectifs qui ont un grand angle d'ouverture et sont spécialement construits pour la lumière oblique, donnent d'ordinaire à la lumière normale une image colorée et moins nette ; et par contre, les objectifs parfaits pour la lumière normale sont dépassés de beaucoup par les précédents, avec l'éclairage oblique. Les objectifs intermédiaires semblent enfin toujours un peu inférieurs, d'un côté comme de l'autre. C'est ce qui explique pourquoi les opticiens distinguent ces deux classes d'objectifs et s'efforcent de les perfectionner. Comme il suffit d'ailleurs d'un seul système d'objectifs pour la lumière oblique, le prix des grands microscopes n'en est pas considérablement augmenté. Bénèche dispose le système 9 pour la lumière oblique et tous les autres pour la lumière normale.

Pour ce dernier mode d'éclairage, j'emploie, comme test-objets, des coupes transversales très-minces faites à travers des tissus végétaux incolores à parois cellulaires fort épaisses ; le bois du *Pin* est excellent pour cet usage. Le tissu composé de la substance intercellulaire et de la membrane primaire des cellules ligneuses, doit paraître très-mince de chaque côté et nettement limité, pour un grossissement de 200 à 400 fois. L'image doit être absolument incolore. Si ce tissu présente des contours épais ou des colorations qui n'appartiennent pas à la coupe même, c'est que l'objectif n'est pas suffisamment corrigé au point de vue de la sphéricité et de l'achromatisme. Le plus souvent on reconnaît une coloration bleue qui ne trouble pas d'une manière essentielle la netteté de l'image; elle se retrouve particulièrement avec les substances qui réfractent fortement la lumière, et elle est beaucoup plus prononcée dans le tissu en question que dans les couches d'épaississement des cellules ligneuses à la suite desquelles on voit encore, à la partie interne, une couche non lignifiée et relativement plus colorée. Pour les objectifs les plus puissants, il faut préférer les coupes très-minces faites à travers les grains de pollen du *Mirabilis Jalapa* qui montrent immédiatement les défauts des objectifs non achromatiques par la coloration qu'offrent les canaux poreux de la cavité intérieure et même ceux de la couche extérieure de l'Exine. Le contour de ces canaux fournit aussi un excellent test-objet pour apprécier la puissance d'un instrument. Il faut toutefois que la préparation soit intacte, d'une minceur extraordinaire et qu'elle passe par le milieu du grain de pollen.

On doit encore signaler, comme test-objet pour la lumière normale, *l'Arachnodiscus.*

Il est avantageux aussi de se servir de coupes végétales minces, étroitement serrées entre deux verres, pour reconnaître si la surface focale est bien plane; les détails de la circonférence doivent apparaître avec la même clarté que ceux du milieu, sans qu'il soit nécessaire d'opérer un déplacement: c'est cependant ce qu'on ne peut jamais obtenir d'une manière absolue avec les oculaires ordinaires.[1]) Le milieu du champ est toujours le point qui fournit l'image la plus nette et la plus fidèle. Harting indique à ce sujet un test-objet fort commode: c'est un carré divisé par 2 systèmes de lignes à angle droit; le microscope est d'autant plus défectueux que ces lignes s'éloignent plus du parallélisme sur les bords du champ et les oculaires *orthoscopiques* ont pour effet de corriger ce défaut.

Enfin il ne faut pas négliger non plus la clarté et la coloration

---

[1]) Les objectifs de Hartnack et de Zeiss donnent des images planes, même avec les oculaires ordinaires.

du champ, qualités qui dépendent des objectifs et qui varient beaucoup d'un instrument à l'autre. Plus le champ est blanc et clair, et plus les images sont élégantes, parce que l'objet apparaît avec ses véritables couleurs; en atténuant habilement la lumière on saisit avec plus de netteté les petits détails. Pour apprécier la couleur du champ, je me sers d'une coupe transversale de bois de *pin* dont j'ai parlé plus haut; elle prend la teinte du champ et la présente même à un degré plus intense dans ses parties denses qui réfractent fortement la lumière. Les systèmes 7 et 8 de Bénèche donnent un champ très-blanc; le système 11, au contraire, offrirait une légère coloration jaunâtre. Les objectifs de Schröder et de Zeiss sont également bien achromatisés

Les objectifs très-puissants et les lentilles à immersion ne peuvent servir qu'avec les appareils d'éclairage les plus parfaits, et seulement dans quelques cas particuliers où ils ont alors une immense importance. Ils exigent en outre des préparations excellentes et des observateurs habiles. C'est une erreur de croire qu' avec de forts grossissements on verra toujours plus de choses qu' avec des grossissements plus faibles; ces derniers sont de beaucoup préférables pour qui n'est pas fort exercé dans l'art des préparations. À mesure, en effet, qu'on augmente le grossissement, la minceur de l'objet doit croître en même temps et une préparation épaisse devient complétement inutile

2. LOUPE MONTÉE OU MICROSCOPE A DISSECTIONS.

On emploie pour les préparations et les dissections un microscope simple, avec doublets. La table de cet instrument doit être solidement montée, d'une largeur assez grande, et peut recevoir deux compresseurs pour maintenir le porte-objet. Le support le plus commode consiste en un pied en bois, suffisamment lourd, s'élevant de chaque côté en saillie pour soutenir la main de l'observateur.

Je me sers depuis quelques années d'un microscope simple de Carl Zeiss d'Jéna, et je puis le recommander en connaissance de cause. Ce modèle peut être muni de 3 à 6 doublets, suivant ce qu'on désire, et donne des grossissements de 15, 30, 60, 120, 200 et 300 fois. La longueur focale de la troisieme lentille est encore assez grande pour qu'elle puisse servir dans les dissections. Quant aux trois autres, elles deviennent inutiles pour celui qui possède un microscope composé. La table est fixe et les déplacements s'opèrent de deux manières. Au dessus du miroir plan se trouve une lentille convergente que l'on peut à volonté rejeter sur le côté. Le prix de cet instrument, avec 3 doublets, est de 13 Thlr., et avec 4 doublets, de 16 Thlr. On peut avoir encore, pour 26 Thlr., un modèle plus compliqué, disposé de manière à donner un éclairage oblique, et pourvu de cinq lentilles, et d'un support. Les deux lentilles les plus fortes (triplets), qui sont parfaites dans leur genre, peuvent dans bien des cas remplacer le microscope composé, puis qu'elles permettent de voir parfaitement, à la lumière oblique, les lignes transversales des écailles d'*Hipparchia*.

Bénèche, de Berlin, donne pour 10 Thlr. un modèle du même genre avec trois grossissements différents, et pour 18 Thlr., un autre modèle pourvu de trois doublets et d'une loupe faible, dans lequel les déplacements se font à l'aide d'une crémaillère et d'une roue dentée.

Enfin, le microscope simple de Schiek de Berlin ressemble à ce dernier, à cela près qu' au lieu de 3 doublets, il possède 3 lentilles d'objectifs achromatiques, que l'on peut employer seules ou réunies. Il coûte 20 Thlr.

Nachet construit un modèle qui peut servir à la fois comme loupe montée, ou comme microscope composé. (voir Fig. 5, pag. 19).[1] On trouve aussi chez lui un *Prisme redresseur* qui se place au dessus de l'oculaire et permet d'employer le microscope composé pour les préparations, que l'on fait alors à un grossissement beaucoup plus considérable. Avec la loupe montée, on ne peut guère grossir plus de 50 fois l'objet que l'on dissèque; avec le prisme redresseur, on peut employer un grossissement double, ce qui souvent est fort avantageux. En général, cependant, les images sont plus nettes avec la loupe montée, et l'usage de ce dernier instrument habitue mieux au maniement des aiguilles.

Il faut citer encore les microscopes composés destinés aux dissections et connus sous le nom de *pancratiques;* un second système d'objectifs produit un second retournement de l'image et donne, suivant sa distance, des grossissements différents; on les trouve chez

---

[1] Quand ce microscope doit servir comme loupe montée, on enlève la colonne qui porte le tube et l'oculaire, et on la remplace par une tige destinée à supporter les lentilles. Cet instrument coûte 120 Fr., avec 2 objectifs, 1 oculaire et 3 doublets.

Oberhäuser et Plössl. Tout ce que je puis en dire, c'est qu'ils me semblent superflus. Pour ce genre de travail, le microscope simple est toujours préférable.

3. LOUPE SIMPLE.

Une bonne loupe est indispensable; on doit moins y rechercher la puissance grossissante que la netteté des images et la grandeur du champ, dont toute la surface doit présenter la même clarté. Les loupes ordinaires, formées d'un verre plan convexe, ou biconvexe, ne donnent d'image nette qu'au centre. Dans les doublets construits à la manière des oculaires, cet inconvénient disparaît; le champ, d'ordinaire, est assez grand et toute la surface peut en être utilisée. Ces loupes se montent très-bien sur l'axe des microscopes simples dont il vient d'être question. Hartnack en fabrique de 3 sortes dont le pouvoir grossissant n'est pas très-considérable; mais le champ est grand, et les images parfaites. Zeiss en fournit également d'excellentes qui coûtent de 2 à 3, 5 Thlr.; celles de Bénèche sont de 1, 5 Thlr.

4. CHAMBRES CLAIRES.

On peut se servir, pour dessiner, d'un *prisme* qui offre l'avantage d'absorber moins de lumière que les autres appareils employés pour le même usage (Camera lucida d'Oberhäuser ou de Schiek). L'image que le prisme projette sur le papier est presque aussi lumineuse et aussi nette que celle qu'on aperçoit directement à l'aide de l'oculaire; de plus ce prisme s'adapte aux différents oculaires; sa distance à l'oculaire se règle sur le grossissement de ce dernier, et doit être d'autant plus grande que l'oculaire est plus faible. Le *prisme à dessiner* s'attache au tube du microscope à l'aide d'un anneau, et il est monté de telle sorte qu'il peut recevoir trois mouvements, l'un pour l'éloigner ou le rapprocher du verre de l'oculaire, le second dans le sens horizontal, pour pouvoir le rejeter au besoin sur le côté, et le troisième pour l'incliner plus ou moins. Quand on s'en sert, il faut porter son attention et sur sa distance de l'oculaire et sur sa position par rapport au verre de l'oculaire: on doit voir le champ tout entier, blanc et brillant; quand on ne projette qu'une partie du champ, c'est que le prisme n'est pas à une distance convenable de l'oculaire; si une portion du champ paraît colorée, c'est que l'inclinaison du prisme est défectueuse; avec un peu d'habitude on arrive à corriger promptement ces défauts.

On a besoin, en outre, d'un pupitre, qui se place au pied du microscope, et il est bon qu'il puisse tourner et se déplacer verticalement, comme un pupitre à musique. Pour ce qui est de la position du papier par rapport à l'image projetée, celle-ci doit tomber perpendiculairement sur la feuille, sans quoi elle est déformée. Il faut tenir compte aussi, au point de vue du grossissement, de la distance entre le prisme et le papier. J'ai toujours dessiné à une distance de 250 millimètres; c'est aussi la distance à laquelle ont été mesurés tous les grossissements dont j'ai parlé précédemment. Pour faire l'esquisse de l'objet amplifié, on applique l'œil très-près de la petite ouverture pratiquée dans l'enveloppe du prisme, et on s'efforce de maintenir la tête immobile. Avec un peu d'exercice, on arrive à travailler aisément avec cet instrument dont je me sers déjà depuis bien des années. Le seul inconvénient qu'il présente c'est le retournement de l'image, dont il faut bien tenir compte pour l'exécution précise du dessin, lorsque le prisme a été rejeté sur le côté. Aussi, pour les figures un peu complexes, on fera bien de tout dessiner à l'aide de la chambre claire, ou du moins de comparer le dessin achevé avec l'image vue à la chambre claire.

Ce prisme à dessiner se trouve chez ZEISS d'Jéna, (5 Thlr.); la monture en est bien faite; il se place dans une petite boîte particulière. La largeur de l'anneau qui porte le prisme se règle naturellement d'après le diamètre du tube du microscope, au dessous de l'oculaire: on doit donner cette indication au constructeur, ou mieux, en envoyer l'empreinte sur de la cire à cacheter. BÉNÈCHE livre ce même prisme pour le même prix; NACHET le vend 18 Fr. sous le nom de *chambre claire ordinaire*. Une nouvelle chambre claire de cet opticien projette directement l'image sur la table à côté du microscope (25 Fr., et chez Bénèche, 7 Thlr.).

La *Camera lucida* d'OBERHÄUSER se compose d'un tube à genou avec deux prismes et un oculaire; elle renverse deux fois l'image, qui ressemble alors à la première image fournie par le microscope. Il est vrai qu'elle absorbe un peu plus de lumière, mais elle est très-commode en ce qu'elle projette directement l'image sur la table, à côté du microscope et n'exige pas l'emploi d'un pupitre. Je l'emploie même avec les objectifs les plus puissants, et je vois parfaitement avec les lentilles à immersion les trois systèmes de lignes du

Pleurosigma angulatum. Ce qu'il y a de mieux à faire pour s'en servir, c'est de raccourcir le tube du microscope en le faisant glisser et d'avoir, pour recevoir l'image, une petite table à la hauteur de la table du microscope; la distance qui sépare le petit prisme du pied du microscope est en effet plus grande que la longueur de la vue distincte d'un œil sain, et ne permettrait pas d'apercevoir la pointe du crayon. Le grand prisme est dans l'articulation du tube; le petit au contraire est extérieur, placé au-devant de l'oculaire et bien fixé à celui-ci. Si on met à la place de cet oculaire un oculaire ordinaire, on obtient un microscope horizontal. Ce changement d'oculaire qui est nécessaire avec la chambre claire d'Oberhäuser, et qui entraîne le déplacement du foyer, est un véritable inconvénient que l'on évitera en employant le *prisme à dessiner:* ce dernier peut toujours rester attaché au microscope et pour s'en servir, il n'y a qu'à le faire glisser au-dessus de l'oculaire. La chambre claire d'Oberhäuser coûte 50 Fr. Bénèche et Zeiss la vendent 13 Thlr.

5. COMPRESSEURS.

Les compresseurs s'emploient rarement dans les recherches sur les végétaux, et même, lorsqu'il en serait besoin, on peut y suppléer à l'aide d'une douce pression sur le verre à couvrir. Ils sont cependant indispensables, quand on veut étudier les changements que la pression peut apporter à un objet. L'ancienne disposition des compresseurs était fort incommode; ils possédaient en effet un verre inférieur pour recevoir l'objet, ainsi qu'un petit verre à couvrir; il fallait y transporter la préparation, ce qui pouvait souvent lui faire perdre une position favorable pour l'étude. Bénèche et Zeiss donnent aujourd'hui, à l'exemple d'Oberhäuser, des compresseurs dans lesquels les deux verres n'existent plus et on y porte l'objet sur son verre tel qu'il était disposé pour l'observation. On règle sur la largeur de la table du microscope les dimensions de la plaque inférieure du compresseur; aussi faut-il la donner avec exactitude quand on commande cet instrument.

6—19. INSTRUMENTS TRANCHANTS ET AUTRES OBJETS ACCESSOIRES. (ETC.)

6. Rasoirs anglais. — Quand on veut obtenir de bonnes préparations, il est essentiel de se servir d'instruments bien tranchants; on doit donc avant tout s'occuper d'en trouver de convenables et les

entretenir avec le plus grand soin. Il est difficile de recommander à ce sujet telle ou telle fabrique; on sait en effet que les lames sorties d'une même maison sont loin de réunir toutes les mêmes qualités. De plus, on ne peut pas se servir d'instruments d'une seule espèce dans tous les cas qui se présentent. J'ai toujours trouvé, pour moi, que les vieux rasoirs anglais que l'on rencontre parfois chez les barbiers et les repasseurs, justifiaient leur réputation. Pour les objets résistants, tels que le bois, l'écorce, les téguments des graines, il faut des lames à dos fort et à faces planes; elles doivent être beaucoup plus légères et concaves pour les objets mous ou gonflés de sucs. Il est convenable de repasser soi-même ses instruments, car dans l'état où les donne le repasseur, ils sont loin d'être suffisamment bien affilés. Enfin pour en conserver longtemps le fil dans un bon état, pour épargner du temps et obtenir toujours de bonnes coupes, on fera bien de s'habituer à passer deux fois l'instrument tranchant sur un cuir à rasoir, dès qu'il aura servi à faire deux ou trois coupes.

7. Scalpels. On emploie encore des scalpels dont le tranchant doit être droit et fortement trempé (jaune de paille). Les scalpels ordinaires d'anatomie sont trop mous pour donner de bonnes coupes microscopiques; ils me paraissent d'ailleurs inutiles dans la plupart des cas, parce que, avec un peu d'habitude, on arrive à manier les rasoirs avec une sûreté de main beaucoup plus grande.

8. Aiguilles a préparations. Les aiguilles dont on se sert doivent être montées de manière à pouvoir être enlevées du manche et remplacées par d'autres. On veillera à ce que les pointes en soient fines et non rouillées, et si elles ne remplissent pas ces conditions, on les passera sur une pierre à aiguiser en les faisant tourner rapidement sur elles-mêmes, avec la main. Il faut que les pointes d'aiguilles soient d'autant plus fines que le grossissement est plus fort et la préparation plus difficile à faire; les meilleures, dans ce cas, sont les aiguilles anglaises, pourvu, toutefois, qu'on puisse les enfoncer assez profondément dans le manche pour qu'elles ne tombent pas. Le manche se compose d'une baguette de bois avec une garniture métallique pour porter l'aiguille. Il est fendu à un demi pouce de profondeur suivant deux directions en croix: on y enfonce les aiguilles qui sont ensuite fixées par un chapeau métallique vissé sur la garniture et la serrant fortement. Ce manche peut recevoir des aiguilles de diverses grosseurs. Il est bon d'avoir, outre les aiguilles

droites, des aiguilles recourbées en crochet, ainsi que d'autres terminées par un petit tranchant. [1])

9. Ciseaux. Les petits ciseaux d'anatomie sont suffisants pour l'étude des végétaux.

10. Pinces. Signalons encore les petites pinces en acier, de diverses grosseurs. Pour les petits objets, il faut des pinces à pointes très-fines, s'ajustant exactement l'une sur l'autre; le côté intérieur doit être poli, et non rayé, parce qu'elles écraseraient les parties délicates. Des pinces courbes peuvent aussi rendre quelquefois des services.

11. Pierres a aiguiser. On aura des pierres à repasser de grains différents, qu'on emploiera l'une après l'autre, d'après le degré de finesse de leur grain. En repassant une lame, il faut la coucher à plat de manière que le dos et le tranchant touchent en même temps la pierre; on la promène d'un bout à l'autre, lentement et d'une main sûre, sans jamais trop appuyer, en changeant fréquemment de côté et en dirigeant le tranchant en avant. Le dernier coup se donne sur des pierres calcaires grises, déposées par les eaux, ou sur de fines pierres ollaires. Harting recommande un verre à glace saupoudré de tripoli que l'on mouille avec de l'huile d'olive. Mohl, de son côté, se sert d'un verre à glace poli par frottement, et de blanc d'Espagne détrempé avec de l'eau jusqu'à consistance de crème épaisse. Puisque dans toutes les recherches microscopiques sur les végétaux supérieurs, il est de toute nécessité d'avoir des instruments bien aiguisés et que les repasseurs n'atteignent pas à cet égard un degré suffisant de perfection, il est indispensable que chacun sache repasser ses rasoirs; avec un peu d'exercice on aura bientôt acquis l'habileté nécessaire. Les surfaces sur lesquelles on repasse ne doivent pas être concaves par suite d'un long usage, parce qu'elles arrondiraient les tranchants. — Un bon instrument, dans des mains habiles, ne s'ébrèche que bien rarement: si cela arrive, il faut avoir recours au repasseur, ainsi que dans le cas où le tranchant, servant depuis longtemps, a fini par s'arrondir.

12. Cuir a repasser. Les cuirs à repasser, placés sur une monture, doivent être très-fortement tendus afin que sous la pression

---

[1]) On trouvera chez M. Blanc, fabricant d'instruments de chirurgie, rue de l'Ecole de Médecine, à Paris, un *porte-aiguilles* qu'il a construit sur mes indications, et qui, pouvant servir pour toutes sortes d'aiguilles, présente l'avantage d'être plus simple et d'un maniement plus facile. (**P. D.**)

des lames ils ne se courbent que fort peu et n'arrondissent pas les tranchants. MM. Mohl et Harting préfèrent à ce cuir une peau douce, collée sur un support en bois, et enduite d'un mélange de graisse et de colcothar en poudre. Les vieux cuirs à rasoirs en usage depuis de longues années sont de beaucoup préférables à un cuir neuf.

13. ETAU A MAIN. On se sert d'un petit étau à main, comme ceux des horlogers, avec des mâchoires très-larges, pour tenir les objets délicats que l'on coupe entre deux lames de liége ou de moëlle de sureau. J'ai substitué cet étau à l'anneau métallique qu'on employait autrefois, et qui est devenu superflu; je glisse avec précaution les deux disques de moëlle de sureau entre les machoires de l'étau, de manière qu'ils ne les dépassent pas de plus d'une ligne; puis je serre modérément les deux mâchoires l'une contre l'autre. Je fais d'abord une première section bien nette à travers l'objet et la moëlle de sureau; je la mouille avec une goutte d'eau; je prends ensuite un rasoir très-bien affilé et je fais une coupe aussi fine que possible à travers la moëlle de sureau: je la prends sur la lame du rasoir avec un petit pinceau pour la déposer dans une goutte d'eau sur le porte-objet. Le même pinceau, ou une aiguille me sert à séparer les fragments de moëlle d'avec la coupe de l'objet intercalé.

Ce procédé est très-convenable pour quelques corps aplatis et minces, ainsi que pour de petits objets qui sont assez longs pour pouvoir être fixés solidement. On obtiendra de cette manière de bonnes coupes longitudinales ou transversales de feuilles, d'épiderme, de tiges de mousses, de graines minces et longues. Si l'objet est un peu épais, on creuse les plaques de moëlle pour y placer cet objet. Pour les corps résistants, des plaques de liége peuvent être quelquefois préférables; cependant je ne me sers en général que de la moëlle de sureau qui écrase beaucoup moins les objets intercalés et permet l'emploi de ce procédé, même avec les corps ·les plus délicats; de plus, elle ne fatigue nullement le tranchant du rasoir, tandis que les meilleurs liéges l'ébrèchent rapidement. L'exercice et la persévérance donnent aisément l'habileté nécessaire pour obtenir de bonnes coupes qui seront préférables à tout ce que peuvent fournir les machines à couper les plus parfaites.

14. SCIE. On fera avec un ressort de montre une petite scie, pour commencer à amincir les objets trop gros, comme les coques des fruits, les graines, etc. Une scie à main, plus forte, servira pour les objets plus volumineux tels que les bois, etc.

15. Pinceaux. Les pinceaux de poil, de diverses grosseurs, ont pour usage de servir à transporter sur le porte-objet les coupes faites avec le rasoir.

16. Objets de verrerie. On a besoin de quelques objets de verrerie, tels que de petites cloches de verre pour préserver les préparations de la poussière, ou pour cultiver les mousses et les hépatiques. Des verres de montre d'un assez grand diamètre servent à traiter les préparations par l'eau, l'alcool ou l'éther; ou à chauffer les coupes minces avec l'acide azotique et le chlorate de potasse. Les petites capsules de porcelaine, munies d'un manche, sont fort commodes pour chauffer les corps dans la dissolution de potasse: les verres de montre sont trop fragiles pour servir à cet usage. Des tubes à essais, longs et un peu larges, s'emploieront pour chauffer les préparations dans l'eau ou dans l'alcool, ainsi que pour chauffer avec le chlorate de potasse et l'acide azotique les corps un peu volumineux. On y joindra des baguettes de verre très-fines pour transporter sur les préparations des gouttes d'eau ou des réactifs chimiques, et enfin, des plaques rectangulaires en verre à glace, mince et très-pur, pour recevoir et conserver les préparations.

17. Vases de porcelaine. On aura sur sa table de travail au moins deux soucoupes de porcelaine blanche, peu profondes et contenant de l'eau pure; l'une sert à prendre le liquide que l'on porte sur la préparation; l'autre, à recevoir les plaques de verre et les verres à couvrir dont on vient de faire usage. Dans toute recherche sérieuse, il faut la plus grande propreté, et il y a tel petit détail, insignifiant en apparence, qu'il faut bien se garder de négliger: par exemple, on ne doit pas laisser les préparations se dessécher sur le porte-objet, parce que celui-ci est alors plus difficile à nettoyer et on s'expose à le rayer.

18. Lampe a alcool — pour chauffer les préparations sur le porte-objet, dans un tube, ou dans une capsule de porcelaine.

19. Moelle de sureau. — Aux objets qui précèdent, on ajoutera une provision de moelle de sureau, et de petites toiles toujours propres de batiste qui ne soit pas neuve, pour nettoyer les verres des objectifs et des oculaires. Ces linges ne devront jamais servir à nettoyer les porte-objets ou les verres à couvrir. Quant à la moelle de sureau, on l'emploie comme je l'ai indiqué deux pages plus haut (N° 13).

20.　RÉACTIFS CHIMIQUES.

Les réactifs chimiques en usage sont les suivants;

a. *Alcool,* principalement pour chasser l'air des coupes de bois et des autres préparations; pour dissoudre quelques résines et quelques principes colorants, etc.; pour contracter dans les cellules végétales l'enveloppe du protoplasma.

b. *Ether,* surtout pour dissoudre les résines, les huiles grasses ou éthérées: on l'emploie aussi pour chasser l'air des préparations.

c. *Potasse,* dissolvant des corps gras Elle agit aussi sur les autres substances renfermées dans les cellules; elle dissout la matière intercellulaire, les matières ligneuse ou subéreuse. La chaleur est souvent nécessaire pour que la potasse produise son effet. Par suite des réactions précédentes, la dissolution de potasse peut rendre plus claires des préparations obscures; mais son action ne doit pas être trop énergique, sans quoi, les parois cellulaires se dilatent et les contours perdent leur netteté. Je conserve la potasse en poudre dans un petit flacon bien fermé avec un bouchon de verre; chaque fois que j'en ai besoin, j'en prends une petite quantité à l'aide d'une baguette de verre légèrement mouillée; je la dépose dans l'eau du porte-objet, à une petite distance de la préparation. L'action, qui s'accompagne souvent d'un changement de couleur, se produit d'autant mieux que la potasse est employée en plus faible quantité et que l'arrivée en est plus lente. La dissolution de potasse a l'inconvénient d'attaquer rapidement les bouchons de liége des flacons où on la conserve; si on emploie des bouchons de verre, elle les soude au bout de peu de temps avec le flacon, par la formation d'un silicate: voilà pourquoi je préfère conserver la potasse en poudre.

d *Dissolution d'iode.* — (1 grain d'iode, 3 grains d'iodure de potassium; une once d'eau distillée) — sert pour la coloration des membranes cellulaires et du contenu des cellules

e. *Acide sulfurique anglais concentré* — indispensable surtout pour l'étude du pollen et des spores

f. *Acide sulfurique un peu plus étendu,* (3 parties d'acide sulfurique anglais et une partie d'eau) — pour la coloration des cellules préalablement humectées avec la dissolution d'iode. On mouille d'abord la préparation avec cette dernière dissolution qu'on enlève ensuite avec un pinceau fin; on ajoute avec une baguette de verre une goutte d'acide sulfurique et on recouvre la préparation avec un verre mince. L'action de l'acide sulfurique, de même que celle du chlorure de zinc iodé, ne se manifeste pas toujours également sur toute la surface de la préparation; la coloration bleue est plus intense sur les points en contact avec la liqueur la plus concentrée; et il reste quelquefois des parties non colorées. La coloration change au bout d'un certain temps; au bout de 24 heures, le bleu est transformé le plus souvent en violet ou en rouge.

g. *Dissolution iodée de chlorure de zinc* — Une goutte de ce mélange produit le même effet que l'iode et l'acide sulfurique sur une préparation végétale placée dans l'eau. Cette dissolution a été recommandée par le professeur SCHULZ, actuellement à Rostock; elle est plus commode que l'iode et l'acide sulfurique et rend à peu près les mêmes services; de plus elle n'est pas aussi corrosive que l'acide sulfurique. Cependant il y a des cas où elle n'a pas d'action sur des membranes cellulaires que les deux autres réactifs coloreraient au contraire en bleu: il faut bien alors avoir recours à l'iode et à l'acide sulfurique.

D'après M. Schulz, voici comment on prépare cette dissolution: on dissout du zinc dans de l'acide chlorhydrique; on évapore la dissolution en présence du zinc métallique jusqu'à consistance d'un sirop épais et on dissout, jusqu'à saturation, de l'iodure de potassium dans ce sirop. Alors, seulement, on ajoute de l'iode, et, s'il en est besoin, on étend d'eau la dissolution.

RADLKOFER a modifié ce procédé: il prend une dissolution bien claire de chlorure de zinc, qui, évaporée jusqu'à consistance sirupeuse, ne donne aucun trouble par suite d'une précipitation d'oxyde de zinc, lorsqu'on ajoute une grande quantité d'eau; il l'étend d'eau distillée jusqu'à ce qu'elle ait une densité de 1,80 (à 15° Cels.); et dans 100 parties de cette liqueur, il dissout, à une douce chaleur, 6 parties en poids d'iodure de potassium, et autant d'iode qu'elle en peut prendre. La volatilité de ce dernier fait qu'il est bon d'en ajouter un léger excès. L'action de cette liqueur sur la cellulose varie avec sa concentration.

h. *Dissolution ammoniacale d'oxyde de cuivre.* — On tire un grand parti de cette liqueur à laquelle Schweizer de Zurich a découvert la propriété de dissoudre la cellulose, et qui a été employée par Cramer comme réactif sous le microscope.[1] Le phénomène du

---

[1] C. Cramer. Action de l'oxyde de cuivre ammoniacal sur les cellules

gonflement des cellules non ligneuses, du coton, des grains d'amidon se manifeste beaucoup mieux avec ce réactif qu'avec l'iode et l'acide sulfurique. La cellulose dissoute est précipitée sous forme de flocons par l'addition d'acide chlorhydrique. — On prépare ce réactif en dissolvant dans l'ammoniaque de l'oxyde de cuivre fraîchement précipité et encore humide. La dissolution ammoniacale d'oxyde de nickel agit d'une façon analogue, à cette différence près qu'elle ne dissout pas la cellulose.

i. *Eau sucrée.* — Le sirop de sucre, faible, des pharmaciens sert de réactif pour les matières azotées. On plonge la préparation animale ou végétale dans ce sirop; on l'en retire ensuite avec soin à l'aide du pinceau, et on ajoute avec une baguette de verre une goutte de l'acide sulfurique (f.) dont il est question plus haut S'il y a des matières azotées, la préparation se colore en rose plus ou moins foncé, au bout de 5 à 10 minutes. Quand la coloration est trop faible, elle peut échapper sous le microscope; mais elle apparaît aisément en portant la plaque de verre sur du papier blanc.

L'eau sucrée peut servir à contracter ce qu'on a appelé l'*utricule primordiale* dans les cellules végétales gonflées de liquides, etc.

k. *Acide azotique* — pour découvrir les substances azotées, lesquelles, traitées ensuite par l'ammoniaque, deviennent plus ou moins jaunes Il sert aussi à colorer en jaune la matière intercellulaire (bois de pin), ou à désunir les cellules; mais pour cette dernière opération, il vaut mieux avoir recours au procédé de macération que voici, et qui a été découvert par Schulz de Rostock: on diminue l'objet, par exemple le morceau de bois, jusqu'à ce qu'il n'ait plus que la grosseur d'une allumette; on le place dans un tube à essais, long et large; on y ajoute un volume à peu près égal de chlorate de potasse, et assez d'acide azotique pour que le bois et le sel y soient entièrement plongés. On chauffe à la lampe à alcool, et on obtient un dégagement abondant de gaz; on éloigne ensuite le tube de la flamme, on laisse encore agir de 1 à 3 minutes le mélange oxydant, puis on jette le tout dans une capsule qui contient de l'eau. Il faut alors rassembler les petits fragments qui sont encore passablement soudés, les porter de nouveau dans un tube à essais, les y chauffer avec de l'alcool jusqu'à ce que celui-ci se colore; après quoi

végétales, sur l'amidon, l'inuline, etc. — (Journal trimestriel de la société des sciences naturelles de Zurich. 1857.

on les jette encore une fois dans l'eau. Dans tous les cas, le contact avec l'alcool chaud est utile; parce que non seulement ce liquide enlève les principes colorants résineux qui peuvent exister, mais encore il forme un éther, et par là chasse les derniers restes du gaz acide qui est toujours dangereux pour les objectifs du microscope. Les cellules une fois désunies, on peut, sous le microscope simple, les séparer les unes des autres à l'aide des aiguilles.

A l'aide de la réaction précédente, on enlève aux cellules ligni-fiées leur matière ligneuse, et on dissout la matière intercellulaire. Des recherches nombreuses sur le bois des conifères m'ont démontré que la matière ligneuse disparaît plus vite que la substance inter-cellulaire; aussi est-il possible, en traitant avec précaution des coupes transversales très-minces, d'isoler la substance intercellulaire, comme aussi de la faire entièrement disparaître. Le procédé de macération de Schulz peut encore s'employer avec succès sur le porte-objet lui-même, pour des coupes transversales ou longitudinales très-minces: il en sera question au chapitre de la matière intercellulaire. — S'il est vrai que l'acide azotique et le chlorate de potasse produisent de petites détonations, principalement avec les objets qui renferment de l'amidon, je dois dire cependant que dans les fréquentes applications que j'ai faites de ce procédé, je n'ai jamais été témoin d'une ex-plosion dangereuse. —

L'acide chrômique produit les mêmes effets sur la matière ligneuse et sur la substance intercellulaire.

On ne doit jamais employer le procédé de macération de Schulz dans l'appartement où sont placés les microscopes, parce que les vapeurs qui se dégagent endommageraient les lentilles.

l. *Azotate de mercure* en dissolution. — (sel de Millon) — Ré-actif des matières azotées qui prennent une couleur rouge brique, à froid, au bout de 15 à 30 minutes, ou beaucoup plus vite à l'aide d'une douce chaleur.

m. *Carmin* dissous dans l'ammoniaque et l'eau pour la coloration du protoplasma et du nucléus.

n. *Huile de citron*, ou toute autre huile éthérée pour le traite-ment du pollen et des spores.

o. *Chlorure de calcium*, en dissolution médiocrement concentrée: (1 partie de chlorure de calcium sec et 3 parties d'eau distillée), pour la conservation des préparations microscopiques. Cette disso-lution peut servir dans le plus grand nombre des cas, et même pour des préparations très-délicates, à l'exception de l'amidon. Quand on désire conserver pendant quelques jours une préparation que l'on ne veut pas placer immédiatement entre deux verres, on la recouvre d'une goutte de chlorure de calcium, et on la porte sous une cloche de verre pour la préserver de la poussière.

p. *Glycérine;* — pour conserver aussi les préparations microscopiques et spécialement pour les cellules qui renferment de l'amidon: ce corps s'y conserve sans altération. Les lignes d'accroissement des grains de fécule, comme ceux de la pomme de terre, n'y sont plus visibles, à la vérité, dans les premiers instants; mais au bout de 24 heures elles réapparaissent avec d'autant plus de netteté La glycérine rend ordinairement les préparations transparentes: elle est employée dans ce but; quelquefois même, elle est préférable au chlorure de calcium comme liquide conservateur. Pour la même raison, on ne saurait la recommander pour les objets très-transparents. Il va sans dire que la glycérine éclaire d'autant moins les préparations obscures qu'elle est elle-même plus étendue.

q *Laque de Copal et Baume de Canada* — servent aussi pour conserver les objets microscopiques; il n'y a lieu de les employer que pour les coupes qui ne sont pas très-minces telles que les coupes de bois secs ou de bois fossiles: la préparation devient alors transparente dans ces liquides comme dans la dissolution de chlorure de calcium.

r. On peut citer enfin le *Carbonate de soude* en dissolution un peu concentrée pour traiter les bois ligniteux, et l'*Acide chlorhydrique* pour les bois fossiles incrustés de carbonate de chaux, ce qui est d'ailleurs un cas fort rare L'acide acétique qui est d'un usage si fréquent pour rendre clairs les tissus animaux, est au contraire inutile pour les végétaux.

Il faut encore.

21. Du papier a dessin, des crayons, des pinceaux et des couleurs, quand on se livre à une suite de recherches sérieuses. On trouvera de longs développements sur ce point dans le chapitre VI.

Parmi les instruments qui, sans être indispensables, rendent quelquefois service au micrographe, je citerai l'appareil de polarisation et la pompe à air.

22. APPAREIL DE POLARISATION.

L'appareil de polarisation se compose de 2 prismes de Nicol
dont l'un se place au-dessus du miroir, sous la table du microscope,
le second, dans le tube même de l'instrument, au-dessus de l'objectif, ou simplement dans une monture placée au-dessus de l'oculaire. Hartnack et Bénèche enferment dans un tube spécial le Nicol
supérieur. M. Mohl, de son côté, recommande de le placer au-dessus
de l'oculaire; et en outre, il surmonte le Nicol polariseur d'un con-
denseur achromatique composé de 3 lentilles, d'une longueur focale
de 3 lignes, et d'un grand angle d'ouverture; il concentre ainsi fortement la lumière qui tombe du miroir sur l'objet. Hartnack emploie
dans le même but une lentille de flint-glass à court foyer.[1] En se
servant de cet appareil perfectionné, M. Mohl a reconnu comme
biréfringentes, des substances qui avaient passé jusqu'ici pour mo-
noréfringentes; par exemple, les enveloppes de Diatomées.

Quelques lames de gypse et de mica d'épaisseurs différentes sont
nécessaires pour changer la coloration du champ ou pour certaines
recherches de précision. L'appareil de polarisation, outre les beaux
phénomènes de coloration qu'il produit, a encore, avec le microscope, une utilité réellement scientifique; il dévoile les différences de
densité dans la substance des corps, il fait reconnaître ceux qui sont
formés de couches successives et éclaire sur la nature de cette formation. Le chapitre suivant apprendra la manière de se servir de
cet instrument.

L'appareil de polarisation peut s'appliquer à tous les modèles qui
ne sont pas trop petits et qui permettent d'intercaler le Nicol inférieur entre le miroir et la table. Il se paie de 15 à 25 Thlr. suivant la grosseur du prisme de spath calcaire.

23. POMPE À AIR OU PETITE MACHINE PNEUMATIQUE.

Une petite pompe à air peut servir à chasser l'air des coupes
végétales délicates, ainsi qu'à injecter dans le bois des liquides colorés. Celui qui possède déjà une machine pneumatique ordinaire
l'appliquera très-bien à ce double usage, en portant sous le récipient

---

[1] Nachet emploie, à l'exemple d'Amici, comme analyseur, un rhombe
de spath placé au-dessus de l'oculaire; il le regarde comme plus avantageux, d'abord pour la formation rapide de l'appareil de polarisation, et
surtout, parce qu'il ne déforme pas les images. (**P. D.**)

4

les objets placés dans de l'eau ou dans le liquide à injections et en aspirant l'air ensuite. A défaut d'une grande machine, je me suis fait construire chez Sauerwald à Berlin (Kanonierstrasse, 43) une petite pompe à main, dans laquelle le corps de pompe a 6 pouces au plus de longueur et porte deux soupapes; le petit récipient s'y attache directement. S'agit-il d'enlever l'air d'une coupe, je remplis à moitié d'eau le récipient de verre, j'y porte la coupe et je donne plusieurs coups de piston; après quoi je laisse l'instrument en repos pendant un quart d'heure à peu près. Au bout de ce temps l'air est ordinairement complétement chassé et les coupes qui nageaient d'abord sur l'eau sont tombées au fond. Si elles ne tombent pas, c'est qu'il est encore besoin de quelques coups de piston pour chasser les dernières traces d'air. Je recommande ce procédé pour tous les cas où l'on craint que l'alcool ne produise quelque altération chimique. Pour les injections cet instrument est beaucoup plus important: l'objet à injecter est divisé en petits morceaux, et, si cela est nécessaire, traité préalablement par les réactifs, alcool, acides ou autres. On le porte ensuite dans le récipient qui contient le liquide et on procède comme précédemment. Si l'on veut injecter de l'huile ou de la stéarine fondue, l'objet doit être parfaitement desséché et dans ce dernier cas, le récipient est chauffé dans un bain-marie. On aura plusieurs récipients pour un corps de pompe. — Sauerwald livre cet appareil au prix de 5 Thlr.

III.

RÈGLES GÉNÉRALES

POUR

L'USAGE DU MICROSCOPE ET POUR LA PRÉPARATION DES OBJETS MICROSCOPIQUES.

DE LA LUMIÈRE QUI SERT A ÉCLAIRER LE MICROSCOPE. — Dans les recherches microscopiques, il faut, avec un bon instrument, une lumière convenable. Quand on peut choisir à son gré la position de son cabinet de travail, on doit préférer une fenêtre située à l'ouest ou au nord, ou mieux encore, ayant vue sur ces deux points de l'horizon. La lumière qui vient de l'horizon est toujours la meilleure: aussi faut-il rechercher les fenêtres des étages élevés, particulièrement dans les rues étroites. Les rayons réfléchis par les nuages blancs sont supérieurs à toute autre lumière pour l'éclairage dans les cas difficiles; cependant les murs blancs éclairés par le soleil ont un effet à peu près analogue. La lumière des nuages en mouvement fatigue les yeux par suite des changements brusques de clarté et de coloration; on en est réduit à changer continuellement la position du miroir. L'été, il sera bon de tenir la fenêtre ouverte, parce que les vitres et la monture des croisées enlèvent toujours quelque lumière. Les rayons directs du soleil ne peuvent jamais être utilisés pour l'étude d'objets transparents; d'abord, parce que la clarté en est éblouissante et insupportable pour l'œil, et ensuite parce qu'ils donnent lieu à des phénomènes qui peuvent occasionner de graves erreurs. On ne s'en servira que pour le microscope polarisant, ou dans quelques cas isolés où l'on a besoin d'une vive lumière. Celui qui a l'habitude de travailler au microscope dans la matinée ou vers midi, doit éviter de prendre un appartement exposé à l'est ou au sud; cependant, s'il ne peut s'en dispenser, il remédiera au mal à l'aide de rideaux blancs ou de stores.

Le botaniste qui tient à ses yeux ne fera jamais de recherches microscopiques le soir. Il est vrai qu'il y a des objets qu'on aperçoit admirablement bien à la clarté du gaz ou d'une lampe; mais la lumière n'est pas beaucoup plus vive que celle du jour et de plus elle est jaunâtre. On la rend plus supportable pour l'œil en corrigeant cette coloration à l'aide de verres bleus placés au-dessus du miroir; on peut aussi tempérer la vivacité de la lumière en plaçant devant la lampe un verre à glace incolore et dépoli, encadré dans un support en bois. Ainsi régularisée, cette lumière d'une lampe peut servir à éclairer le soir des préparations faites à l'avance, ou même à étudier certains objets qui n'exigent aucune préparation spéciale. Mais je regarde comme impossible de faire à la lumière d'une lampe des préparations délicates; on ne doit les entreprendre que le jour.

Afin de recevoir sur le miroir du microscope la lumière de l'horizon, on monte cet instrument à une distance de 3 pieds au moins de la fenêtre; on place l'œil sur l'oculaire, puis on donne au microscope et particulièrement au miroir différentes positions; en un mot, on cherche une bonne lumière et dès que le champ est aussi brillant et aussi blanc que possible, on glisse sous l'objectif la préparation que l'on veut examiner. Dans les grands instruments dont le miroir peut prendre toutes les directions, on n'est pas obligé de faire tourner le pied sur lui-même; mais il faut bien en venir là dans tous les microscopes où le miroir n'est mobile que suivant une seule direction.

Veut-on examiner des objets opaques, à la lumière directe; il est alors souvent avantageux d'approcher le microscope de la fenêtre et même de recevoir directement les rayons du soleil parce qu'on a toujours besoin, dans ce cas, d'une lumière plus abondante. A défaut de soleil, on emploie une lentille convergente à l'aide de laquelle on concentre autant de lumière qu'il est possible sur l'objet. On interceptera avec une plaque de verre ou de bois noirci tous les rayons qui pourraient arriver de la partie inférieure à la table, et qui seraient gênants; cependant pour les objets sombres par eux-mêmes, il est plus avantageux de les placer sur un support d'un blanc mat. Il suffira le plus souvent, sans se servir de la plaque en question, de tourner le miroir de manière qu'il ne réfléchisse aucun rayon sur l'objet.

Ce mode d'éclairage direct paraît offrir encore des avantages pour quelques objets transparents: c'est ainsi qu'on voit de cette manière les trois systèmes de lignes du *Pleurosigma angulatum*, avec des objectifs qui ne permettraient pas de les découvrir à la lumière transmise; il faut toutefois, dans ce cas, incliner le pied du microscope de manière que les rayons directs du soleil puissent pénétrer entre l'objectif et l'objet. On découvre très-nettement ces lignes, quoiqu'avec quelques colorations, en employant, avec de forts oculaires, l'ancien système N° 7 d'Oberhäuser et de Bénèche, ou le numéro le plus puissant de Wappenhans, qui ne peuvent guère être utilisés pour cet objet, quand on se sert de la lumière du miroir.

L'emploi de la lumière directe n'est possible qu'avec des objectifs faibles, parce que les rayons ne peuvent arriver à l'objet quand la longueur focale est trop courte; c'est l'inconvénient que présentent les objectifs de Schröder ou de Zeiss dont la monture est beaucoup plus large que celle des objectifs de Bénèche, de Hartnack ou de Nachet. On a imaginé à ce sujet des appareils auxiliaires dont le plus connu est celui de Lieberkühn: c'est un petit miroir métallique légèrement convexe qui s'adapte à la monture de l'objectif et qui réfléchit sur l'objet opaque les rayons envoyés par le miroir du microscope; on rend alors l'ouverture de la table aussi grande que possible en supprimant les diaphragmes; il faut de plus placer l'objet sur une petite plaque circulaire opaque, et noire ou blanche, qui soit moins large que l'ouverture de la table et qui en occupera exactement le milieu. On peut à l'aide de ce miroir employer des objectifs assez puissants pour de petits corps opaques. [1]

TABLE DE TRAVAIL. La table de travail du micrographe doit être large et bien fixe. On s'installera de manière à avoir immédiatement sous la main tous les appareils dont on peut avoir besoin: c'est un moyen d'épargner le temps qui passe toujours trop vite dans les recherches microscopiques. Le défaut d'espace empêche de faire de sérieuses préparations, même sous le microscope simple; et de même que le chimiste a besoin, pour des travaux suivis, d'un laboratoire spécial, le botaniste aussi, qui poursuit une série de recherches, devra posséder au moins une table qui ne sera consacrée qu'à ce seul usage. Il est bon que la table soit munie de vastes tiroirs pour recevoir les divers appareils.

---

[1] Schröder le construit en acier et le vend 6 Thlr. Je ne l'ai jamais employé; je crois cependant qu'il peut, dans certains cas, rendre service.

Dans un appartement froid, il arrive souvent que l'oculaire et le verre à couvrir sont obscurcis par l'haleine de l'observateur; c'est également ce qui arrive quand on transporte le microscope d'une chambre froide dans une autre plus chaude. On fera bien l'hiver de maintenir toujours cet instrument dans un appartement chaud; car il faut beaucoup de temps pour qu'il se mette en équilibre de température, surtout quand la platine est très-épaisse.

Choix du grossissement. On commence toujours par observer sous un faible grossissement les objets que l'on veut étudier, parce qu'on en découvre une portion bien plus considérable, et qu'on prend alors une idée beaucoup plus exacte de l'ensemble. Les diaphragmes à larges ouvertures conviennent dans ce cas; si la lumière est trop forte, on peut remplacer le miroir concave par le miroir plan qui existe d'ordinaire dans les grands microscopes. Quand on dispose de diaphragmes cylindriques, on diminue aussi la clarté en abaissant peu à peu le cylindre; mais avec les diaphragmes en forme de disque circulaire, on produit le même effet en plaçant plus ou moins haut la main gauche au devant du miroir.

Après ce premier examen, fait avec un grossissement de 50 fois par exemple, ou même moindre, on passe à des objectifs de plus en plus puissants; et si après les avoir tous essayés, on désire encore un grossissement plus considérable, alors seulement on prend un oculaire plus puissant. Je me sers ordinairement de l'oculaire le plus faible de mon microscope d'Oberhäuser (N° 1.) que je combine avec toute la série des objectifs. Ce que je ne puis voir avec l'objectif le plus puissant et l'oculaire le plus faible, je ne le découvre généralement pas avec un autre oculaire; cependant, les oculaires d'un numéro plus élevé peuvent être utiles lorsqu'il s'agit de voir plus facilement et surtout de dessiner. Tant qu'il est possible d'augmenter le grossissement à l'aide des objectifs, on doit s'abstenir d'avoir recours aux oculaires; car en employant des oculaires très-puissants, on affaiblit la clarté et surtout la netteté des contours de l'image; si toutefois on ne peut pas s'en dispenser, on devra alors préférer les oculaires *orthoscopiques* à tous les autres.

Quand il s'agit d'obtenir pour des objets très-délicats une image très-nette, il est quelquefois avantageux de raccourcir le tube du microscope, et de rapprocher ainsi l'oculaire de l'objectif: l'image paraît, il est vrai, plus petite; mais elle est plus nette et plus brillante.

Il est bon également d'employer avec les objectifs puissants des diaphragmes d'ouverture très-petite pour arrêter la lumière superflue. En abaissant successivement les diaphragmes cylindriques, on limite encore davantage le cône lumineux que le miroir envoie sur l'objet; l'image paraît plus sombre, mais plus distincte. Dans les circonstances où l'observation est difficile, on protége avec la main gauche l'œil qui regarde dans le microscope; ou bien, à l'exemple d'Oberhäuser, on place au devant de son instrument, un écran de carton d'un pied et demi de longueur et de largeur, fixé à un pied sur lequel il peut être élevé ou abaissé à volonté. On place cet écran à une hauteur suffisante pour qu'il n'arrête pas les rayons qui doivent tomber sur le miroir. La main seule est suffisante dans la plupart des cas et peut même rendre service quand on emploie la lumière directe. — Il est essentiel de savoir se servir convenablement des diaphragmes, particulièrement avec les bons objectifs qui donnent beaucoup de clarté; car on ne fait produire à ces lentilles tout leur effet qu'en sachant utiliser les appareils d'éclairage et les diaphragmes. Plus l'objectif a de clarté, et plus il faut diminuer l'ouverture qui donne passage à la lumière.

Lorsque l'objet d'observation est assez mince pour être vu à la lumière transmise, on l'éclaire d'abord en faisant tomber les rayons perpendiculairement à sa surface, et on l'étudie sous divers grossissements; reste-t-il encore quelques détails obscurs, on a recours à la lumière oblique que l'on fait tomber sous différents angles. Ce dernier effet se produit dans le grand modèle d'Oberhäuser par la rotation de la table autour de son axe: à défaut d'une disposition semblable, on déplacera l'objet lui-même avec la main. Les lignes qui sont produites dans l'image par les parties saillantes ou rentrantes, par des différences de densité ou de pouvoir réfringent, apparaissent avec le maximum de netteté lorsque les rayons obliques se croisent avec elles à angle droit; c'est un moyen de mettre ces lignes en évidence dès qu'on en soupçonne l'existence. Quand le miroir est très-oblique, l'ouverture du diaphragme doit être assez grande, et dans les microscopes à diaphragmes cylindriques, il faut supprimer complétement ces derniers.

L'emploi de la lumière directe ne dispense pas de faire tourner la table autour de son axe, ou l'objet lui-même, afin de faire agir les rayons suivant toutes les directions; c'est ainsi qu'on aperçoit sur les écailles de papillon de curieux phénomènes de coloration.

Emploi des lentilles à immersion. Pour se servir des

lentilles à immersion, il faut interposer une goutte d'eau entre l'objectif et l'objet: on porte à cet effet une goutte d'eau distillée sur le verre à couvrir, à l'aide d'une baguette de verre ou d'un tube effilé, et on abaisse le tube du microscope jusqu'à ce qu'il plonge dans cette eau. On n'emploiera jamais pour cet usage l'eau ordinaire, à cause des sels calcaires qu'elle renferme et qui pourraient endommager la lentille inférieure: on essuiera avec le plus grand soin cet objectif dès qu'on aura fini de s'en servir.

DES DIFFÉRENTS MILIEUX DANS LESQUELS ON PEUT PLACER L'OBJET D'OBSERVATION. — Dans le plus grand nombre de cas, on observe les objets placés dans l'eau; on a quelquefois recours à d'autres milieux. A la lumière directe, l'eau produit un reflet très-gênant, surtout quand l'objet n'est pas complétement noyé; aussi pour les corps d'un certain volume, tels que les embryons des graminées, il est bon de les dessécher d'abord, puis de les observer sous l'eau. Le meilleur moyen pour noyer complétement l'objet, c'est de le recouvrir d'un verre mince et d'ajouter ensuite de l'eau avec un pinceau; il peut être avantageux, pour des préparations trop épaisses, de les placer sur des verres creusés de petites excavations à surface bien polie. Les différents milieux qui peuvent remplacer l'eau sont les dissolutions salines, ou acides, l'alcool, l'éther, la glycérine, les huiles grasses ou éthérées; ces deux dernières, toutefois, de même que le baume de Canada, ne doivent s'employer qu'avec des objets complétement secs.

VERRES À COUVRIR. — Il n'est pas nécessaire avec les faibles grossissements, de recouvrir la préparation d'un verre mince qui pourrait même être gênant dans le cas où l'on désire retourner la préparation ou la modifier à l'aide du rasoir. Mais avec les objectifs puissants, la distance focale est malheureusement trop courte; on est alors obligé d'avoir recours aux verres à couvrir pour éviter de salir la lentille ou de la tremper dans le liquide du porte-objet. Ces verres à couvrir empêchent d'un autre côté l'évaporation du liquide; or, la dessication peut altérer très-facilement certaines préparations délicates. L'emploi de ces verres n'arrête cependant pas absolument l'évaporation de l'eau; il faut de temps en temps deposer une nouvelle goutte d'eau au bord du verre à couvrir: c'est également ment le procédé qu'on emploie pour faire agir des réactifs chimiques sur des préparations placées dans l'eau.

PRÉCAUTIONS RELATIVES À LA CONSERVATION DES LENTILLES

DU MICROSCOPE. — Lorsqu'on vient à se servir de réactifs chimiques, tels que l'iode, la potasse ou même un acide, on ne doit jamais négliger de recouvrir la préparation d'un verre mince. Pour les acides volatils, tels que l'acide azotique ou l'acide chlorhydrique, on ne saurait jamais procéder avec trop de précautions, et pour ma part, j'en évite l'emploi autant que possible. Le gaz hydrogène sulfuré peut nuire d'une autre manière, en formant du sulfure de plomb à la surface du flint-glass qui, dans quelques objectifs, constitue le côté plan extérieur de la dernière lentille. On doit donc éviter le contact de ce gaz ainsi que celui du chlore et de vapeurs du même genre: et c'est pour cela, comme je l'ai déjà dit, que la manipulation recommandée par Schulz, à l'aide du chlorate de potasse et de l'acide azotique, ne saurait s'exécuter dans l'appartement où se trouvent les microscopes. Il va sans dire aussi qu'il ne faut pas laisser un bon microscope dans un laboratoire de chimie.

Il est bon de recouvrir d'une cloche ou d'une caisse de verre le microscope dont on se sert journellement; après avoir achevé son travail quotidien, l'observateur fera bien, surtout dans les commencements, d'examiner, même avec la loupe, la lentille extérieure de son objectif: il arrive souvent, en effet, au débutant comme à l'observateur exercé, de plonger l'objectif dans le liquide du porte-objet ou de le souiller d'une autre manière. Si la lentille n'a été mouillée qu'avec de l'eau distillée, il n'y a rien à craindre; mais si l'eau est calcaire, il peut en résulter des inconvénients, parce que, après l'évaporation de l'eau le sel reste attaché au verre et plus tard y occasionne des raies, quand on veut l'en détacher. Quand les objectifs sont couverts de poussière ou que leur surface est un peu ternie, on les nettoie avec de la moelle de sureau sèche, sur laquelle on fait une section fraîche avec un rasoir bien propre; on recommence plusieurs fois cette opération et on enlève ensuite avec un pinceau les fragments de moelle qui peuvent rester adhérents. Si la lentille a été mouillée, on l'essuie soigneusement avec un linge de vieille toile, particulièrement de toile de batiste ou de mousseline; et on a recours ensuite à la moelle de sureau. Si elle a été trempée dans un acide ou dans tout autre liquide corrosif, on la lave avec de l'eau distillée, puis on l'essuie et on la nettoie comme précédemment. Les oculaires et le miroir se nettoieront de même avec une toile de batiste. Pour le nettoyage des objectifs, il ne faut user d'alcool et d'éther qu'avec la plus grande précaution, parce que ces liquides se glissent facilement entre les lentilles et la monture et peuvent atteindre la matière qui soude le crown-glass et le flint-glass, et qui consiste ordinairement en baume de Canada ou en mastic. Une lentille qui aurait subi une pareille altération ne pourrait être remise en état que par un opticien exercé. — Un microscope est d'autant plus utile et conserve d'autant plus longtemps ses qualités qu'on apporte plus d'attention à le tenir propre et à le préserver de tout accident.

POUSSIÈRES. — BULLES D'AIR — MOUCHES VOLANTES, ETC. — C'est surtout dans les recherches microscopiques qu'on ne saurait apporter trop de soin et de propreté. Il Faut s'imposer comme règle d'employer toujours sur le porte-objet de l'eau d'une grande pureté; et cette précaution ne suffit pas toujours pour empêcher les grains de poussière de salir les préparations. Un observateur exercé saura toujours les reconnaître; mais un débutant pourrait s'y tromper. On ne doit jamais se servir d'eau exposée à l'air depuis longtemps, parce qu'il y existe presque toujours des animalcules et de petits végétaux. De plus, quand on étudie successivement divers objets, il faut prendre une nouvelle goutte d'eau pour chacun d'eux; la négligence de cette précaution a souvent été cause d'erreurs.

Pour bien reconnaître ce qui est étranger à la préparation dans le champ du microscope, il est nécessaire de se familiariser d'abord avec certaines choses qu'il est impossible d'éviter. De ce nombre sont:

1° les bulles d'air qui se présentent sous la forme de cercles plus ou moins grands, colorés en noir sur les bords dans la lumière transmise et en blanc, à la lumière directe. L'emploi des verres à couvrir ou le voisinage d'un corps solide déforment souvent les grosses bulles d'air et leur donnent des contours irréguliers; mais le caractère optique que je viens de signaler est toujours dans ce cas un excellent criterium, et peut servir aussi pour l'air renfermé dans les cellules.

2° les fibres colorées ou incolores, provenant de papier ou d'étoffes de toile, de coton ou de soie, et qui sont restées adhérentes à la surface du porte-objet; — de même des poils détachés du pinceau.

3° des grains de poussière irréguliers, anguleux, souvent colorés.

Quand on observe des plantes ou des parties de plantes terrestres ou aquatiques, on doit apporter une grande attention aux nombreux corps organisés qui s'y trouvent; on s'habituera à reconnaître à première vue les végétaux et les animaux inférieurs, tels que les espèces communes d'infusoires de diatomées, certains champignons, les moisissures, les oscillatoires, les conferves, etc. Parmi les autres causes d'erreurs, il faut encore citer les cellules épithéliales de la bouche, dans le cas où l'on a porté à sa bouche le pinceau qui sert à déposer l'eau sur le porte-objet; ce qu'il est d'ailleurs toujours bon d'éviter. Quand on coupe de petits objets entre le pouce et l'index, ou sur ce dernier doigt, on enlève souvent en même temps de petites tranches de la peau du doigt, qu'il faut bien savoir reconnaître comme telles dans le microscope; il en est de même pour les fragments de liége ou de moelle de sureau qu'on entraîne avec les préparations.

L'instrument tranchant cause quelquefois des erreurs d'une autre nature: quand il n'est pas suffisamment poli, il dessine des stries sur la surface des coupes, surtout chez les bois durs tels que ceux de palmiers et de fougères arborescentes, ou chez les périspermes cornés *(Phytelephas macrocarpa).* Il faut se garder de prendre ces stries pour des lignes appartenant à l'objet qu'on étudie; il est d'ailleurs facile d'en reconnaître l'origine quand on s'oriente sur la direction donnée à la section.

Certaines apparences de mouvements continus ou accidentels peuvent aussi tromper l'observateur non prévenu. Tous les corps très-petits, en suspension dans un liquide peu dense, présentent un phénomène qui consiste en un mouvement vibratoire: c'est ce qu'on observe sur le liquide contenu dans les grains de pollen, et encore mieux sur quelques liquides animaux, tels que le lait, quand on en examine une goutte dans l'eau, sous un grossissement de 200 à 400 fois. Il suffira d'avoir vu ce phénomène une seule fois pour ne plus s'y laisser tromper. Il en sera de même pour ces courants subits de liquides qui se produisent sur le porte-objets, et qui sont provoqués par l'évaporation, ou par le mélange de deux liquides de densité différente ou par la dissolution d'un sel, etc.

Lorsqu'on observe sur un même verre des corps très-petits et surtout ronds à côté d'autres d'une plus grande épaisseur, par exemple, des spores ou des élatères à côté des valves des capsules d'hépatiques, on les voit souvent nager dans l'eau de tous côtés au commencement de l'observation, et demeurer ensuite immobiles quand le liquide vient au repos. Au contraire le mouvement des Oscillatoires est un mouvement réel et propre à la plante, quoiqu'il ait encore besoin d'être étudié; il en est de même de ces mouvements rapides et en apparence spontanés des anthérozoïdes et des zoospores ciliés des Algues. La circulation intra-cellulaire est aussi fort curieuse; il en est question au chapitre suivant.

Au nombre des causes d'erreurs qui tiennent à l'œil même, il faut citer ce qu'on appelle *mouches volantes,* effet produit par les secrétions visqueuses des glandes de Meibomius, qui traversent le champ visuel sous forme de filaments mucilagineux: ce phénomène se manifeste surtout chez les personnes qui n'ont pas l'habitude du microscope. On aperçoit aussi quelquefois la silhouette de vaisseaux ramifiés en apparence dans une région déterminée de l'œil; ils ressemblent souvent à des rangées de perles enfilées et ils ont été regardés comme les branches de capillaires. L'immobilité des prétendus globules sanguins m'à déjà fait douter depuis longtemps de la vérité de cette explication; Donders et Jansen ont découvert à la partie postérieure du corps vitré des corpuscules solides qui produisent ces sortes de *mouches volantes.* Ce n'est pas seulement dans le microscope qu'on les voit; elles apparaissent très-nettement quand on fixe une surface de neige blanche, ou un nuage très-brillant. Quand on y fait bien attention, on reconnaît que ce phénomène ne se produit pas pour chaque œil avec la même intensité; mais lorsqu'il devient gênant et qu'on l'aperçoit partout, c'est une preuve que l'œil est surexcité et l'on n'a rien de mieux à faire que de le laisser reposer quelque temps. Voilà plus de quinze ans que j'ai reconnu pour chacun de mes yeux ce phénomène des *mouches volantes,* et cependant malgré l'application qu'ont exigée mes travaux, je ne me suis point aperçu que ma vue ait été endommagée ou affaiblie. — Enfin il me vient encore à l'esprit un autre phénomène qui se manifeste sous forme de taches irrégulières disséminées sur le champ du microscope quand on reçoit la lumière directe du soleil ou d'une lampe brillante; tout disparaît avec l'éclairage ordinaire. Si l'on tourne l'oculaire, les taches tournent avec lui, et si on le nettoie, on les voit diminuer. Ces taches proviennent donc d'impuretés placées à la surface des lentilles ou dans leur épaisseur.

MÉTHODE À SUIVRE EN GÉNÉRAL POUR FAIRE DES COUPES MINCES. — Comme il est rare de faire des observations à la lumière directe et que les objets quelque peu délicats exigent l'emploi de la lumière transmise; la question importante est alors de préparer les corps opaques sous forme de lamelles planes, afin que la lumière puisse les traverser. La manière d'opérer dépendra d'ailleurs et de la nature de l'objet, et du but des recherches. Les corps durs et homogènes, tels que le bois, ne se traitent pas comme les parties molles composées d'organes différents, les boutons et les fleurs, par exemple: pour les premiers, il suffit de faire des coupes fines suivant une direction donnée; pour les autres, ce n'est pas seulement parallèlement à une direction qu'il faut faire la section; elle doit de plus passer par un point précis. Dans ce dernier cas on fait une coupe longitudinale par le milieu de l'organe, et plusieurs coupes transversales à différentes hauteurs pour connaître la position relative des parties élémentaires que l'on doit ensuite séparer les unes des autres et étudier isolément. La loupe montée servira souvent pour cet usage.

L'instrument tranchant doit changer avec la nature du corps à couper. S'il s'agit de bois et d'objets durs, on emploie, comme je l'ai déjà dit (page 41), de bons rasoirs anglais à dos large et à lame non concave; les lames concaves sont préférables pour les parties molles et gorgées de sucs. Avant de faire une coupe, il est bon d'aplanir la surface avec un rasoir ordinaire; on mouille ensuite cette surface avec une goutte d'eau ou un liquide spécial; puis on coupe en tenant le rasoir couché à plat et en le tirant à soi d'une main sûre, lentement, mais sans s'arrêter. Après deux ou trois coupes, on passe l'instrument sur le cuir. Quand on a obtenu une coupe mince, on la porte à l'aide d'un pinceau dans une goutte d'eau préparée à l'avance sur le porte-objet. Il est inutile de mouiller la surface que l'on coupe lorsque le tissu est déjà gorgé de sucs; on peut recommander l'alcool pour les bois résineux. Enfin ajoutons qu'on ne doit jamais porter à la bouche le pinceau qui sert à transporter les préparations, parce qu'on emporte en même temps des cellules épithéliales de la muqueuse.

Il est rare que des coupes larges soient également bien réussies sur toute leur surface: les bords sont d'ordinaire les parties les meilleures. Il importe peu que la coupe soit étendue; sa minceur et l'intégrité des cellules sont les conditions essentielles d'une bonne préparation. Avant de couper les bois durs ou les graines, on fera bien de les laisser séjourner un jour ou deux dans l'eau froide pour les ramollir. Quant aux bois tendres, le meilleur moyen d'en obtenir des coupes fines, c'est d'employer l'injection de stéarine fondue; aucun autre procédé ne pourra donner des coupes aussi fines. On fait disparaître ensuite la stéarine à l'aide de l'éther ou de la benzine.

Deux causes surtout peuvent rendre les coupes difficiles; c'est la petitesse des objets ou encore la diversité des tissus qui les constituent. Quand on veut faire passer, par exemple, une coupe transversale ou longitudinale à travers l'écorce, le cambium, le bois et la moelle d'une tige ou d'une racine de plante dicotylédone, il n'est pas toujours possible d'obtenir le tout à l'aide d'une seule section, parce que le rasoir désunit les différents tissus sur leur ligne de séparation; il faut faire un grand nombre de coupes et choisir les meilleures. Il est nécessaire aussi d'avoir un instrument parfaitement affilé et de le faire glisser d'une main sûre, mais très-lentement, en marchant d'ordinaire des parties résistantes vers les parties molles. La coupe réussit aussi quelquefois en entamant simultanément toutes les parties dans une direction un peu oblique à celle des cellules ligneuses, ou des rayons médullaires, s'il s'agit d'une coupe transversale; cependant on ne peut donner ici aucune règle absolue; chacun se créera une méthode à la suite de plusieurs essais. — Il faut toujours maintenir humide la surface sur laquelle on détache les coupes.

Lorsqu'un objet est desséché, et qu'il n'y a plus adhérence entre les tissus, ce qui empêche de faire des coupes transversales à la manière ordinaire, on triomphe souvent de cette difficulté en faisant une injection de stéarine fondue qui réussit généralement mieux que la gélatine; j'ai obtenu de cette manière des coupes transversales fort minces à travers des bois complétement pourris provenant de tombeaux antiques.

Les tissus fongueux ou pleins de sève ont ordinairement de grandes cellules et n'exigent pas des coupes d'une très-grande minceur qu'il serait toujours difficile d'obtenir. Lorsqu'on ne peut pas observer à l'état de parfaite fraîcheur les tissus mous animaux, il est avantageux de les laisser séjourner vingt-quatre heures dans l'alcool ou dans le vinaigre de bois, ou encore dans une dissolution de chrômate de potasse; récemment, j'ai tiré un assez grand parti de l'emploi de l'esprit de vin pour les parties molles des végétaux; mais la durée du séjour dans ce liquide me paraît devoir changer avec la nature du corps. Quand on veut couper des objets durcis par l'alcool, il ne faut pas humecter les surfaces avec de l'eau, mais, si cela est nécessaire, avec de l'alcool; on porte ensuite les coupes dans une goutte d'eau suivant le procédé ordinaire. Il peut être utile, dans beaucoup de circonstances, de faire tremper les objets mous dans une dissolution épaisse de gomme et de les laisser ensuite sécher lentement à l'air.

Le couteau double que quelques anatomistes regardent comme indispensable pour les tissus animaux me semble superflu en anatomie végétale; quand on s'en sert pour des tissus animaux, il faut surtout veiller avant de faire une coupe, à ce que l'espace compris entre les deux lames soit rempli d'eau, résultat qu'on obtient aisément en fermant le couteau sous l'eau.

La grosseur relative des objets fera modifier les procédés d'operation; les corps un peu gros se tiennent de la main gauche entre le pouce et l'index; on enferme au contraire entre deux lamelles de liége ou de sureau les corps de dimensions trop petites, tels que les tiges de mousses, les petites branches ou les petites racines, les feuilles, l'épiderme ou les autres tissus disposés par couches, les petites graines, etc. Quant aux parties encore trop délicates pour supporter la pression entre les lames de moelle de sureau, on les tient, avec la plus grande précaution, entre le pouce et l'index: c'est là particulièrement le procédé à suivre pour couper un petit objet en deux·parties égales. Désire-t-on au contraire obtenir une tranche passant par le milieu d'un corps très-petit, tel qu'un embryon de graine, on porte ce corps sur l'index, en ne se servant du pouce que pour l'empêcher de se déplacer; on se mouille préalablement le doigt pour rendre les déplacements moins faciles, et l'on fait la coupe en appuyant solidement le bras gauche contre la table. On observe au microscope ces coupes sans verre-à-couvrir, et souvent il sera bon de retourner la préparation sur elle-même: c'est alors qu'on découvre en quel point et de quel côté on peut améliorer cette première coupe à l'aide d'une nouvelle section. On reporte dans ce cas l'objet sur l'index de la main gauche et on recommence l'opération. après avoir bien examiné à la loupe la véritable position de la coupe sur le doigt. Si la coupe est assez fine, mais s'il reste quelques parties adhérentes dont il soit nécessaire de se débarrasser, on détachera ces dernières sous la loupe montée, avec les aiguilles ou les petits scalpels.

PROCÉDÉ SPÉCIAL POUR LES CORPS TRÈS-PETITS. — Pour les graines très-petites, les grains de pollen, et les spores de cryptogames, je recommande un procédé qui donne souvent d'excellentes coupes. — On prend un bâton de moelle de sureau sèche, long d'un pouce à peu près et aussi large que possible; on fait à l'une des extrémités une section plane, bien nette, que l'on recouvre ensuite d'une couche de gomme très-consistante: cette gomme, en dissolution, doit être claire et privée de toute impureté, ce qu'on obtient en laissant la liqueur reposer un jour ou deux. On plante debout ce petit bâton de sureau, et on laisse la couche gommeuse se dessécher lentement; après quoi on ajoute une seconde couche et on sème ensuite à la surface les petits objets à étudier. Le bâton est replacé dans la position précédente, et lorsque le tout est bien sec, on ajoute une troisième et dernière couche de gomme. C'est alors qu'on peut faire des coupes excessivement fines à travers la gomme et la moelle de sureau, à l'aide d'un rasoir bien affilé, à lame concave; on enlève les coupes avec une aiguille sèche et on les porte dans une goutte d'eau préparée à l'avance sur le porte-objet. Les premières coupes d'ordinaire ne fournissent rien, jusqu'à ce qu'on arrive à la surface sur laquelle ont été déposés les petits objets. Avec un peu d'exercice et de patience, on obtiendra de la sorte des coupes très-élégantes d'une finesse incroyable. Il est essentiel en même temps que la masse gommeuse soit arrivée à un degré tout-à-fait déterminé de dessication et qu'elle ne soit ni dure ni molle; lorsqu'elle sera trop sèche, on la ramollira avec l'haleine de la bouche. Il est utile également d'ajouter un peu de sucre à la dissolution gommeuse pour empêcher le fendillement pendant la dessication. Les sections faites dans la gomme doivent offrir des surfaces brillantes; lorsqu'elles sont rugueuses, c'est que les corps intérieurs ont été plus ou moins déchirés; voilà pourquoi le rasoir doit être aussi parfait qu'il est possible.

J'ai obtenu par ce procédé de magnifiques coupes de grains de pollen, de spores de cryptogames, de grains d'amidon, de petites graines d'orobanches. On remarquera que naturellement, toutes les coupes obtenues par une même section ne sont pas également bonnes, et on peut encore ici, quand les objets sont assez gros, séparer les mauvaises coupes sous la loupe montée; mais on s'en passera pour les objets excessivement ténus. Si l'on veut conserver ces coupes, la gomme ne nuit en rien; on pourra les placer dans le chlorure de calcium aussi bien que dans la glycérine. On peut même conserver les bâtons de moelle de sureau en indiquant la nature du corps qui y est renfermé, et pendant longtemps on pourra en extraire d'élégantes préparations en humectant la surface gommeuse avec l'haleine de la bouche. Pour le pollen des fleurs, il est bon de le nettoyer d'abord en l'agitant avec de l'éther dans un tube fermé. (En modifiant un peu ce procédé, on peut obtenir aussi d'excellentes coupes de poils d'animaux.)

MANIÈRE DE CHASSER L'AIR DES PRÉPARATIONS. Dans les organes couverts de poils, ainsi que dans les coupes faites à travers certains tissus, la présence de l'air qui se loge à certaines places est souvent gênante pour l'observation. On place la préparation dans l'alcool pour le chasser, puis on la transporte dans l'eau et de là sur le porte-objet. Si l'alcool peut avoir quelque action nuisible sur les substances renfermées dans les cellules, on chassera l'air à l'aide de la pompe pneumatique, et à défaut de cette machine, avec un compresseur que l'on fera agir peu à peu en tenant l'œil au microscope. Enfin si l'on n'a pas de compresseur, on exercera avec le doigt une pression modérée sur le verre supérieur. Je donnerai ici comme exemple les ovules d'orchidées qui ne peuvent être soumis à l'observation qu'après l'éloignement de l'air renfermé entre les téguments et l'amande.

TRANSPORT DE LA PRÉPARATION SUR LE PORTE-OBJET. Pour transporter une préparation d'un liquide dans un autre, on se sert avec avantage d'un petit pinceau de poils monté sur un manche. Les aiguilles et les instruments tranchants ne doivent jamais être employés à cet usage, parce qu'ils détériorent facilement la préparation. Pour retrouver des préparations très-petites déposées par exemple dans un verre de montre, on place ce vase sur un fond noir: je recommande à cet égard deux plaques de verre soudées l'une à l'autre avec du bitume noir. On peut enfin se servir d'une petite pipette de verre pour déposer sur le porte-objet des corps très-petits en suspension dans un liquide; toutefois lorsqu'il n'y a qu'un seul objet à saisir, cette manipulation exige quelque exercice.

RECHERCHE DES OBJETS TRÈS-PETIS SOUS LE MICROSCOPE. Il est souvent difficile de retrouver sous le microscope les objets qui sont à la fois très-petits et transparents. Si on peut les distinguer à l'oeil nu, le procédé le plus simple consiste à les placer à l'avance au-dessus de l'ouverture du diaphragme, surtout quand celle-ci est très-étroite et qu'elle se trouve dans le plan même de la table du microscope. On épargne de la sorte tout tâtonnement ultérieur. Si ce procédé n'est pas applicable, on fait une première recherche avec un objectif faible, on porte l'objet au milieu du champ de telle sorte qu'il s'y retrouvera encore après le changement d'objectif, si le tube est bien centré. Sur des préparations un peu larges, on perd souvent beaucoup de temps à rechercher sous de forts grossissements certaines parties plus instructives que le reste. Quand on conserve des préparations de cette nature, il est bon de tracer un cercle de vernis noir sur le verre mince autour du point remarquable; cela se fait très-facilement sur la table même du microscope, en plaçant le petit objet exactement au-dessus de l'ouverture du diaphragme.

Des images données par le microscope. Le microscope ne laisse voir que des surfaces planes; lorsqu'on veut étudier des corps d'un certain volume, il ne suffit pas d'en examiner une seule face, pour en avoir une intelligence complète: c'est à l'aide d'une coupe transversale, et d'une ou souvent même de plusieurs coupes longitudinales, faites suivant des directions déterminées et comparées entre elles, que l'on arrivera seulement à se faire une idée exacte de l'objet qu'on observe. Si le corps est trop petit pour se laisser couper en plusieurs tranches, on y supplée, quand il est opaque, en le considérant de différents côtés. Quand il est transparent, comme le sont, par exemple, les ovules d'orchidées et quelques grains de pollen, on déplace peu à peu le tube du microscope et on porte au foyer d'abord le côté supérieur, puis la partie médiane qui se présente alors comme une véritable coupe transversale ou longitudinale, et enfin la surface inférieure. Plus l'objectif est parfait, plus la surface focale est nettement définie, et plus l'instrument est sensible pour les moindres déplacements: aussi, dans une recherche délicate, la main ne doit-elle jamais quitter la vis de rappel. Cette sensibilité s'accroît avec la puissance du grossissement dans les bons microscopes; c'est la raison pour laquelle il est rare d'apercevoir simultanément et avec la même netteté sur toute la surface les différents systèmes de lignes que portent les carapaces des Diatomées. Si le milieu, plus élevé que le reste, a été mis au point, le bord paraît confus et obscur.

Les parties qu'on aperçoit simultanément avec la même netteté doivent être placées sur un même plan optique. En déplaçant donc l'objectif on peut observer des surfaces situées à différentes hauteurs dans l'objet: Welker a imaginé d'après cela un procédé pour mesurer l'épaisseur verticale des corps placés sous le microscope. Cette propriété des bons instruments permet souvent de tirer parti d'une préparation imparfaite, par exemple d'une coupe qui ne serait pas suffisamment plane: avec un bon objectif, tout point placé au-dessus ou au-dessous du plan optique est pour l'oeil comme s'il n'existait pas.

Cependant, lorsqu'on emploie de forts grossissements, cette même propriété des microscopes rend souvent difficile l'intelligence de la forme réelle des objets, surtout lorsque la surface présente de nombreuses aspérités ou des ondulations. Alors on aperçoit les parties saillantes nettement délimitées, comme si elles étaient séparées des parties plus profondes. S'il s'agit d'un corps isolé et libre, on pourra arriver à en saisir la forme, en retournant la préparation ou en déplaçant le foyer ; dans le cas contraire la difficulté devient extrême : je ne citerai comme exemple que les poils ondulés de la feuille de vigne.

De la mise au point. On reconnaît qu'un objet est bien au point à la finesse des contours de l'image, finesse qui doit être accompagnée de la plus grande netteté. Les écailles d'*Hipparchia* et mieux encore, les squelettes siliceux du *Pleurosigma* et du *Grammatophora* sont des objets excellents pour s'exercer à mettre une préparation au point : les plus petits déplacements du foyer font en effet disparaître les stries. Je recommande aussi l'étude attentive de ces test-objets pour apprendre à se servir de la lumière oblique ; une fois exercé à ce genre d'observation, on ne saurait plus jamais être embarrassé, soit pour mettre une préparation au foyer, soit pour l'éclairer convenablement.

On remarquera quelquefois certains phénomènes lumineux tels, par exemple, qu'une faible coloration jaunâtre ou rougeâtre sur les bords de l'objet, pour certaines positions. Ces colorations qui sont beaucoup plus intenses encore avec des oculaires puissants, montrent que les objectifs ne sont pas absolument achromatiques. On ne les observera jamais ou presque jamais avec les lentilles d'Oberhäuser, de Bénèche ou de Plössl. Les objectifs plus anciens de Kellner, d'après ce que j'en ai vu, présentent ce défaut, quoiqu'ils donnent une image très-nette. Ces phénomènes de coloration apparaissent avec une intensité plus grande avec les doublets du Microscope simple : on les distingue à peine sur une coupe mince ; quand on examine au contraire des objets creux ou en relief, il y a des positions pour lesquelles on les voit se produire. C'est ce qui arrive pour les gros grains de fécule, tels que ceux de la pomme de terre, et cela accuse toujours un défaut dans l'objectif : suivant l'éloignement de la lentille, on aperçoit les grains circonscrits par un bord large et noir, ou par une bande colorée, ou enfin par une ligne nette et très-fine. Dans ce dernier cas, si le milieu du grain se trouve précisément dans le plan optique, et si l'objectif est bien achromatique, on reconnaît distinctement la cavité centrale et les couches successives du grain de fécule ; quant aux contours larges et noirs, ils proviennent de ce que le bord du grain n'est pas au foyer; et quant aux contours colorés, ils sont dus à l'imperfection de l'objectif. Avec de forts grossissements, on peut retrouver ces colorations, même sur des coupes minces; les verres de quelques opticiens donnent alors aux bords de la coupe une teinte jaune; d'autres, une teinte plus rougeâtre. Ainsi, sur une coupe mince de bois, on pourra voir, pour certaines positions, l'anneau ligneux entouré d'une ligne étroite d'un jaune clair; si, au contraire, c'est une bande noire qui entoure extérieurement cet anneau, la coloration jaune apparaît à l'intérieur, et là, elle ne s'arrête jamais brusquement; ce caractère permet de reconnaître que ce n'est pas là une couche spéciale, placée à l'intérieur des faisceaux ligneux, couche qui, lorsqu'elle existe, offre toujours un contour bien net. On doit toujours préférer aux autres les objectifs qui ne donnent pas ces colorations ou qui n'en donnent que de très-faibles, comme le système F. de ZEISS.

GLISSEMENT ET COMPRESSION DES PETITS OBJETS SUR LA PLAQUE DE VERRE. Pour l'observation des corps sphériques de petite dimension, tels que les grains de pollen, il est utile de faire glisser le verre-à-couvrir et de faire ainsi rouler ces objets sur eux-mêmes d'un côté et de l'autre; ou voit successivement toutes les faces de l'objet et on se rend compte de sa forme générale. Mais pour réaliser cette opération sur des corps globuleux un peu gros, sans les écraser, on place en guise de rouleaux sous le verre mince deux fils de cire à cacheter ou deux fils de verre qu'on obtient aisément en étirant un tube au chalumeau. Il est toujours nécessaire d'employer ces fils de verre ou tout autre corps résistant, quand on veut éviter la 'pression du verre-à-couvrir.

A vrai dire, on ne devrait jamais écraser les petits objets entre deux verres plats: c'est un procédé trop brutal; cependant, lorsqu'on espère tirer quelque parti de la pression, je conseille de se servir du compresseur. En le faisant agir avec précaution, on peut du moins se rendre compte des modifications successives produites par la pression. Le compresseur pourra servir encore dans les cas où l'on se demande si on a sous les yeux une cellule à parois très-minces, ou seulement une goutte de liquide; s'il existe en effet une enveloppe cellulaire, elle se brisera subitement, sous l'action de la pression, et laissera échapper son contenu, tandis que dans les mêmes circonstances, une goutte liquide ne fera que changer de forme.

Matières contenues dans les cellules animales ou végétales. — Action des réactifs chimiques. Dans les tissus animaux ou végétaux, on n'a pas seulement à étudier les cellules au point de vue de leur nature, de leur forme et de leur disposition; il faut de plus en connaître le contenu qui varie suivant les fonctions qui leur sont assignées. On aura donc à rechercher:

1°· Si une cellule est vide, c'est-à-dire si elle contient de l'air, comme, par exemple, les vaisseaux du bois et les vieilles cellules ligneuses.

2°· Si les cellules renferment à la fois des liquides et des matières solides; — la nature de ces liquides; — si c'est un liquide homogène, ou s'il existe dans la même cellule des liquides de densités différentes qui ne se mêlent pas l'un avec l'autre; — enfin la manière dont se comportent ces liquides en présence des réactifs.

3°· La nature des substances solides contenues dans une cellule; leurs propriétés physiques et chimiques.

Il existe dans le suc des cellules beaucoup de substances en dissolution, telles que le sucre, à l'égard desquelles nous manquons de bons réactifs chimiques; cependant pour les grains de pollen mûrs, la présence du sucre peut être accusée par la coloration en rouge de leur contenu après addition d'acide sulfurique: on sait qu'une pareille coloration est produite par le sucre et l'acide sulfurique en présence d'une matière azotée [1]). La gomme et la dextrine se coagulent sous l'action de l'alcool. On recherche la présence des matières azotées à l'aide du sucre et de l'acide sulfurique qui produisent une coloration d'un rouge rose; on peut employer également l'acide azotique, puis l'ammoniaque, et on obtient une coloration jaune intense qui va jusqu'au brun. La coloration jaune produite par la dissolution d'iode n'est pas une réaction aussi démonstrative. Quand on aperçoit des gouttelettes distinctes qu'on suppose être de nature huileuse ou gommeuse, on laisse séjourner la préparation pendant quelques heures dans de l'éther ou dans de l'alcool absolu qui dissoudront ces deux substances; on reconnaît d'ailleurs l'huile au microscope, à la forte réfraction qu'elle produit sur la lumière.

---

[1]) Voir page 46. — *Sachs* a appliqué récemment le réactif de *Frommherz* à la recherche du sucre sous le microscope; il emploie d'abord une dissolution de sulfate de cuivre, puis de potasse, et en présence du sucre de raisin, il obtient le précipité rouge de minium bien connu.

Quant aux sels en dissolution dans les sucs cellulaires, certains réactifs pourront quelquefois les mettre en évidence: ainsi quand on additionne d'acide sulfurique certains sucs végétaux parfaitement limpides, il n'est pas rare d'y voir se former des cristallisations de gypse en aiguilles, ce qui démontre la présence antérieure d'un sel soluble de chaux.

Au nombre des parties solides renfermées dans les cellules, il faut citer, outre les *cristaux*, la *fécule*, l'*inuline*, l'*aleurone* et les grains de *chlorophylle*.

Pour les *cristaux*, leur forme seule suffira souvent pour reconnaître leur nature chimique; HARTING a dessiné dans sa *Micrographie* les différentes formes de cristaux microscopiques que l'on rencontre dans le règne animal et le règne végétal, et il a indiqué un procédé pour en mesurer les angles. L'appareil de polarisation pourra montrer si les cristaux appartiennent, ou non, au système régulier. Quand la forme cristalline ne suffit pas, on a recours aux réactifs chimiques; la chaux se reconnaît, comme nous l'avons dit, avec l'acide sulfurique; le carbonate de chaux, sous l'action de l'acide chlorhydrique, disparaît et donne un dégagement d'acide carbonique gazeux. Dans ce cas, il est bon d'observer directement l'action de l'acide sur le cristal; on place à cet effet la coupe sous le verre à couvrir dans une petite quantité de liquide; et on porte avec une baguette de verre une petite goutte d'acide sur le bord; l'acide arrive peu à peu et on peut assister au début de la réaction. Les cristaux d'oxalate de chaux sont insolubles dans l'acide acétique et au contraire facilement solubles dans l'acide chlorhydrique, et dans l'acide azotique, sans dégagement gazeux; le sulfate de chaux est insoluble dans tous ces acides. Ce sont là les trois sels que l'on rencontre le plus souvent dans le règne végétal; généralement, on trouvera l'oxalate de chaux dans presque toutes les écorces, et dans les tissus des *Cactées*, des *Rhubarbes;* les fruits offriront surtout le tartrate, le malate, le citrate de chaux ou les sels de potasse des mêmes acides. On sait que, par la combustion, les acides végétaux se changent en carbonate de chaux: aussi, dans les cendres de bois ou d'écorce, retrouve-t-on ce sel présentant encore les formes cristallines de l'oxalate, mais devenu opaque et coloré le plus souvent en gris par suite d'une combustion incomplète du carbone.

Les grains d'*amidon* se reconnaissent à leur coloration bleue sous l'action de l'iode qui ne produit au contraire sur les grains d'*inu-*

ine qu'une faible coloration en jaune; ces derniers ne deviennent souvent visibles qu'après l'emploi de l'iode. La *chlorophylle* est toujours colorée en vert; un long séjour dans l'alcool lui fait cependant perdre cette couleur. L'*aleurone* enfin, soit en grains, soit sous forme cristalline, est colorée en jaune faible par la dissolution d'iode et en rouge sale de brique par l'azotate de mercure (Sel de Millon). On rencontre encore dans les cellules végétales d'autres corps solides ou presque solides, quelquefois amorphes, d'autres fois affectant une forme déterminée; ils se colorent en jaune ou en brun sous l'action de l'iode ou même restent incolores, comme ces granules qu'on aperçoit dans les feuilles de quelques hépatiques. *(Jungermannia anomala, Alicularia scalaris.)* Jusqu'ici nous ne pouvons qu'en constater la présence avec le microscope; leur composition chimique demeure inconnue. L'emploi des réactifs chimiques dans les recherches microscopiques laisse encore aujourd'hui un champ immense ouvert à l'observation. Très-souvent, on trouve dans les cellules des huiles engagées dans un composé analogue au savon; une goutte d'acide sulfurique les met en liberté et elles apparaissent sous forme de gouttelettes sur le porte-objet.

Les réactifs chimiques ne servent pas seulement à reconnaître les substances renfermées dans les cellules; ils éclairent aussi sur la nature des parois cellulaires. La cellulose se reconnaît à la couleur bleue qu'elle prend sous l'action de l'iode et de l'acide sulfurique, ou dans la dissolution de chloro-iodure de zinc. Ce dernier réactif colore également en bleu les cellules ligneuses ou vasculaires, mais seulement après qu'elles ont subi la macération dans l'acide azotique et le chlorate de potasse; le liquide oxydant dissout ici, outre la substance intercellulaire, la matière ligneuse qui, comme la matière subéreuse, masque complètement la coloration en bleu de la cellulose sous l'action de l'iode et de l'acide sulfurique, ou du moins ne laisse apparaître qu'une teinte verdâtre. Tandis que la matière ligneuse est dissoute, la matière subéreuse proprement dite est convertie en une masse cireuse; on l'éloigne, en chauffant la préparation avec de la potasse dans une capsule de porcelaine, puis en lavant à l'eau; et il est même bon de répéter plusieurs fois l'opération; après quoi la cellulose qui reste est colorée en bleu ou en violet par l'iode et l'acide sulfurique, ou même par la dissolution seule d'iode. La matière ligneuse se rencontre dans les parois de toutes les cellules lignifiées; la matière subéreuse au contraire, dans les véritables formations de liége, ainsi que dans les couches cuticulaires épidermiques, par exemple dans l'épiderme du *Viscum* — La cuticule, chauffée avec la potasse se dissout comme la matière intercellulaire; la cellulose n'est pas dissoute mais se gonfle plus ou moins. Le procédé de macération de Schulze détruit à la longue la cellulose des parois cellulaires: c'est ce qu'il faut bien remarquer pour n'être pas induit en erreur. Dans les cellules macérées on trouve quelquefois des trous qui, avant la macération, étaient fermés par une membrane mince; on trouve aussi des fibres libres, là où existait auparavant un tissu compacte en apparence, imitant la disposition des tissus fibreux, mais formé de parties denses reliées entre elles par des cellules à parois membraneuses: c'est ce qui arrive souvent pour les cellules libériennes. Dans de pareils cas, on ne doit pas s'en rapporter seulement au résultat fourni par le macération. — La véritable substance intercellulaire et la cuticule ne sont jamais colorées en bleu par le chloro-iodure de zinc, ni avant ni après la macération.

Pour bien apprécier l'action des réactifs chimiques, surtout de ceux qui produisent la dilatation des membranes (acide sulfurique, chloro-iodure de zinc, dissolution ammoniacale d'oxyde de cuivre, ou d'oxyde de Nickel, potasse, etc.), il est nécessaire d'assister au début de l'action: on place à l'avance la préparation entre deux verres, avec très-peu d'eau, et on porte avec une baguette une goutte du réactif sur le bord du verre à couvrir; plus l'action est lente et mieux on se rend compte du phénomène; on ajoutera au besoin de nouvelles gouttes de réactif. Dans de pareils essais, il faut prendre en considération le degré de concentration de la liqueur, ainsi que la quantité d'eau employée sur le porte-objet; car souvent un réactif trop énergique compromet le succès.

Entretien de l'eau sur le porte-objet. Quand il est important d'empêcher l'évaporation de l'eau qui se trouve sous le verre-à-couvrir, ou d'entretenir un courant continu d'eau fraiche, pour observer par exemple la multiplication des cellules de certaines algues inférieures, on glisse sous le verre un fil de coton dont l'autre extrémité plonge dans une soucoupe pleine d'eau et placée à la hauteur de la table du microscope. Généralement l'eau arrive en trop grande abondance quand on se borne à cette seule disposition, et elle finit par couler sur la table. Aussi vaut-il mieux placer de l'autre côté un second fil de coton dont l'extrémité est pendante; il s'établit alors un courant continu et régulier d'eau fraiche. On réussit de la sorte à maintenir vivants sous le microscope pendant des jours entiers des filaments d'algues dont on peut suivre l'acroissement d'heure en heure. Il faut dans ce cas fixer solidement le porte-objet à l'aide de deux compresseurs implantés dans la table du microscope

PROCÉDÉS POUR FAIRE AGIR LA CHALEUR ET L'ÉLECTRICITÉ SUR LES PRÉPARATIONS. Pour étudier l'action de la chaleur sur un objet placé sous le microscope, on fabrique une petite bougie en trempant un fil de coton dans de la cire fondue, on la recourbe de manière à placer la flamme sous le trou de la table et on chauffe directement le porte-objet par sa face inférieure. On supprime les diaphragmes pour donner une ouverture plus large, et on recouvre l'objet d'un verre à couvrir assez large, afin de ne pas endommager l'objectif. De cette manière, on observe très-bien le gonflement des grains d'amidon sous l'action de la chaleur. Il n'y a qu'une chose à craindre pour le microscope; ce serait, en prolongeant trop longtemps l'expérience, d'arriver à fondre le mastic qui maintient les lentilles de l'objectif.[1])

Lorsqu'on veut examiner l'action d'un courant électrique sur un objet microscopique, on fixe deux fils de platine, avec de la cire à cacheter, sur le porte-objet que l'on maintient sous le microscope avec deux compresseurs; les deux fils plongent dans le liquide que recouvre le verre mince et il suffit alors de les mettre en communication avec les pôles d'un appareil d'induction.

PROCÉDÉS D'INJECTIONS POUR LES PRÉPARATIONS MICROSCOPIQUES. L'injection de liquides colorés peut être quelquefois utile aussi bien pour les tissus végétaux que pour les tissus animaux. La seringue à injection suffit chez les animaux pour injecter les vaisseaux et autres canaux qui sont relativement très-larges; pour les plantes, il faut avoir recours à la machine pneumatique. On prend comme matière à injections, de la colle ou mieux encore, de la stéarine fondue, et comme matière colorante, du carmin finement divisé. J'emploie à cet usage un petit récipient distinct de la machine pneumatique, et décrit (page **49.**), dans lequel je place la stéarine fortement colorée. Je maintiens la stéarine fondue à l'aide d'un bain-marie; j'y porte l'objet à injecter bien sec, et partagé en

---

[1]) Cette méthode très-simple m'a été indiquée en 1852 par *M. Martin* de Vienne.

petits fragments, et je l'injecte en aspirant l'air du récipient. Il est quelquefois nécessaire de soumettre l'objet à un traitement préalable avec l'alcool ou l'éther ou même avec l'eau, pour que l'injection réussisse. Souvent aussi, il sera plus convenable d'employer une matière colorante soluble; ce qu'on obtiendra aisément en jetant dans la stéarine en fusion un petit morceau de racine d'*Alcanna*. — Rien n'est plus facile ensuite que de faire des coupes à travers les objets injectés. (Voir pour plus de détails l'article des ponctuations.)

INCINÉRATION DES TISSUS VÉGÉTAUX. Il peut être nécessaire dans certaines recherches d'incinérer des tissus végétaux. On les maintient au-dessus de la flamme d'une lampe à alcool, entre les extrémités de platine d'une pince à essais, ou dans un petit vase creux de platine tel que les couvercles des creusets de ce métal. Pour obtenir une combustion complète, il faut souvent traiter d'abord le tissu végétal par l'acide azotique et le chlorate de potasse ou par l'acide chrômique. La macération d'après le procédé de Schulze ne suffit même pas pour obtenir un squelette siliceux incolore avec les cellules corticales du *Moquilea;* on n'y parvient qu'en les chauffant longtemps avec du chlorure de chaux et de l'acide chlorhydrique. — Le carbone apparaît d'ailleurs toujours quand on brûle les spicules des Spongiaires, les Polycistines, les carapaces de Diatomées; ce qui montre la présence de ces combinaisons au milieu de la masse siliceuse.

ESTIMATION DE LA GRANDEUR RÉELLE DES OBJETS VUS AU MICROSCOPE. L'évaluation de la grandeur réelle des objets microscopiques a souvent une grande importance: on l'effectue à l'aide de la vis micrométrique et du micromètre de verre   M. MOHL (Micrographie, p. 278—320) a traité à fond ce sujet: je renvoie à cet ouvrage; j'indiquerai ici brièvement deux procédés de mesure que j'emploie d'ordinaire et que d'ailleurs M MOHL regarde comme suffisants. Dans chacun de ces procédés, on se sert d'un micromètre de verre; et le point capital, c'est qu'il soit bien divisé. Il est fixé sur un diaphragme, dans l'oculaire. On compte d'abord le nombre des divisions qui recouvrent l'objet à mesurer; mais la valeur qu'il faut donner à ces divisions dépend du grossissement de l'objectif: on doit le connaître avec exactitude. OBERHÄUSER l'indique d'ordinaire pour chaque objectif, et une opération bien simple donne alors la vraie grandeur de l'objet. Si l'on veut déterminer soi-même la valeur des divisions du micromètre oculaire pour chaque objectif, on prend un autre micromètre de verre que l'on place au foyer de l'objectif; on fait coïncider les traits de l'un et de l'autre et on en conclut le rapport de grandeur de ces divisions. J'emploie sous l'objectif un micromètre de verre d'Oberhäuser, enchâssé dans une monture en laiton ($\frac{1}{4}$ de millimètre divisé en 100 parties). 9 divisions du micromètre-oculaire couvrent, avec l'objectif N°· 4, ce quart de millimètre. 20 divisions du même correspondent au contraire, avec l'objectif N°· 7, à 30 divisions seulement du micromètre-objectif.

Ainsi, dans le premier cas, une division du micromètre-oculaire recouvre $\frac{1}{4 \times 9}$ ou $\frac{1}{36}$ de millimètre; dans le second, une division recouvre $\frac{30}{400 \times 20}$ ou $\frac{3}{800}$ de millimètre.

Le procédé de mesure à l'aide de la chambre claire et d'un micromètre-objectif est plus pénible peut-être; mais plus précis. Dans ce cas, on exécute à une distance déterminée de l'œil (250 millim. à peu près), le dessin précis des contours de l'objet, à l'aide de la chambre claire. On remplace l'objet par le micromètre-objectif dont l'image vient alors se superposer au dessin; et, si l'on connait à l'avance la valeur des divisions du micromètre, on lit immédiatement les dimensions de l'objet.

Ce procédé s'applique très-bien à la mesure du grossissement d'un microscope: on fait tomber l'image du micromètre de verre sur une règle divisée; ou bien on dessine avec un crayon sur le papier les divisions grossies du micromètre et on les évalue ensuite directement à l'aide d'une règle divisée. C'est de cette manière que j'ai évalué tous mes grossissements à une distance de 250 millimètres; mon micromètre est celui dont j'ai déjà parlé ($\frac{1}{4}$ millim. divisé en 100 parties); et ma règle divisée est un décimètre divisé en millimètres. (Je reviens su cette question dans le chap. VI).

Pour se servir de la vis micrométrique, il faut placer dans l'oculaire deux fils croisés; on dispose l'objet de manière qu'il soit tangent à l'un des fils par l'un de ses côtés; on note la position de la vis qui est, à cet effet, munie d'un limbe divisé et souvent même d'un Nonius; on tourne ensuite cette vis jusqu'à ce que le fil vienne en contact avec l'autre côté de l'objet et l'on observe de nouveau le limbe et le Nonius. Un indicateur place latéralement donne le nombre des tours complets; on y ajoute la fraction de tour de la dernière rotation et on en déduit facilement la vraie grandeur de l'objet. Chaque opticien indique la valeur des divisions de la vis. Quelque précision que l'on ait apportée dans la construction de cet instrument, les divisions ne sont jamais parfaitement égales: une seule mesure ne peut donc suffire; on en fera 4 ou 5 au moins, pour différentes positions de la vis, et on prendra pour véritable grandeur de l'objet la moyenne des nombres trouvés.

APPAREIL DE POLARISATION. Lorsqu'on se sert de l'appareil de polarisation, on fait en sorte que le champ soit fortement éclairé, quand les Nicols ne sont pas croisés. Dans ce but, on emploie pour les recherches de précision une lentille convergente et la lumière directe du soleil que l'on reçoit sur le miroir ou que l'on recueille à l'aide d'un autre miroir, comme on le fait pour le Microscope Solaire. Plus l'éclairage est vif, et plus les observations sont élégantes et précises; tandis que, avec l'éclairage ordinaire sans condensateur, les corps qui ne sont que faiblement bi-réfringents semblent souvent ne posséder que la réfraction simple. Quand l'éclairage est réglé, on met l'objet au point; on tourne ensuite le Nicol supérieur de 90 degrés. Les deux Nicols étant alors croisés, le champ doit paraître absolument noir; il paraît en réalité d'autant plus obscur que l'éclairage était d'abord plus vif. Suivant que la préparation possédera la réfraction simple ou double, elle restera obscure ou brillera d'un vif éclat. Il est nécessaire, avec le microscope polarisant, d'avoir des préparations aussi minces et aussi transparentes que possible; il faut bien remarquer en outre que le phénomène dépend en partie du degré d'épaisseur de l'objet: une coupe très-mince d'une substance faiblement bi-réfringente peut, avec l'éclairage ordinaire, se comporter comme une substance à réfraction simple; une coupe plus épaisse offrirait la double réfraction. On sait que lorsqu'on place des feuilles minces de gypse ou de mica au-dessus du Nicol inférieur, on obtient des couleurs qui dépendent de l'épaisseur des feuilles; il en est de même avec toutes les coupes qui offrent des colorations diverses sur un fond noir: les cellules libériennes isolées du *Caryota urens* en fournissent les plus jolis exemples.

Quant aux différents degrés de cette puissance bi-réfringente, on les constate parfaitement sur une coupe transversale très-mince de bois de *pin*, particulièrement de *pin des Canaries*. La matière intercellulaire y demeure obscure, avec l'éclairage ordinaire [1]); la membrane primaire des cellules ligneuses offre au contraire une vive clarté; les couches d'épaississement, lignifiées, n'ont qu'à un faible degré la double réfraction, et enfin la couche interne, non encore lignifiée, est beaucoup plus brillante.

La croix noire apparaît, avec les Nicols croisés, toutes les fois que des couches successives de densités différentes sont disposées autour d'un point et observées de face; dans les grains de fécule, par exemple, ainsi que sur les fibres ligneuses ou libériennes à parois épaisses, vues dans une coupe transversale. Les ponctuations et les canaux poreux, vus de face, peuvent offrir le même phénomène.

Enfin on peut se servir d'une petite feuille de gypse pour distinguer d'après M. M. MOHL et BRÜGGE les pouvoirs réfringents positifs et négatifs, suivant la position des couleurs complémentaires. M. MOHL attribue à des différences de constitution chimique cette différence d'action de la lumière polarisée. Mais M. MAX SCHULTZE [2]) a montré récemment que cette action dépend de la position relative des couches d'inégales densités. Quand les couches les plus denses sont extérieures, et les moins denses à l'intérieur, on obtient la disposition de couleurs qu'on a appelée négative, et réciproquement: on le démontre en chauffant une boule creuse de verre par sa surface extérieur ou par le centre; on obtient dans le premier cas le caractère positif et dans le second le caractère négatif. M. MOHL regarde comme négatives les ponctuations des cellules ligneuses du *Pinus sylvestris*, pour lesquelles on voit apparaître, sur un fond rouge, la coloration verte à droite et à gauche en croix avec l'autre couleur; les grains d'amidon seraient au contraire positifs, puisque le vert apparaît en avant et en arrière, et le rouge, à droite et à gauche. On se familiarisera avec ces phénomènes en observant les ponctuations des cellules ligneuses dans une coupe longitudinale très-mince, faite dans le sens des rayons médullaires, ou encore les grains de fécule de la pomme de terre, surtout dans une coupe transversale (voir p. 64); on reconnaîtra bientôt aussi

---

[1]) Elle possède cependant à un faible degré la double réfraction, d'après ce que m'a écrit *M. Mohl,* quand on l'observe avec le Microscope de polarisation perfectionné.

[2]) M. *Schultze.* Sur la peau des lamproies et sur les phénomènes qu'elle présente à la lumière polarisée. — Archives de *Reichert* et de *Du Bois-Reymond*, 1861, p. 238.

que l'orientation de la préparation par rapport au Nicol inférieur n'est nullement indifférente.

D'après M. Mohl, l'intercalation de feuilles de gypse assez minces pour ne pas colorer sensiblement le champ, accroissent la sensibilité du microscope polarisant. Les préparations à observer doivent être placées dans le baume de Canada, la laque de Copal ou la Glycérine, en un mot, dans un milieu qui réfracte fortement la lumière et rende l'objet transparent. Dans un microscope polarisant bien disposé, on doit rendre mobiles autour de leur axe, le Nicol polariseur, le disque qui porte les feuilles de gypse, la table, et le Nicol analyseur. [1]

----

[1] *G. Valentin.* De l'action de la lumière polarisée sur les tissus végétaux ou animaux. Leipzig 1861.

IV.

DE LA MÉTHODE A SUIVRE DANS LES RECHERCHES MICROSCOPIQUES.

Dans les recherches microscopiques la valeur des résultats dépend avant tout de la bonté de la méthode: il est nécessaire d'abord que la question soit nettement posée, et de plus, que les procédés employés pour la résoudre soient précis et efficaces. Avant d'aborder une étude spéciale, il faut donc s'être déjà familiarisé avec l'objet de cette étude. Dans les questions scientifiques encore controversées, on ne doit même pas se borner à un seul aperçu: il est utile de connaître les différentes opinions et les observations sur lesquelles elles reposent. C'est surtout avant de présenter un travail scientifique que l'on ne doit jamais négliger de se pénétrer de tout ce qui a été écrit sur le même sujet, au moins depuis quelque temps; de cette manière on courra moins le risque de négliger quelque chose; on pénétrera plus intimement dans le sujet; on se formera à soi-même une opinion plus nette et enfin on aura ainsi un aperçu historique sur les phases successives du développement de la question.

C'est à une saine méthode guidée par l'induction que nous devons les immenses progrès accomplis de nos jours dans les sciences naturelles. Toutefois, quoique cette méthode consiste à s'élever du particulier au général, je recommande, pour les recherches au microscope, de prendre d'abord une connaisance générale de l'objet; on étudiera ensuite avec précision les parties séparées pour parvenir enfin à une connaissance intime de l'objet tout entier. On m'objectera peut-être que cette première étude superficielle est inutile; sans doute, on peut quelquefois s'en dispenser, mais en général elle servira à ne rien laisser passer d'inaperçu, à éviter des erreurs et à épargner du temps. En Organogénie je tiens comme impossible dans quelques cas d'avoir une juste intelligence des parties qui se forment si l'on n'a pas pris à l'avance une idée générale de l'ensemble de la plante..

Je ne conseille pas au micrographe de s'occuper à la fois de plusieurs recherches: une étude approfondie absorbe suffisamment l'esprit et le temps de l'observateur. Il faut cependant en excepter les recherches d'Organogénie; car ce n'est souvent que de semaine en semaine qu'on fait des observations, et dans l'intervalle on peut fort bien entreprendre d'autres études. Dans ce cas il est indispensable de noter la date du jour de chaque observation, ce qui d'ailleurs sera souvent très-utile pour apprécier le temps qu'un organe a mis à se développer.

Il n'est guère possible de formuler une méthode générale à suivre pour tous les cas qui peuvent se présenter; l'observateur exercé saura toujours se tracer à lui-même une marche convenable; quant au débutant, il trouvera des conseils dans les pages qui suivent. Distinguons tout d'abord l'étude des plantes développées et celle de leur développement; je commencerai par la première qui offre moins de difficultés Les recherches peuvent se faire à deux points de vue différents, au point de vue morphologique qui a trait aux formes extérieures, et au point de vue anatomique qui a trait à la structure intérieure des végétaux.

L'observateur qui dessine lui-même devra, dans toutes ses recherches, reproduire avec précision sur le papier les préparations qui lui paraîtront intéressantes, et y ajouter dans de courtes remarques tout ce qui ne peut se rendre par le dessin. Pour les études morphologiques, des contours simples mais précis suffisent le plus souvent. mais pour les questions d'anatomie ou de physiologie, il est parfois nécessaire de reproduire une à une toutes les cellules avec leur contenu. A l'aide de ces dessins auxquels on joint, pour les cas difficiles, les préparations conservées, on peut aisement comparer les différentes parties d'une plante, ou les différents états de développement d'un organe; et même, pour les questions compliquées, il n'y a pas d'autre méthode à suivre.

Je me suis fait une loi de dessiner immédiatement, et avec la plus grande précision possible, tout ce que je découvre d'important: je choisis ensuite au milieu d'un grand nombre de dessins celui que je crois le plus démonstratif pour la solution de la question. Quand on dessine à la chambre claire et qu'on possède en outre une certaine habileté dans le maniement du crayon et des pinceaux et dans l'emploi des couleurs, le peu de temps qu'on y perdra sera amplement payé par la production d'images fidèles. Je proscris les figures schématiques parce qu'elles ne représentent trop souvent que des formes créées par l'imagination de l'observateur. Les images fidèles, au contraire, ont toujours une grande valeur scientifique, même lorsque l'explication qu'on en donne est entachée d'erreur.

Outre le dessin et les préparations, on doit encore posséder des notes sur tous les points essentiels de la question, et même sur les points secondaires, car on ne peut pas savoir quelle importance certaines petites choses peuvent acquérir dans le cours d'une recherche. On ne saurait jamais prendre trop de notes sur ses observations; il est dangereux, surtout dans des recherches suivies, de se fier à sa mémoire: on s'expose à des oublis et à des erreurs. — Il est également indispensable d'indiquer à côté de chaque figure le grossissement ($\frac{100}{1}$, par exemple, pour indiquer un grossissement de 100 fois). Dans les questions délicates, on devrait même noter les systèmes d'oculaire et d'objectif employés: lorsqu'une observation a été faite avec un grossissement donné, il n'est pas indifférent que ce soit avec un objectif fort et un oculaire faible, ou avec un objectif faible et un oculaire fort. Dans ce dernier cas, l'observation aurait en effet moins de valeur.

Pour les recherches purement morphologiques, de faibles grossissements suffisent en général et c'est surtout de la lumière directe qu'on se servira. (Voir pages 9 et 52). La préparation se borne le plus souvent à une séparation des parties à l'aide du microscope simple et des aiguilles; on a rarement recours au scalpel.

L'étude des formes extérieures est en général insuffisante; on doit y ajouter la connaissance de la structure intime des organes. Ici on emploiera la lumière transmise (voir page 55), et il faudra manier habilement le scalpel. Le microscope simple et les aiguilles pourront encore servir pour améliorer les coupes minces et en détacher les parties gênantes. — Les réactifs chimiques (page 44) trouveront aussi leur emploi.

Puisque les études morphologiques vont de pair avec les recherches anatomiques, je les mènerai de front dans cet ouvrage. Je commencerai par les végétaux inférieurs dont la structure est simple et je m'élèverai de là aux végétaux supérieurs dont les tissus com-

plexes présentent souvent des difficultés qu'il n'est pas aisé de sur-
monter.

La cellule végétale nous occupera tout d'abord : c'est l'élément
fondamental de tous les tissus ; il importe d'en avoir une connaissance approfondie avant d'étudier l'anatomie et la physiologie végétale.

A. ETUDE DE LA CELLULE VÉGÉTÀLE.

— **Forme des Cellules.** — Pour se procurer une image exacte d'une cellule végétale, il faut observer celles que l'on trouve, indépendantes de toutes les cellules voisines, dans les framboises très-mûres, les fraises et les cerises, ainsi que dans les pommes ou les poires b'ettes. On peut en isoler artificiellement en détruisant la matière intercellulaire par une longue cuisson dans l'eau, ou par une dissolution chaude de potasse ou mieux encore par la macération à chaud dans l'acide azotique additionné de chlorate de potasse. (p. 46). On trouvera encore des exemples de cellules naturellement libres dans les grains de pollen, les spores, les zoospores des Algues, quoique ce ne soit pas là des types normaux de cellules végétales.

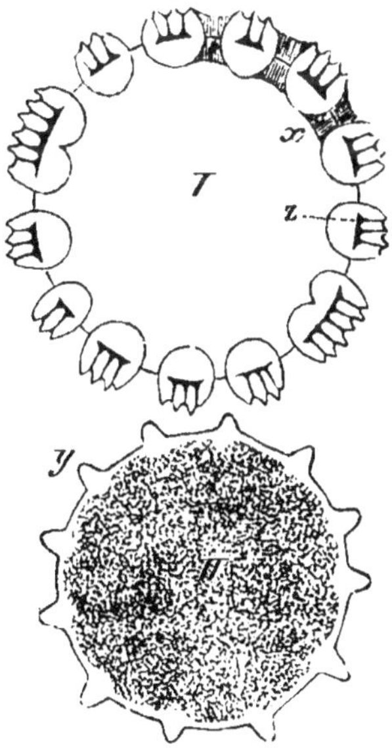

L'examen de nombreuses cellules isolées montrera quelle grande diversité elles présentent au point de vue de la grosseur, de la forme, de la structure des parois, et des substances qu'elles contiennent.

Les unes ont les trois dimensions égales et peuvent être sphériques, polyédriques et même presque cubiques; ailleurs une dimension devient un peu plus grande que les deux autres, comme on le voit dans les diverses cellules allongées; dans d'autres cas, une dimension devient relativement très-petite: ce sont les cellules tabulaires; et enfin l'un

Fig. 12. Coupe transversale d'un grain de pollen de *Mirabilis Jalapa.*
I. Enveloppe; *x*, canaux poreux pour l'émission du tube pollinique; *z*, ca—

ou l'autre de ces types peut offrir des expansions latérales régulières ou irrégulières qui lui donnent l'aspect étoilé ou ramifié. On peut citer comme cellules globuleuses les grains de pollen des Graminées, des Cannacées, des Passiflores, des Campanulacées, des Malvacées, des Nyctaginées, (F. 12), ainsi que les spores de beaucoup de champignons. Partout où les cellules se compriment mutuellement, leurs parois s'aplatissent; cependant lorsque leurs parois ne sont pas épaisses, on les fait revenir à leur état globuleux primitif en les isolant à l'aide de la potasse ou de l'acide azotique. Les spores de beaucoup de fougères *(Pteris)* et les spores de *Lycopodium* offrent trois faces planes et le reste de la surface est sphérique : cela provient de la formation de quatre cellules dans une cellule-mère globuleuse trop étroite pour permettre leur libre développement. Les cellules à parois épaisses et lignifiées de l'écorce de *Carpinus, Fraxinus, Acer* et *Quercus,* peuvent servir d'exemples de cellules à peu près cubiques ou polyédriques. Nous trouvons des cellules allongées plus ou moins par rapport à leurs autres dimensions, dans la moëlle des plantes qui croissent très-vite, dans la zone de cambium des dicotylédones et parmi ces espèces particulières de cellules qui proviennent des faisceaux fibrovasculaires, les cellules vasculaires, les

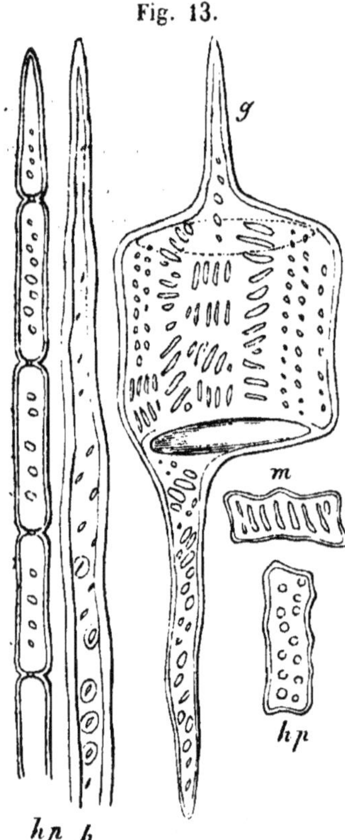

Fig. 13.

cellules ligneuses (Fig. 13), les cellules libériennes et les tubes criblés. Le parenchyme du bois qui provient d'une division transver-

vités avec leurs conduits, à la surface extérieure de l'enveloppe. II. Matière contenue dans le grain de pollen, limitée par une couche extérieure de protoplasma; *y,* l'un des mamelons coniques placé au-dessous d'un pore. (gross. 350 f.).

Fig. 13. Cellules extraites par macération du bois de *Moquilea* (El Canto). *g,* cellule vasculaire; *h,* cellule ligneuse; *hp,* parenchyme ligneux; *m,* cellule de rayon médullaire. Ici le mode d'épaississement de la cellule vasculaire change avec la nature des cellules voisines. (gross. 200 f.).

sale d'une jeune cellule ligneuse et le parenchyme du liber qui provient d'une division transversale dans une jeune cellule libérienne appartiennent aussi au groupe des cellules allongées dans la direction verticale, c'est-à-dire dans la direction de l'axe de la plante. Parmi les cellules vasculaires, on rencontre cependant, quoique rarement, des cellules courtes. *(Moquilea.)*

On trouve des cellules allongées horizontalement, c'est-à-dire perpendiculairement à la direction longitudinale de l'organe végétal, dans les rayons médullaires de la plupart des bois. (*Abies*, *Quercus*, *Pinus*, *Fagus*). Les cellules très-allongées peuvent se présenter sous forme de cylindres, comme on le voit dans les gros vaisseaux du chêne, dans les cellules libériennes des palmiers, dans celles de la tige de lin. Le plus souvent elles ont quatre faces latérales ou un plus grand nombre, produites par la pression des cellules voisines. (Cellules ligneuses des conifères, et la plupart des cellules libériennes, par exemple celles du quinquina).

Les cellules allongées parallèlement à l'axe du végétal peuvent être diversement terminées à leurs extrémités. Elles le sont par des cloisons horizontales dans les cellules du parenchyme ligneux et du parenchyme cortical et dans beaucoup de cellules vasculaires *(Fraxinus, Prunus, Ulmus, Quercus)*; par des plans obliques dans les cellules vasculaires du *Platanus, Corylus, Alnus, Betula.* Dans la plupart des cellules ligneuses et libériennes, elles se terminent en pointes arrondies.

Les cellules tabulaires apparaissent spécialement dans l'épiderme des feuilles, avec des formes diverses, et en outre dans les tissus tubéreux, par exemple, dans le liége coriace du bouleau et du cerisier. La moëlle du jonc (Fig. 14) offre des cellules étoilées plus ou moins régulières; on en rencontre aussi dans les cellules tabulaires de l'épiderme de beau-

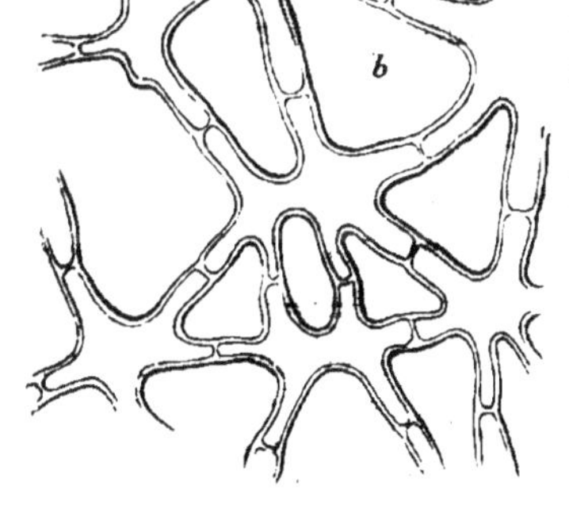

Fig. 14.

Fig. 14. Cellules étoilées de la moëlle du jonc *(Juncus glomeratus)* — coupe transversale — *a*, cavité intérieure d'une cellule; *b*, espace intercellulaire fort large; *c*, point de contact de deux bras de cellules. (gross. 200 f.)

coup de fougères, dans les feuilles *d'Helleborus*, *Gladiolus*, etc.
On trouve enfin des cellules allongées verticalement qui se rami-

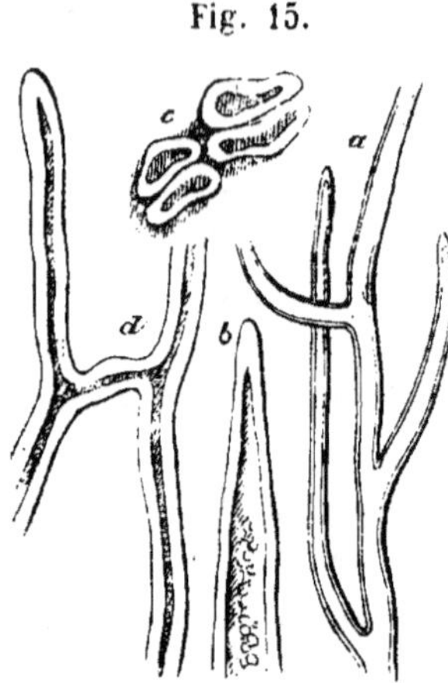

Fig. 15.

fient d'une manière très-irrégulière parmi les cellules de nature libérienne du *Rhizophora Mangle*, *Pereskia*, *Larix*, dans les vaisseaux laticifères des Euphorbiacées, dans les tubes polliniques du *Fagus sylvatica*, etc. (Fig. 15).

Propriétés chimiques de la paroi cellulaire. — Quand on observe des cellules naturellement libres ou isolées artificiellement, il ne faut pas négliger d'en examiner les différents côtés, en les retournant avec un petit pinceau ou autrement, surtout afin d'étudier la structure des parois. On les traite en-
suite par la dissolution d'iode qu'on fait ensuite disparaître avec un pinceau, et on ajoute de l'acide sulfurique; on peut se servir dans le même but de la dissolution iodée de chlorure de zinc. La cellulose se colorant alors en bleu, les pores des cellules à parois minces apparaissent comme des points brillants ou des taches, en même temps que la dilatation du tissu laisse apercevoir les détails de structure. Ce gonflement s'obtient également bien avec la dissolution ammoniacale d'oxyde de cuivre. On peut aussi de cette ma-
nière distinguer la membrane primaire et les couches d'accroissement, qui, le plus souvent, ont des propriétés chimiques ou optiques différentes.

Pour toutes les cellules qui sont naturellement soudées entre elles et qu'on observe isolées artificiellement, cet examen n'est pas suffisant parce que le réactif chimique qui dissout la matière in-
tercellulaire apporte aussi des modifications au contenu des cellules, et à la composition chimique de leurs parois. On étudiera donc également les cellules à l'état naturel, sur une coupe transversale ou longitudinale. L'emploi de l'iode et de l'acide sulfurique indi-
quera par la coloration jaune ou verte le degré de lignification ou de subérisation, et avec une grande attention on verra se colorer

Fig. 15. Cellules libériennes ramifiées conduisant le latex. — *a* et *b*, feuille d'*Euphorbia palustris*; *c*, coupe transversale de quelques cellules libériennes de la même plante; *d*, fragment d'une cellule analogue de la tige d'*Euphorbia antiquorum*; (*a, c, d* gross. 200 fois — *b*, gross. 400 fois).

en bleu la couche interne qui n'est pas encore lignifiée; pour produire ce résultat, il faut une action de 6 à 12 heures de la dissolution de chlorure de zinc. On ne négligera pas non plus de déposer un peu de potasse sur la coupe fraîche et de chauffer avec précaution: on rend ainsi plus claire la structure de la paroi cellulaire et on fait souvent apparaître les couches d'accroissement, auparavant invisibles. Je citerai comme exemple le périsperme du *Phytéléphas*. Quand on a traité une préparation par la potasse et qu'on l'a débarrassée par là des matières ligneuses, subéreuses et pectiques, on la lave ensuite avec précaution à l'eau distillée et alors les réactifs chimiques se comportent tout différemment vis-à-vis des parois cellulaires. Enfin, l'appareil de polarisation peut aussi être employé pour mettre en évidence l'action de la lumière sur la membrane primaire et sur les couches d'accroissement; il est surtout utile pour l'étude des réseaux dans lesquels se trouvent les couches d'épaississement, et qui sont formés par la membrane primaire des cellules unie à la substance intercellulaire. Ainsi que l'on regarde convenablement, avec cet appareil, une coupe transversale de bois, on verra la substance intercellulaire former comme une ligne noire à travers le réseau brillant qu'elle partage en deux moitiés; la même ligne noire apparaîtra, au milieu des parois cellulaires, dans le périsperme du *Phytéléphas* et de la *Datte*, tandis que, sans l'emploi des réactifs, cette substance intercellulaire est à peine distincte.

La matière cellulaire pure est insoluble dans la potasse, mais elle s'y gonfle plus ou moins; elle est soluble dans l'acide sulfurique concentré, et quelques-unes de ses modifications (coton) sont dissoutes par la solution ammoniacale d'oxyde de cuivre. . La substance cellulaire de la plupart des plantes est colorée en bleu par l'iode et l'acide sulfurique, pareillement par la dissolution iodée de chlorure de zinc; l'acide sulfurique la transforme d'abord en substance amylacée, puis en sucre, ce qui explique pourquoi la coloration bleue par l'iode est de courte durée. — La substance ligneuse est soluble dans la potasse, dans l'acide azotique et dans le chlorate de potasse; elle l'est difficilement dans l'acide sulfurique. La substance subéreuse est de même soluble dans la potasse, mais insoluble dans l'acide sulfurique (?); l'acide azotique et le chlorate de potasse ne la dissolvent pas, ils la changent au contraire, comme tous les agents oxydants, en une substance analogue à la cire. La pectine enfin est soluble dans les alcalis et peut, après sa dissolution, être séparée en gelée par les acides. Le ligneux, le suber et la pectine ne sont pas colorés en bleu par l'iode et l'acide sulfurique.

Dans les cellules encore peu épaisses les canaux poreux sont tous plats, et, par suite, d'autant plus larges, comme le montrent les cellules parenchymateuses dans la feuille et l'écorce des Cycadées et dans le tronc du *Dracœna*; dans les cellules parenchymateuses des betteraves, on voit en outre de beaucoup plus petits canaux poreux, groupés les uns à côté des autres de manière à former un joli dessin par l'emploi de l'iode et de l'acide sulfurique. Dans la moëlle de sureau, ils sont assez larges, et disposés en cercles. Dans les cellules épaisses ils deviennent profonds, et leur longueur augmente avec le degré d'épaississement. — On voit des canaux poreux larges et profonds dans les cellules du périsperme du *Phytéléphas* (Fig. 16), de la *Datte*, et des espèces de *Mélampyre;* ils sont au contraire étroits et profonds dans les fruits lignifiés et dans les téguments de la graine de beaucoup de végétaux; je citerai surtout, comme exemples de ce dernier cas, les canaux que l'on aperçoit dans l'enveloppe si dure du fruit de l'*Hakea suaveolens* (Fig. 17), dans les téguments de la graine de *Sa-*

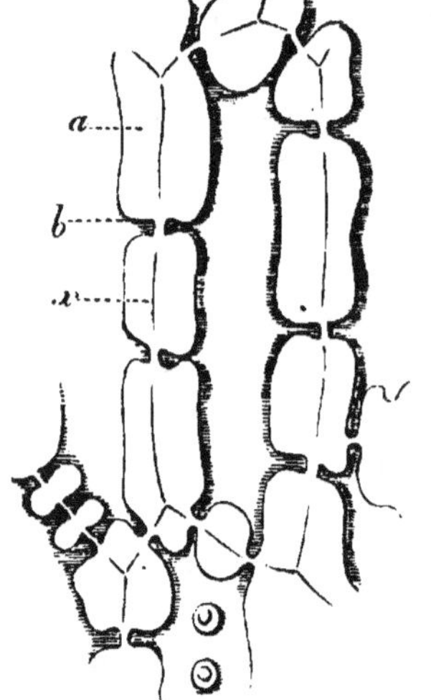

Fig. 16.

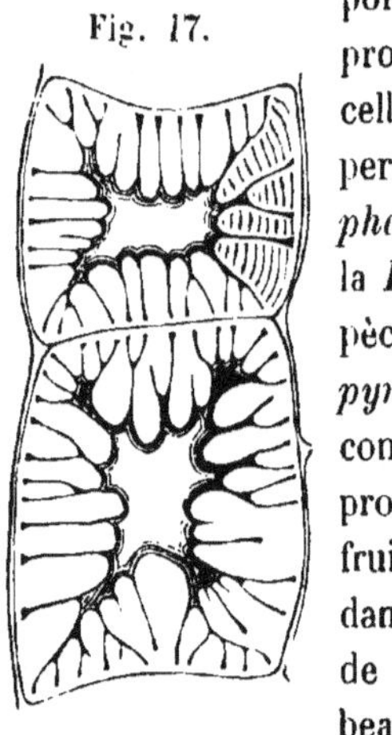

Fig. 17.

Fig. 16. Cellules de périsperme de dattier; coupe transversale et coupe longitudinale: *a*, parties très-épaissies de la paroi cellulaire; *b*, canaux poreux; *x*, ligne de séparation des deux parois cellulaires qui se touchent. — (Grossissement 400 fois.)

Fig. 17. Cellules très-épaissies et lignifiées dans la coupe transversale des téguments ligneux des fruits *d'Hakea suaveolens,* avec des canaux poreux, quelquefois ramifiés. (Grossissement, 300 fois).

Iisburia et de *Pinus*, et dans les concrétions pierreuses des poires, où ils sont quelquefois ramifiés. Dans les cellules ligneuses et dans celles qui deviendront des vaisseaux on trouve encore de ces canaux poreux présentant un fond évasé et une paroi qui disparaît dans la suite; ces ponctuations se trouvent seulement aux points de contact de deux cellules ligneuses, ou de deux cellules - vaisseaux, ou d'une cellule ligneuse et d'une cellule-vaisseau. (Fig. 18). Au contraire, entre les cellules ligneuses et les cellules-vaisseaux, aux points où celles-ci sont en contact avec le parenchyme ligneux ou avec les rayons médullaires, on trouve des ponctuations fermées, c'est-à-dire conservant toujours leur mur de séparation.

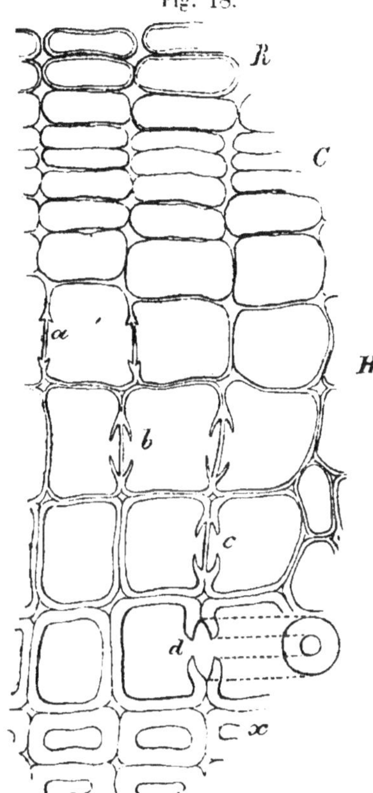

C'est dans les cellules ligneuses des conifères et dans les cellules - vaisseaux des Laurinées que l'on rencontre les plus grosses ponctuations.

Les canaux poreux doivent toujours être regardés comme un amincissement des couches d'accroissement; mais, indépendamment de ces ponctuations, on trouve de véritables trous, surtout dans les cellules à spi-

Fig. 18. Coupe transversale dans le bois de *sapin*, au printemps, montrant les couches d'accroissement des ponctuations: *R*, jeunes cellules de l'écorce; *C*, le cambium; *H*, bois où l'on voit les cellules d'autant plus larges et d'autant plus épaisses qu'elles sont plus éloignées du cambium; *a* est, d'après cela, le plus jeune état d'une ponctuation, et *d*, la ponctuation déjà formée, qui a perdu son mur de séparation, et se présente alors comme un canal ouvert entre les deux cellules. Les lignes ponctuées qui vont de ce point aux deux cercles donnent l'apparence de la ponctuation vue de face, comme le montrent les cellules ligneuses dans une coupe longitudinale faite le long d'un rayon. Les cellules ligneuses en *d* sont

rale des feuilles de *Sphagnum* et *Dicranum*, et dans les organes femelles des *Oogonies* et de quelques espèces d'*Algues* (Saprolegnia, Pythium). En faisant une injection avec des matières colorantes non dissoutes, on met en évidence l'absence de membrane dans ces ouvertures; ce moyen m'a permis de constater que la membrane manque aussi dans les ponctuations des conifères. On peut, au moyen du chlorure de zinc iodé, montrer l'existence de ces ouvertures, par l'absence de coloration aux points où elles se trouvent; mais ce procédé est moins sûr que le précédent, car les canaux poreux présentent des membranes de séparation si minces, qu'elles ne paraissent pas toujours colorées. — Enfin je dirai qu'en traitant les cellules par l'acide azotique et le chlorate de potasse, on voit quelquefois apparaître des ouvertures là où il n'en existait pas dans l'état naturel.

Quant au mode d'épaississement de la paroi cellulaire, il peut se faire également dans tous les sens, ou bien seulement dans certaines directions. Le premier cas est le plus ordinaire; le second ne se rencontre qu'assez rarement, par exemple dans les cellules épidermiques formant la couche cuticulaire de certaines plantes (Viscum, Phormium, Gasteria, Ilex), où le côté extérieur seul est fortement épaissi et a absorbé toute la matière subéreuse (Fig. 19.) Ces couches d'accroissement, d'égale épaisseur en tous sens, peuvent être simplement percées çà et là de canaux poreux; mais souvent aussi la distribution des canaux n'y est pas quelconque. Quand l'épaississe-

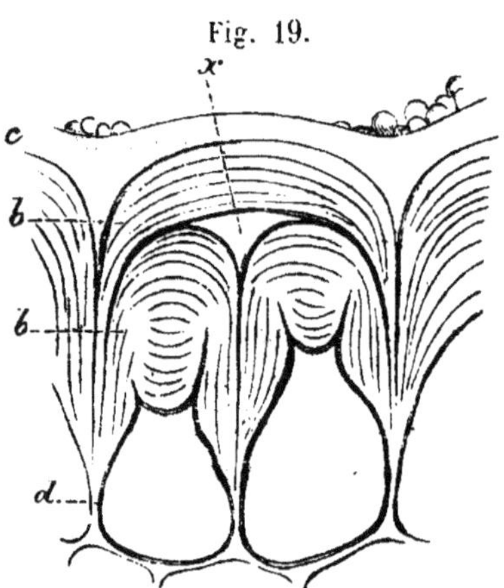

complètes et ont déjà perdu leur suc; *x* est la limite de l'anneau annuel et aussi la fin de la couche d'automne de l'année précédente. (Grossissement, 300 fois.)

Fig. 19. Partie d'une coupe longitudinale à travers l'épiderme d'une tige de *Viscum album* de 9 années: *b*, les couches d'accroissement cuticulaires; dans la cellule médiane elles ont donné naissance, un peu plus tard, à deux autres cellules; *c*, la cuticule; *d*, la couche d'accroissement la plus intérieure, non cuticulaire; *x*, substance intercellulaire. (Grossissement 400 fois.)

ment se fait suivant une spirale, il peut arriver que la direction de cette ligne soit la même dans les couches successives; mais le contraire peut arriver aussi, par exemple, dans les cellules libériennes de *Vinca*, d'*Apocynum* et de *Caryota urens*. On trouve la forme de spirale simple dans les feuilles de *Liparis* et dans les racines aériennes de *Stanhopea*. Les capsules de fruits mûrs de la plupart des hépatiques présentent une spirale simple ou double remarquable par sa puissance. Dans les cellules ligneuses de *Mamillaria* on voit une bande aplatie s'avançant à leur intérieur. (Fig. 20.) Enfin tous les vaisseaux spiraux que l'on observe dans les nervures des feuilles et dans l'étui médullaire des tiges de Dicotylédones, nous offrent ces mêmes bandes.

Fig. 20.

Outre ces formes spirales on trouve encore, ordinairement, des accroissements en forme d'anneau ou de réseau dans les vaisseaux qui entourent la moëlle; et même, dans l'enveloppe des graines de beaucoup de végétaux, ces couches forment quelquefois des dessins très-curieux, (par ex. dans le *Maurandia*)

Dans certains cas, lorsqu'on veut constater, par l'action du chlorure de zinc iodé ou de l'oxyde ammoniacal de cuivre, un pareil agencement en spirale ou en réseau, il faut avoir soin préalablement d'isoler les cellules au moyen de l'acide azotique et du chlorate de potasse; cette précaution sera bonne par ex. pour les cellules libériennes, et celles du *Linum*, du *Cannabis*, des *Palmiers*, etc.

Il existe, dans le règne végétal, des cellules dépourvues de membrane, mais ce n'est jamais un état durable; on en trouve dans les spores mobiles des Algues avant le développement en nouvelles algues filiformes, et dans les corpuscules de fécondation de ces mêmes plantes, alors qu'ils ne sont pas encore fécondés; de même dans les vésicules embryonnaires des autres Cryptogames, avant la fécondation. Les vésicules embryonnaires des Phanérogames peuvent être dépourvues de membrane sur tous leurs côtés, avant la fécondation, mais le plus souvent elles présentent, sur un côté, une secrétion particulière de matière cellulaire, d'un aspect rayonné, que je nomme *Fadenapparat* (appareil filiforme). A l'origine, chaque cellule qui se forme est dépourvue de membrane, mais elle reçoit

Fig. 20. Une cellule du faisceau vasculaire de *Mamillaria stellaris*. La bande spirale est plane et lignifiée. (Gross. 200 fois.)

très-promptement une enveloppe de cellulose; pour les vésicules embryonnaires, au contraire, la membrane solide ne se forme, dans toutes les plantes, qu'après la fécondation; sans la matière cellulaire, ces vésicules disparaîtraient bientôt; elles ne peuvent donc pas plus être regardées comme cellules durables que les spores mobiles qui ne sont dépourvus que fort peu de temps de membrane.

On peut reconnaître l'absence de membrane dans ces cellules par leur disparition dans l'eau du porte-objet; elles s'y dissolvent simplement, tandis que s'il existait une couche de cellulose, une quantité abondante d'eau s'y introduirait par endosmose, la membrane crèverait et alors seulement son contenu se mêlerait à l'eau. D'ailleurs la membrane déchirée subsiste, comme on peut l'observer dans toutes les jeunes cellules provenant des cellules-mères du pollen (Althaea, Viscum). — Si le protoplasma qui entoure la cellule sans membrane est condensé en forme de cercle, comme cela arrive souvent, et n'est pas dissous aussitôt par l'eau, alors on pourra produire sur lui des contractions irrégulières au moyen d'eau sucrée, ou d'un acide très - dilué, ou encore d'une dissolution étendue de sel de cuisine; on verra ainsi la cellule se resserrer sur elle-même. Y a-t-il, au contraire, une membrane, quelque mince qu'elle soit, on la verra se séparer, comme une pellicule très-légère, du contenu granuleux qui s'agglomère irrégulièrement; cette pellicule, d'abord contractile elle-même, deviendra plus ferme ensuite. Au contraire, ni l'iode et l'acide sulfurique, ni la dissolution iodée de chlorure de zinc ne produiront de coloration bleue sur les cellules membraneuses toutes jeunes; la conversion en matière cellulaire semble ne se faire que peu à peu.

De même que, dans une coupe, on reconnaît les matieres organiques par l'emploi de réactifs, de même, par l'examen des cendres provenant de la combustion des plantes, on reconnaît les matières minérales qu'elles renferment. Existe-t-il de la silice, cela se voit à la structure siliceuse du squelette des cellules brûlées, si elle faisait partie intégrante de la paroi. Pour voir les cellules calcaires, il est nécessaire de brûler avec précaution des coupes très-minces et de les porter avec beaucoup de soins sur le verre à objets, afin que le squelette très-fragile de chaux ne soit pas détruit. On trouve des cellules silicifiées dans l'épiderme des Graminées et des Equisétacées, dans l'épiderme des feuilles de *Petræa* et de *Moquilea;* des vaisseaux et un parenchyme ligneux silicifiés dans le

Tectona grandis, et des cellules d'écorce silicifiées aussi dans l'écorce de *Petræa* et de *Moquilea.* Dans ces trois derniers cas, le dépôt de silice n'appartient pas à la paroi cellulaire proprement dite, mais au contenu; la paroi brûle et le squelette siliceux des cellules pourvues abondamment de canaux poreux montre alors ces derniers comme autant de pointes saillantes[1]); dans l'intérieur de ces cellules on trouve même des secrétions siliceuses qui se comportent au point de vue optique comme l'opale. — On rencontre des cellules présentant un squelette calcaire dans le bois si lourd de *Brosimum guianense* et aussi un peu dans toutes les plantes qui aiment les sols calcaires. Les cellules de *Corallina* laissent également, par la combustion, un squelette complétement calcaire. Après la combustion, il est vrai, on ne peut plus distinguer avec quels acides la chaux était combinée, si ces acides étaient de nature organique.

Quant au contenu des cellules, il se compose, dans toutes les cellules vivantes, d'un liquide aqueux dans lequel diverses matières organiques ou inorganiques peuvent être dissoutes ou simplement suspendues. Au nombre des matières organiques dissoutes citons tout d'abord le sucre, la gomme, et la dextrine. On constate la présence du sucre au moyen de l'acide sulfurique, et celle du sucre de raisin à l'aide du sulfate de cuivre et de la potasse; dans le premier cas on obtient une coloration rouge rose; dans le second, le précipité est moins coloré; toutefois ce précipité peut être long à se former et peut même ne se produire que par l'échauffement. On reconnaît la gomme et la dextrine, sous le microscope, par un précipité granuleux que l'alcool produit dans le suc clair des cellules. La coloration en rouge des matières colorantes dissoutes dans le suc cellulaire indique la présence d'un acide libre, la coloration en bleu indique celle d'un alcali libre. Par l'addition d'une goutte d'ammoniaque on peut changer les premières colorations en bleu, et les autres en rouge par une goutte d'un acide quelconque. Quand en ajoutant de l'acide sulfurique dans la liqueur on voit se former des aiguilles de cristaux, c'est qu'il y a là un sel de chaux soluble qui se transforme en sulfate de chaux.

Quand il s'agit de comparer les contenus des cellules placées les unes à côté des autres, il ne faut pas faire la coupe trop mince;

---

[1]) *Krüger,* sur l'écorce d'Elcanto, Bot. Zeitung, 1857, p. 281; et *de Mohl,* Bot. Zeitung, 1861, p. 209.

car, si les cellules étaient coupées, leur suc s'écoulerait et se mélangerait. On lavera cette coupe avec de l'eau distillée, et alors seulement on pourra avoir recours à l'emploi des réactifs; ces réactifs devront être employés isolément, chacun sur une préparation particulière et bien fraîche; si on les faisait agir successivement sur la même préparation, on opérerait mal, car ils peuvent gêner mutuellement leur action.

Le *protoplasma*, ou mucilage azoté, ne se mêle pas avec le suc cellulaire, et le traverse souvent comme un courant. Pour observer ce courant on aura recours, avec avantage, à la *Valisneria spiralis* : on fait une coupe, pas trop mince, dans la feuille de cette plante, on l'humecte abondamment, et la place sous un petit verre; on aperçoit alors immédiatement ce courant qui décrit un cercle à l'intérieur des cellules et entraine avec lui les grains globuleux de chlorophylle ainsi que des noyaux cellulaires d'une très-grande transparence. Quelquefois le courant s'arrête tout d'abord, mais il reprend après quelques minutes (de 5 à 15 m.) et dure des heures, et même des jours, quand on veille à la conservation de l'eau. En été, les radicelles d'*Hydrocharis morsus* sont aussi très-propres à montrer le courant protoplasmique; on choisit pour cela celles qui s'éloignent horizontalement de la racine lorsque celle-ci est soulevée de l'eau.

Fig. 21.

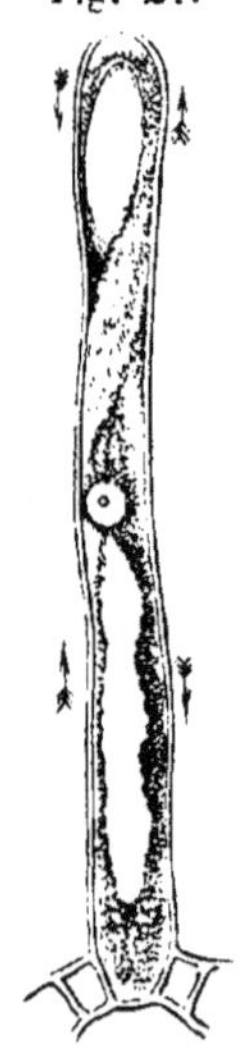

Les poils des ovaires de boutons de fleurs *(Oenothera* (Fig. 21), *Clarkia)* montrent ce phénomène sous une forme simple: le courant de protoplasma décrit une bande spirale tout le long de la paroi; au contraire, les poils unicellulaires des filaments de *Tradescantia* possèdent dans chaque cellule un courant liquide très-compliqué avec de nombreux courants latéraux, filiformes, qui passent à travers l'intérieur de la cellule.

Les poils blancs de quelques *Tradescantia*, contenant un suc cellulaire coloré, sont plus commodes pour l'étude de ces phénomènes si curieux; ils permettront de voir quelquefois le protoplasma se partager en plusieurs parties se mouvant avec une rapidité inégale. D'autres espèces de *Tradescantia* présentent, au contraire, des poils colorés en rouge, un suc cellulaire rouge, et un protoplasma incolore; elles montreront en-

Fig. 21. Poil d'un jeune ovaire d'*œnothera muricata* (Nachtkerze). Les flèches montrent la direction du courant. (Gross. 200 fois).

core, au mieux, le courant formé à travers le suc cellulaire, et aussi le phénomène de l'accumulation de la matière colorante soluble sur les côtés du protoplasma, après la mort de la cellule. Dès qu'on ajoute une dissolution d'iode, de l'alcool, ou tout autre réactif capable de produire une altération du protoplasma et par là de tuer la cellule, le protoplasma et le nucléus qui, à l'état vivant, étaient colorés et ne pouvaient être amenés à recevoir la couleur soluble, l'emmagasinent avec avidité en l'attirant fortement à eux-mêmes. — Les *Chara,* et encore mieux les *Nitella* conviennent parfaitement pour l'étude de ce phénomène à cause de la grosseur des cellules et de l'abondance du protoplasma que l'on y voit en mouvement; ces plantes seront aussi très-commodes pour étudier les perturbations qui sont exercées sur le phénomène par l'emploi des moyens chimiques ou par les courants électriques[1]). En été, par des températures chaudes, le courant protoplasmique est facile à suivre dans les plantes précitées; mais en hiver, il n'y a guère à pouvoir servir que la *Valisneria* ou les *Chara* développés dans les appartements, car pour apercevoir ce courant il faut des cellules tout à fait fraîches et d'une végétation luxuriante. On verra ainsi, dans des cellules pleines de suc, des courants dormants, les prétendus filets de protoplasma (par ex. dans les cellules des *Schneebeeren* mûres). On reconnaît très-bien le mouvement par les changements de position des petits corps distribués dans le protoplasma: on doit fixer soigneusement les yeux sur ces corps et les suivre dans leur course. Il faut s'attendre à de nouvelles observations très-intéressantes sur ce sujet grâce à la supériorité des nouveaux objectifs (F. de Zeiss ou les lentilles d'eau).

Dans le protoplasma on trouve souvent des espaces globuleux remplis d'un suc clair, qui sont connus sous le nom de *Vacuoles* ou *fausses cellules*, et qu'on pourrait prendre pour de jeunes cellules formées par des cellules-mères. Mais elles se distinguent par l'absence de nucléus et le manque de matière granuleuse dans leur intérieur. Si le protoplasma est limpide, on voit le suc de ces globules s'écouler au moindre attouchement ou par la pression du petit verre. Il est rare que dans l'intérieur d'une grande fausse cellule s'en trouvent d'autres petites semblables; si ce cas se présentait, on le reconnaîtrait à de fines granulations dans le contenu de cette va-

[1]) *A. Braun*, sur les courants dans les *Chara*. — Publication mensuelle de l'Académie de Berlin, 1853. — *Unger*, Anatomie et Physiologie, p. 77.

cuole. Les vacuoles apparaissent de préférence dans les places où
plus tard des cellules-mères doivent donner naissance à d'autres
cellules, par exemple, dans les allongements filiformes du sac embryonnaire des Cucurbitacées, et dans le sac embryonnaire
des Personnées et des Labiées au moment où il se vide;
mais seulement à une époque déterminée, après quoi il se produit
au même endroit un vif courant de protoplasma. On en voit aussi
dans le porte-embryon du *Potamogeton* et dans les corpuscules des
conifères, à l'époque de la fécondation. Ce dernier cas mériterait
une étude plus précise que celle qui a été faite jusqu'ici.

PRINGSHEIM distingue dans la couche de protoplasma d'une cellule deux autres couches, l'une formant enveloppe, l'autre remplie
de granulations. La première, dépourvue de corpuscules, est d'une
consistance solide; elle se change peu à peu en matière cellulaire
par des transformations chimiques, et ainsi se forme la membrane
primaire dans les cellules nouvellement nées; le même phénomène
continuant à se produire donne lieu à la formation des couches
d'accroissement. Cette couche extérieure n'a pas une force et une
qualité constantes. Il existe des preuves irrévocables du passage
direct du protoplasma à la matière cellulaire: par exemple, on voit
très-bien se transformer en filets de matière cellulaire les innom-
brables courants de protoplasma qui, bientôt après la fécondation,
traversent la poche antérieure du sac embryonnaire du *Pedicularis
sylvatica*, et l'épaississement de ces filets se faire au milieu du
courant qui ne cesse pas pour cela de marcher. Au moyen d'eau
sucrée et d'acides très-étendus, ou encore de dissolutions faibles
de sels (sel de cuisine, sel de Glauber, etc.) on produit, avec des
précautions, une contraction successive de la couche extérieure du protoplasma; elle se détache de la paroi cellulaire et
l'on voit ainsi une membrane composée de matière coagulée, que
M. de MOHL a appelée l'*Utricule primordiale*.

Dans les cellules malades, ou déjà mortes, le protoplasma a
quelquefois cet aspect d'une membrane formée de matières coagu-
lées. D'ailleurs, il se comporte, en tous cas, comme une matière
azotée: il rougit quand on le traite par le sucre et l'acide sulfurique en quantité suffisante, jaunit par l'acide azotique et l'ammoniaque, se colore diversement par l'azotate de mercure; il coagule,
enfin, les matières colorantes solubles et les agglomère, par exemple
la dissolution aqueuse de carmin qu'on emploie souvent à cet effet.

Le *nucléus* (Cytoblaste) est un corps rond, solide, placé dans l'intérieur des cellules vivantes. Il peut être situé dans la paroi de protoplasma; il peut aussi se trouver au centre de la cellule, enveloppé par lui. Dans ce dernier cas, le protoplasma de la cellule est entretenu, par de petits courants, en liaison continue avec celui du nucléus central. Le nucléus central est assez rare; il se trouve dans les grains de pollen, dans les spores et aussi dans les vésicules embryonnaires des Cryptogames et des Phanérogames.

Le nucléus offre souvent un noyau central globuleux, plus petit, formé de corpuscules (nucléoles) qui jouissent de la propriété d'être fortement réfringents. Ces deux parties sont nettement distinctes, et la masse du nucléus est elle-même quelquefois granuleuse (Fig. 22.).

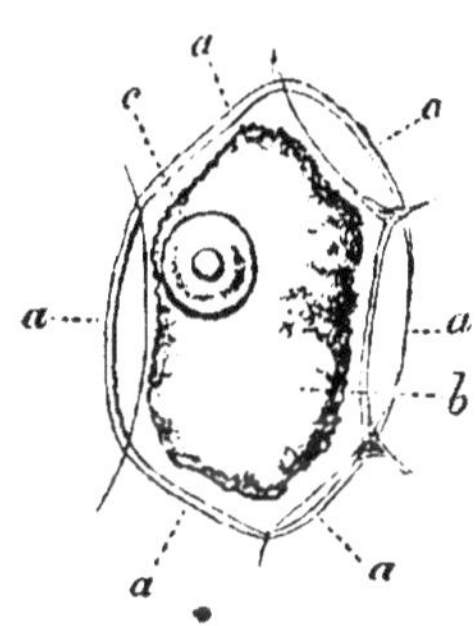

Fig. 22.

Dans les maladies des cellules, le nucléus subit des transformations et il devient quelquefois 3 à 4 fois gros comme à l'ordinaire (particulièrement dans la betterave).

On ne rencontre guère de membrane solide que dans les nucléus déjà âgés. La multiplication s'opère par division et par formation spontanée de nouveaux noyaux; il en sera parlé plus en détail au sujet de la formation des cellules. L'action des réactifs est la même que sur le protoplasma; c'est pourquoi on le compte aussi au nombre des parties azotées des végétaux. Les matières organiques solubles (carmin, indigo) sont accumulées avec avidité par les nucléus morts, et les corpuscules du noyau se colorent toujours beaucoup plus que le reste de la masse.

On trouve encore dans le suc cellulaire des gouttes d'huile ou de gomme, de l'amidon, de l'inuline, de l'aleurone; puis la chlorophylle, qui a la forme de grains, et des cristaux à base inorganique. L'huile, la résine et la cire se reconnaissent à leur nature fortement réfringente et à leur solubilité dans l'alcool, l'éther, ou la benzine; on reconnaît leur état d'agrégation au moyen du compresseur, et en chauffant un peu on reconnaît la fusibilité de ces grumeaux de résine et de cire. (p. 69).

L'*Amidon* donne avec l'iode une coloration qui permet de con-

Fig. 22. Une cellule de la racine d'*Himantoglossum hircinum*, avec les parois des cellules voisines. *a*, la paroi cellulaire; *b*, le protoplasma coagulé; *c*, le nucléus. (Gross. 200 fois).

stater très-facilement sa présence; cette coloration varie du violet
clair au bleu foncé, suivant le degré de concentration de la liqueur·
Partout où l'on aperçoit de petits corps, on ne devrait jamais négliger d'employer, comme instrument de recherche, la dissolution
d'iode. La grandeur et l'état des grains d'amidon varient, non seulement d'une cellule à l'autre, mais aussi dans la même cellule; on
voit ordinairement de petits et de gros grains à côté les uns des
autres. Ils paraissent constitués, comme les parois cellulaires, par
un assemblage de couches successives qui produisent leur accroissement
à mesure qu'elles se forment. Dans l'intérieur du grain se trouve
un granule assez dur qu'on regardait autrefois, à tort, comme
une cavité (Fig. 23). Dans le cas où l'on distinguerait avec peine
le noyau, il faudrait, pour le voir, recourir au microscope de polarisation: chaque grain d'amidon donne
une croix avec les Nicols croisés, et le point de
croisement des deux bras est toujours placé au noyau.
Les grains d'amidon de la pomme de terre et des
rhizomes de Scitaminées, lorsqu'ils sont arrivés à leur
maximum d'accroissement, montrent un noyau excen-
trique; il est central dans le froment.

Fig. 23.

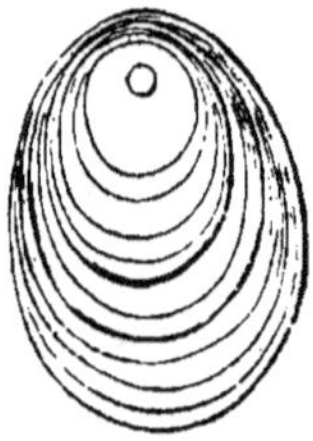

Le grain d'amidon, comme l'a démontré *Nägeli,*
se compose d'amidon et d'une matière analogue à la matière cellulaire; on peut enlever l'amidon par un séjour de 8 à ·10 jours
dans la salive animale, et il reste un squelette présentant des stra-
tifications très-nettes, qui se colore en jaune par la dissolution d'iode
et qui est facilement soluble, d'après Mohl, dans l'oxyde ammoniacal
de nickel (p. 46). L'amidon des *Canna,* qui contient plus de matière cellulaire que celui de la pomme de terre, peut très-bien servir pour montrer ce fait: on le met avec de la salive dans un tube
à essai, fermé, que l'on entretient, pendant 8 à 10 jours, à une
température de 30° ou 40° R. et que l'on agite souvent. Si la
température dépassait 50°, l'expérience serait manquée et le grain
d'amidon se gonflerait[1]).

On obtient des coupes d'amidon très-minces par le procédé décrit p. 63. Ces coupes ainsi faites dans l'amidon de pomme de

Fig. 23. Grain d'amidon dans la pomme de terre. (Gross. 500 fois.)

---

[1]) *Schulze,* à Rostock, se sert, pour ce même usage, d'une dissolution de sel de cuisine avec un peu d'acide chlorhydrique libre.

terre, qui offre une stratification évidente, et conservées dans l'huile douce, ne montrent, même par la lumière oblique, aucune trace de leur stratification; mais avec l'appareil à polarisation on aperçoit parfaitement bien la croix, et en intercalant une feuille de gypse on constate qu'elles sont positives, comme les grains eux-mêmes. Le squelette des grains d'amidon demeure de même positif.

Pour constater le gonflement des grains on emploie l'oxyde ammoniacal de cuivre, la dissolution iodée de chlorure de zinc, les acides, les alcalis, ou l'échauffement avec l'eau (p. 72); il varie avec l'action du réactif ou le degré de l'échauffement.

Les grains ronds sont les plus communs, on en trouve dans la pomme de terre et les batates; dans l'albumen de *Triticum, Hordeum, Secale,* ils sont aplatis en forme de lentille; dans les racines des Zingibéracées ils ont la forme de coquilles; on les trouve allongés en bâtons dans le suc laiteux de beaucoup d'Euphorbiacées; enfin, dans les racines d'*Arum,* d'*Anatherum,* de *Bryonia* et dans le bulbe de *Colchique* ils sont groupés et forment assemblage.

Les grains d'amidon se conservent, sans altération, dans la glycérine.

L'*Inuline,* qui est assez rare, se rencontre principalement dans les racines des composées (Dahlia, Chicorée, Leontodon, Helianthus). Ses grains possèdent un pouvoir réfringent égal à celui de l'eau, et, d'après HARTIG, on peut les rendre très-visibles au moyen de la glycérine iodée.

Le *Klebermehl,* ou *Aleurone,* qui a été distingué pour la première fois par HARTIG, se trouve, sous forme de grains, dans le périsperme des Légumineuses, dans celui du *Bertolletia,* et à côté des grains d'amidon, dans le périsperme des conifères. On le voit au contraire, sous forme cristalline, entouré de grains d'amidon, dans le périsperme des Typhacées (Sparganium, Typha) et dans les cellules de la pomme de terre; les pommes de terre cuites le montrent on ne peut mieux sous forme de cristal isolé (ce fait a été signalé pour la première fois par COHN). On doit considérer aussi comme de l'aleurone les gros cristaux si réguliers et si bien formés que KARSTEN a le premier observés dans le suc laiteux du *Jatropha Manihot,* et ceux que RADLKOFER découvrit dans le nucléus du *Lathræa.* Cet aleurone montre une structure stratifiée; il est doublement réfringent. mais d'une manière très-faible; il est facilement soluble dans l'eau, les acides et les acalis; il est coloré en jaune par la glycérine iodée, et en rouge brique par l'azotate de mercure.

La *Chlorophylle*, ou matière verte des feuilles, se trouve à la surface de petits grains dont l'intérieur peut être formé de différentes substances: amidon, cire et protoplasma. Elle s'enlève d'ailleurs quand on traite par l'alcool. Cette dissolution alcoolique paraît claire et couleur de vin par la lumière transmise, elle semble au contraire opaline et verte lorsque la ·lumière tombe sur un fond sombre.

Les grains, une fois décolorés par l'alcool, peuvent ensuite être essayés, au point de vue de leur composition chimique, par des réactifs spéciaux. Les grains de chlorophylle avec l'amidon pour substratum sont les plus répandus.

On trouve des bandes de chlorophylle, régulières ou non, dans les genres d'algues *Spirogyra* et *Mougotia*, mais ce cas doit être considéré comme une apparence morbide.

La chlorophylle peut passer à une matière colorante bleue aussi bien qu'à une jaune ou rouge; le premier cas se rencontre dans les feuilles desséchées de *Mercurialis perennis;* c'est le second phénomène qui se produit dans la coloration des arbres, en automne, avant la chute des feuilles. Dans les organes mâles et femelles des *Chara* et des *Nitella,* à l'époque de leur maturité, les grains verts de chlorophylle prennent une belle ·couleur orangée. Les matières colorantes jaune et rouge ont reçu les noms de *Xanthophylle* et *Erythrophylle.*

On rencontre principalement la chlorophylle dans les organes des plantes qui sont exposés à la lumière. On en trouve de très-gros grains dans le *Valisneria* (p. 94) et aussi dans le parenchyme des feuilles de *giroflier;* pour le constater on prendra cette dernière plante, enlèvera l'épiderme, et portera sur la table à objets un peu de parenchyme recueilli avec un couteau.

D'après les recherches chimiques, la chlorophylle est azotée.

Quant aux autres substances solides qui se trouvent parfois dans les cellules végétales, il est difficile de donner des caractères permettant de les reconnaître à l'aide du microscope; de même il est difficile, à l'aide de cet instrument, de décider de la nature chimique des cristaux (p. 70.) Mais si ces cristaux sont bien formés on peut mesurer leurs angles, comme l'a indiqué HARTING, en les plaçant convenablement: on en fait d'abord un dessin précis à l'aide du prisme à dessiner ou de la chambre claire, puis avec le rapporteur on estime les angles. On peut ainsi se passer du goniomètre qui est coûteux et qui possède rarement une grande précision. On trouve ordinairement des cristaux dans les cellules du parenchyme et surtout dans celles de l'écorce; il y en a aussi souvent dans les rayons médullaires du bois et dans le parenchyme ligneux. Dans l'écorce de *Gaïac officinal*, dans celle de *Pinus* et *Larix*, et dans les bulbes d'ail, ils sont isolés et admirablement formés. Les faisceaux de cristaux, appelés *raphides*, se présentent dans les bulbes frais des *Orchidées*, dans l'écorce des *Cissus*, et dans le tissu des feuilles et des tiges d'Aroïdées; une même cellule renferme un faisceau de cristaux, et, dans les Orchidées, ces raphides sont plongées dans un mucilage tandis que le reste du parenchyme porte des grains d'amidon.

La racine de *Rhubarbe* et le tissu des *Cactées* offrent l'exemple de druses de cristaux.

B. DU MODE DE FORMATION DES CELLULES VÉGÉTALES.

Il peut se former des cellules nouvelles par la division du contenu tout entier de la cellule-mère en deux ou plusieurs parties, dont chacune devient une nouvelle cellule (c'est la *division* des cellules); il peut aussi s'en former par une distribution de la matière du contenu autour d'un certain nombre de noyaux (c'est la *formation libre*). Après la division, la cellule-mère cesse de vivre comme cellule, car tout son contenu a été employé; dans la formation libre des cellules, elle vit plus longtemps.

A l'aide du microscope on suit très-bien la division des cellules-mères en deux autres dans les algues filiformes à longues cellules (Spirogyres, Cladophores et Conferves). On choisira surtout, avec avantage, d'après PRINGSHEIM [1]) les rameaux les plus jeunes des Cladophores parce que le phénomène s'y produit plus fréquemment et d'une manière plus régulière que dans les autres branches. Là, comme dans les Conferves, on ne voit pas de noyaux cellulaires; on cherchera donc, pour suivre la transformation, des cellules présentant dans le milieu de leur longueur un certain étranglement du contenu verdâtre. Quand on place au foyer du microscope la surface de telles cellules, on reconnaît, à l'endroit indiqué, une ligne

---

[1]) *Pringsheim.* Structure et formation des cellules végétales. Berlin, 1854.

transversale mince à double contour; elle manque au milieu de l'étranglement, c'est-à-dire qu'elle ne représente que le commencement de la paroi de séparation qui doit se former. Quand on prend soin d'entretenir l'eau sur le verre et qu'on attache soigneusement la préparation sur la table, on peut observer de quart d'heure en quart d'heure les progrès de l'étranglement; la paroi de séparation s'avance peu à peu jusqu'à séparer d'une manière complète le contenu de la cellule-mère en deux moitiés. Pour faire une étude aussi complète que possible du phénomène, on commence par dessiner de temps en temps ce qu'on voit, avec la chambre claire, en ayant soin de noter l'époque précise où l'observation est faite; on soumet ensuite une préparation, dans chacun de ces états de division, aux réactifs chimiques. On emploiera particulièrement pour cela les dissolutions étendues de sucre ou de sel de cuisine. Ces substances séparent de la paroi cellulaire la couche épidermique du protoplasma; alors le mur de séparation encore incomplet sera libre et dressé comme une lame extrêmement délicate au centre de la cellule. Emploie-t-on, au contraire, de l'acide acétique, il se produit aussitôt une contraction de la couche extérieure en même temps qu'une dissolution de la jeune paroi.

Dans les Spirogyres on rencontre un phénomène non moins intéressant. Dans le milieu de chaque cellule se trouve un noyau entouré d'une zone de protoplasma contre laquelle il envoie un courant. Il se divise en deux moitiés qui s'éloignent lentement l'une de l'autre. Quand on trouve dans une cellule de spirogyre un noyau qui semble se dédoubler, on peut être sûr que la division de la cellule ne tardera pas à arriver. Ce phénomène d'ailleurs se rapproche beaucoup de celui que nous avons décrit à propos des cladophores. Les mêmes réactifs conviennent encore[1]. .

Les Algues filiformes à courtes cellules, par exemple celle que l'on nomme *Ulothrix,* sont moins bonnes pour l'observation. Au contraire on y touve très-souvent, comme dans les algues à formes aplaties, des cellules en voie de division. Avec les jeunes feuilles de mousses et d'hépatiques, de même avec les calices des Jungermann en voie de développement, qui se composent aussi d'une seule couche de cellules, on peut encore constater le phénomène, mais il serait difficile de suivre sous le microscope les progrès de

---

[1] Que l'on compare avec mon Traité. I. p. **77.**

la division comme chez les Algues filiformes.   Dans tous les points
où il se forme de nouvelles cellules végétales on rendra manifeste
le procédé de division par des coupes longitudinales et transversales;
mais ici encore l'observation complète ne résultera que d'un ensemble de coupes faites à différentes époques de la formation.

Dans les fruits, dits quadruples, des *Corallines* et des espèces de
Melobesia que l'on rencontre sur les rochers des bords de la mer,
on voit parfaitement la cellule-mère donner naissance à quatre
autres cellules, ce qui est assez rare dans la nature.   Après avoir
écrasé la paroi du fruit, qui est durcie et rendue cassante par le
carbonate de chaux, on voit parfaitement de nombreux tubes à spores,
que l'on peut isoler avec l'aiguille; on peut constater ainsi souvent,
dans un même fruit, les différents états d'étranglement.   Dans ces
fruits les nouvelles cellules qui naissent par division d'une cellule-
mère, sont entourées seulement d'une enveloppe de protoplasma;
la membrane de cellulose leur manque (Fig. 24); aussi font-elles partie
des cellules sans membrane (p. 91).

Dans le *Mélobesia*, au contraire, avec la division du protoplasma
de la cellule-mère, il se forme une enveloppe composée de matière
cellulaire. (Fig. 25).   C'est là un type de formation de cellules avec

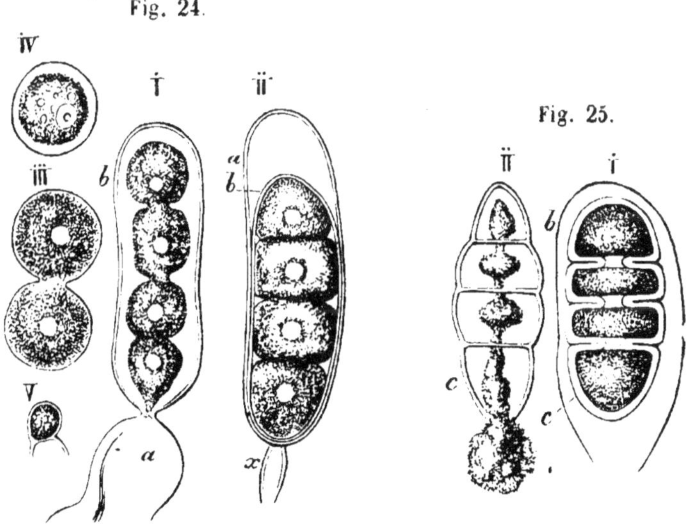

Fig. 24.

Fig. 25.

Fig. 24. *Corallina officinalis*.   I. Un tube à spores dont la membrane
extérieure *a* est retournée.   Le contenu granuleux de la seconde mem-

membrane, qui peut éclaircir sur le mode de formation du mur de séparation dans les Cladophores et les Spyrogyres[1]).

On observe la division en croix dans la formation de la poussière des fleurs, et dans celle des spores de Cryptogames supérieurs. Au premier cas répondent les Malvacées, Onagrariées, Liliacées, le Gui, et la plupart des plantes dont le pollen n'est pas trop petit, à condition de choisir des boutons très-jeunes. En faisant des coupes transversales à travers tout le bouton, on obtient d'excellentes coupes à travers les anthères, qui montrent souvent déjà les cellules-mères dans différents états de division; on doit du reste se servir pour les isoler, de l'aiguille et du microscope simple. Pour voir la formation des spores, on choisira les jeunes fruits de *Blasia*, de *Pellia* et surtout d'*Anthoceros;* il suffit de faire une coupe transversale, ou même d'ouvrir simplement le jeune fruit avec l'aiguille, pour voir, dans les deux hépatiques citées en première ligne, les états de division représentés par la Fig. 26, *b, c, d.* — Le fruit d'*Anthoceros* renferme déjà dans sa partie supérieure des spores mûrs, alors qu'à la base la division des cellules-mères et la formation de

brane *b* s'est séparé suivant la longueur en 4 parties qui se tiennent encore, dont chacune possède un noyaux central. II. Un tube à spores enveloppé encore de sa membrane extérieure *a*, avec son pied cellulaire *x*. La séparation des spores est ici complète. III. Deux spores sorties de leur tube, qui sont liées l'une à l'autre, ce qui se présente assez rarement; car le plus souvent elles sont complétement séparées. IV. Une spore qui, seulement après son détachement, s'est revêtue d'une membrane de laquelle le contenu se retire. V. Petites cellules qui se trouvent entre les tubes à spores complètement formés, et occupent comme ceux-ci le fond de la cavité du fruit.

Fig. 25.   Tube à spores d'une sorte d'algues se rapportant au genre *Melobesia*. I. Tube à spores avec son contenu granuleux, montrant la division à moitié accomplie; pendant tout le temps que la séparation s'accomplit, on voit autour une membrane large, transparente, sans couleur. *b*, la membrane intérieure du tube à spores. II. Le contenu d'un autre tube à spores, en train de se diviser; on voit s'écouler au dehors, par l'action endosmotique de l'eau, la partie granuleuse intérieure encore agglomérée dans le milieu. (Gross. 400 fois). ·

---

[1]) Je regarde les cellules des fruits quadruples de *Coralline* comme des cellules de fructification femelles, qui n'ont de membrane qu'après que la fécondation est opérée. Les cellules Y sont vraisemblablement des anthéridies; cependant les spermatozoïdes n'y ont pas encore été observés.

nouvelles spores ne fait que commencer. La paroi de la cellule-mère et le mur primaire des nouvelles cellules disparaîtront plus tard par la formation du pollen et des spores. D'ailleurs dans les grains de pollen, comme dans les spores des Cryptogames supérieurs, cette membrane primaire n'est pas cellulaire; la paroi définitive ne se forme que plus tard.

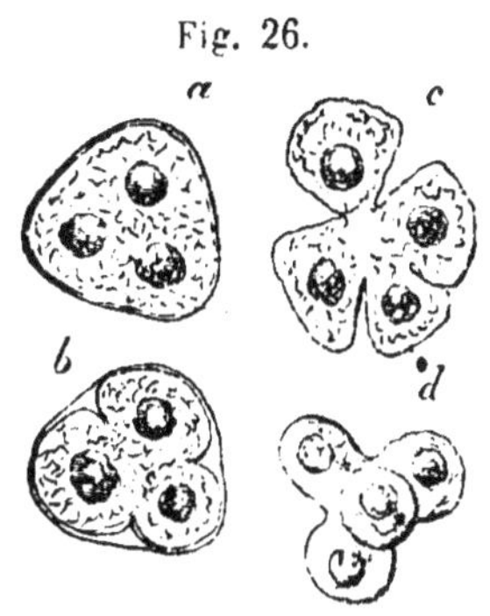

Fig. 26.

La *formation libre des cellules* est facile à suivre dans le développement des premières cellules qui doivent constituer l'albumen dans le sac embryonnaire des ovules fécondés; par ex. chez les Onagrariées, Borraginées, Liliacées, ou encore chez les conifères dans la première année de fructification, longtemps avant la fécondation. On doit pour cela isoler le sac embryonnaire, ce qui se fait facilement, sous le microscope simple, à l'aide de l'aiguille, quand toutefois on s'est procuré, au moyen de deux coupes, une lamelle longitudinale de l'ovule suffisamment épaisse. Une coupe longitudinale, modérément épaisse, à travers le sac embryonnaire, conduit même parfaitement au but quand la paroi protoplasmique de ce sac est formée par un liquide sirupeux. Dans cette paroi protoplasmique qui coule souvent au dehors, avec le jus des cellules, par la blessure faite au sac embryonnaire, on remarque alors des noyaux libres et des corpuscules brillants ressemblant aux corpuscules des noyaux cellulaires. On voit en outre des noyaux complétement entourés de protoplasma, et d'autres qui sont logés ensemble dans une utricule transparente montrant seulement sur ses bords du protoplasma granuleux. Par l'emploi de l'eau sucrée, dans quelques cas, le contour de cette utricule pleine de suc cellulaire se resserre tout ensemble; dans d'autres cas, au contraire, la membrane formant ce contour reste en place, le contenu granuleux seul se retire. Dans d'autres cas encore la membrane est si mince, qu'elle se résout elle-même en quelques instants dans l'eau du porte-objet; alors il est très-bon

Fig. 26. Cellule-mère des spores de *Blasia pusilla*. *a*, avant la division du contenu; *b*, au commencement de la division; *c* et *d*, états plus avancés de la division. La membrane ramollie de la cellule-mère s'est dissoute, sous une couleur bleue, dans une dissolution iodée de chlorure de zinc. (Gross. 400 fois).

de se servir comme milieu du suc cellulaire du sac embryonnaire même. Cette méthode sera praticable avec les gros ovules de quelques Liliacées (Fritillaires, Ornithogales, Lis) parce que l'eau ou tout autre liquide altérerait des formations si délicates. Cela explique pourquoi la formation libre des cellules a été moins sûrement et moins complétement étudiée jusqu'ici que la division des cellules dans les Algues.

D'autres cas de formation libre de cellules sont fournis par les tubes à spores (sporanges) des lichens et de ces champignons dont les thécaspores naissent dans l'intérieur de ces tubes. Nous pourrions encore citer la formation de beaucoup de spores mobiles des Algues. Mais ces exemples manquent de netteté: on n'est pas encore arrivé à surprendre les secrets de la formation libre des cellules dans sa marche depuis le commencement jusqu'à la fin du phénomène.

Dans la formation des cellules, le principal est d'observer les changements successifs de la paroi cellulaire qui se forme du protoplasma et les modifications chimiques qui s'y rattachent. Ainsi on trouve d'abord une membrane encore peu différente des dernières couches, soluble dans l'eau; celle qui suit possède une plus grande consistance et se comporte autrement vis-à-vis des réactifs chimiques; et ainsi de suite. D'abord soluble dans l'acide acétique, plus tard elle ne l'est plus. D'abord elle ne se colorait pas en bleu par la dissolution iodée de chlorure de zinc, plus tard elle ne prend plus que cette couleur; elle passe par le rouge et le violet au bleu de la cellulose.

Dans la formation des cellules par division, ce n'est que plus tard que l'on peut observer si la membrane de la cellule-mère se résout successivement, et de quelle manière ce phénomène se passe. Dans quelques Algues filiformes, elle persiste, et les générations successives de cellules demeurent comme emboîtées les unes dans les autres; l'*Ulothrix* montre parfaitement ce fait. Ici encore la membrane des cellules-mères développées les unes sous les autres change successivement de nature et forme plus tard une enveloppe épidermique d'apparence homogène qui se comporte chimiquement comme la cellulose. Dans la plupart des grains de pollen et des spores des Cryptogames supérieurs la membrane de la cellule-mère se résout complétement; aussi les jeunes cellules paraissent-elles libres dès le principe. Dans d'autres grains de pollen, au contraire, ou bien elle ne se résout pas complétement, ou bien elle sert à relier les unes aux autres les quatre cellules nouvellement nées, (Orchidées avec pollen à 4 divisions et plusieurs Ericacées). Dans tous les tissus enfin, la membrane de la cellule-mère disparaît successivement et change même de nature chimique; elle devient comme un moyen de liaison entre les cellules nouvelles et constitue la substance intercellulaire; cette transformation est facile à suivre dans les Fucacées.

Dans la formation libre des cellules, la destruction de la cellule-mère n'est pas inévitable.

C. ETUDE DE LA MATIÈRE INTERCELLULAIRE ET DE LA CUTICULE.

Puisque la matière intercellulaire provient de la matière cellulaire de la cellule-mère par la division du contenu de celle-ci pour la formation de nouvelles cellules, on doit pouvoir suivre son origine là où se produisent de semblables divisions; le cambium des conifères, et les parties du feuillage des fucacées qui sont encore en voie d'accroissement conviennent parfaitement pour cela. Dans ces deux cas, et surtout dans les Fucacées, les parois des cellules dont la division se produit sont plus épaisses que d'ordinaire; aussi la matière intercellulaire à laquelle elles donnent lieu, se montre-t-elle plus puissante. Lorsqu'au contraire la formation de nouvelles cellules se fait dans une région où les cellules-mères sont elles-mêmes récemment développées et très-minces, comme à la pointe des tiges et des racines, alors le mode de division se laisse à peine suivre, et encore moins la formation de la substance intercellulaire. Aussi se trouve-t-elle là plus tard en quantité si faible, que dans les coupes transversales minces on peut même à peine l'observer au microscope; c'est ce qui a lieu pour le parenchyme en général et principalement pour le périsperme de la *Datte* et du *Phytéléphas*

Dans le feuillage des Fucacées, la division des cellules se fait encore dans des cellules plus vieilles et fortement épaissies. Si on fait une coupe transversale très-mince à travers une feuille de *Chordaria scorpioides* ou de *Fucus serratus*, si on ajoute de l'iode et de l'acide sulfurique, on voit des cellules souvent jeunes, cependant déjà fortement épaissies, offrant un contenu granuleux, dont les parois stratifiées sont colorées en bleu; autour de chaque cellule paraît une couche également stratifiée, d'une couleur rouge violet sale, qu'on pourrait prendre pour la partie la plus âgée de la paroi. En faisant agir de même l'iode et l'acide sulfurique sur des coupes longitudinales minces, on voit que cette partie extérieure, colorée en violet, entoure une rangée de cellules; elle correspond à la paroi de la cellule-mère dans laquelle, par des divisions transversales, s'est produit un nombre considérable de jeunes cellules. Celles-ci sont bien enveloppées de la paroi de la cellule-mère, mais le tout semble couché dans une substance homogène qui ne se colore plus par l'iode et l'acide sulfurique; c'est la substance intercellulaire et, dans cet état, elle n'est attaquée que peu ou point par l'acide sulfurique. On constate facilement la transition d'un extrême à l'autre; on voit que lorsque les nouvelles cellules sont devenues plus larges et se sont épaissies, la cellule-mère a fini par perdre toutes ses couches qui ont changé successivement de nature chimique, car elles ne présentent plus la coloration de la matière cellulaire par l'iode et l'acide sulfurique. Ainsi se trouve sûrement démontrée la transformation de la paroi de cellulose en matière intercellulaire, par suite de changements successifs dans la composition chimique. (Fig. 27.)

Dans le *fucus vesiculosus*, à côté de la division transversale des cellules, il semble exister aussi une division longitudinale. On voit alors souvent, dans une coupe transversale suffisamment mince, deux ou trois jeunes cellules entourées de la cellule-mère. Les fucus desséchés, après avoir été ramollis pendant plusieurs heures dans l'eau froide sont très-propres pour cette observation.

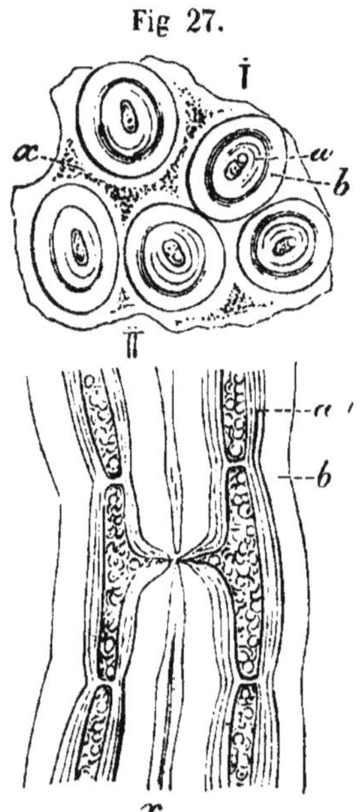

Dans le cambium des conifères, la formation de la substance intercellulaire est plus difficile à suivre. On la rencontre ici entre

(Fig. 27.) I. Coupe transversale mince à travers la feuille de *Chordaria scorpioides*. *a*, jeune cellule; *b*, paroi de la cellule-mère qui se colore en rouge par l'iode et l'acide su'furique; *x*, substance intercellulaire. II. Une coupe longitudinale. (Gross. 400 fois.)

les cellules proprement dites du cambium et les plus jeunes cellules, ce que l'on constate par la coloration en violet qu'elle donne avec la dissolution iodée de chlorure de zinc. En même temps que des changements successifs dans la composition chimique, il doit se produire un ramollissement permettant aux cellules-mères de se séparer des nouvelles; puis, plus tard arrive un épaississement de la même matière qui lie solidement les unes aux autres ces cellules ligneuses [1]). Pour l'observation, on doit prendre des racines fraîches qui offrent des cellules plus larges que les tiges et les étudier à différentes époques de l'année, au printemps, à la fin de l'été, et pendant l'hiver.

La substance intercellulaire forme, plus tard, avec la membrane primaire des cellules ligneuses, le réseau dans lequel sont placées, chez les conifères, les couches d'épaississement des cellules. Elle est là peu abondante; dans une coupe transversale très-mince de sapin, on la voit seulement aux points où les 4 cellules se touchent, entre les membranes primaires de ces cellules; on constate qu'elle a rempli là l'espace intercellulaire qui s'est produit, et on la reconnaît à la coloration jaune à laquelle elle donne lieu avec l'acide azotique. Dans des coupes transversales très-bien réussies, excessivement minces, on peut la voir, avec les meilleurs objectifs, formant une ligne bien nette entre les membranes primaires de deux cellules voisines. Au microscope polarisant on voit, dans ces circonstances, et sur un fond noir, la matière intercellulaire représentée par une ligne noire qui divise le réseau en deux parties et va se réunir au reste de la masse intercellulaire, qui paraît également noir.

Si on chauffe avec précaution, sur le verre à objets, des coupes transversales du même bois traitées d'abord par le chlorate de potasse et l'acide azotique, on dissout non-seulement la matière ligneuse, mais aussi la substance intercellulaire pourvu que l'action du mélange oxydant se prolonge suffisamment; alors les cellules apparaissent isolées, placées les unes à côté des autres; on voit nettement leur membrane primaire et les couches d'accroissement qu'elle enveloppe, et même, avec de très-bons objectifs, outre une stratification concentrique, on aperçoit des lignes sans nombre, serrées les unes à côté des autres et disposées en rayons d'une finesse incroyable;

---

[1]) L'état de mollesse de la substance intercellulaire qui se forme explique comment elle peut remplir l'espace compris entre les cellules.

vraisemblablement ce sont des canaux poreux. Mais quand on laisse agir le mélange un peu moins longtemps, par exemple 10 à 20 secondes, alors la matière ligneuse disparaît seule, la substance intercellulaire n'est pas dissoute. (Souvent aussi on obtient des préparations dans lesquelles la matière intercellulaire est dissoute d'un côté sans l'être de l'autre, l'action oxydante ayant été plus vive dans certaines parties que dans d'autres). Qu'on prenne une telle préparation, et qu'on la lave d'abord avec de l'eau distillée; qu'on la place ensuite dans l'eau distillée et ajoute avec précaution une goutte d'acide sulfurique anglais, on voit un gonflement se produire, en même temps que la matière cellulaire, dont se compose la paroi des cellules ligneuses, se dissout; il ne reste qu'un réseau extrêmement mince qui montre la substance intercellulaire à l'état isolé, et correspond au dessin noir donné par le microscope polarisant. (Fig. 28.)

Fig. 28.

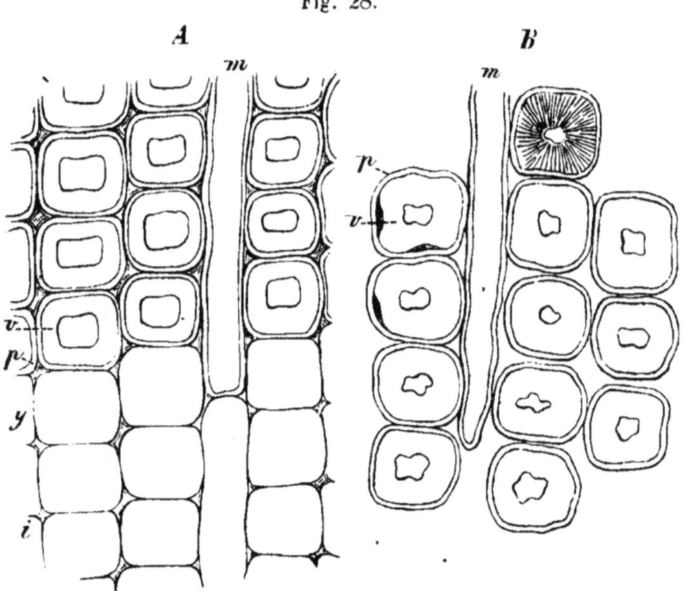

Fig. 28. A. Coupe transversale très-mince dans le bois de *Pinus canariensis*: la moitié supérieure montre la substance intercellulaire (*i*) colorée en jaune par un traitement court avec l'acide azotique, et la membrane primaire des cellules ligneuses (*p*) se distinguant nettement des couches d'épaississement de ces cellules (*v*). — La moitié inférieure, au contraire, est représentée comme elle paraît après la disparition des cel-

Pour faire convenablement cette préparation, il faut beaucoup
d'exercice et de patience. On doit choisir les coupes transversales
les plus minces et les mieux réussies, et suivre avec soin l'échauffement avec le chlorate de potasse et l'acide azotique, de manière
à saisir le moment où toute la matière ligneuse a disparu; en
chauffant trop longtemps on ferait disparaître aussi la matière intercellulaire. En outre, il faut faire agir peu à peu l'acide sulfurique, parce que si le gonflement des cellules ligneuses se produisait
trop vite, le réseau de substance intercellulaire pourrait se briser.
Encore faut-il avoir soin de ne pas verser les gouttes d'acide sulfurique sur la préparation, mais dans le liquide qui l'entoure, et de
bien laver la préparation avec de l'eau lorsque l'opération est
terminée; cette dernière manipulation est facilitée par la formation
d'une substance semblable à de la colle et qui est due à l'action de
l'acide sulfurique sur la matière cellulaire; cette espèce de colle so-
lidifie la préparation et l'on peut opérer le lavage en se servant d'un
pinceau de poils que l'on passe dessus, après avoir incliné convenablement le verre à objet, et fait tomber un léger courant d'eau.

Dès que l'acide est lavé, la préparation est complète et on peut
la conserver, comme à l'ordinaire, dans une dissolution de chlorure
de calcium. Avant son achèvement on doit bien se garder de la
recouvrir avec un petit verre, et éviter tout déchirement avec l'aiguille.

Si la matière ligneuse n'a pas complétement disparu au commencement, l'action de l'acide sulfurique sera incomplète; il se pro-
duira seulement un gonflement des cellules ligneuses, mais aucune
dissolution. — Dans tous les cas on reconnaît que les couches d'é-
paississement des cellules ligneuses sont plus facilement solubles que
la membrane primaire.

J'ai isolé ainsi la substance intercellulaire du bois de *Pinus
sylvestris*, *Pinus canariensis*, *Buxus sempervirens*, *Viscum album*,

lules ligneuses par l'action de l'acide sulfurique; la substance intercellulaire est restée et semble former un réseau vide *(y)*; *m*, un rayon médullaire. — *B*. une coupe transversale semblable, de laquelle la substance
intercellulaire a été éloignée par l'action de l'acide azotique et du chlorate de potasse, de sorte que les cellules sont simplement placées les
unes à côté des autres, sans aucune liaison. Souvent ici les couches
d'accroissement se séparent de la membrane primaire des cellules ligneuses et montrent dans les endroits très-minces de la coupe, un dessin
rayonné extrêmement délicat. (Gross. 300 fois.)

et de quelques Fucacées. Elle est plus riche dans le Pinus canariensis que dans le sylvestris. Sur le champ noir du microscope ordinaire de polarisation, elle paraît tout à fait noire; au contraire M. de Mohl, avec l'appareil perfectionné, prétend qu'elle est très-peu doublement réfringente. Elle est insoluble à froid dans l'acide sulfurique concentré, mais est dissoute par la potasse. Elle paraît plus condensée dans sa périphérie extérieure et se colore plus qu'à l'intérieur. (Pinus canariensis).

La substance intercellulaire peut aussi se séparer des tissus non lignifiés, rien que par une cuisson plus ou moins longue avec l'eau; par exemple dans les tubercules de la pomme de terre. Dans tous les cas on la dissout en la chauffant avec le chlorate de potasse et l'acide azotique, ou avec une dissolution d'acide chromique, ou encore avec une dissolution de potasse. Cependant, quand on emploie ce dernier réactif, il est difficile d'éviter un gonflement de la paroi cellulaire Souvent enfin la matière intercellulaire est dissoute par le mode même de végétation; nous en trouvons des exemples dans les fruits juteux comme les framboises, les groseilles, et les cerises, les pommes et les poires devenues molles, dans les cellules du tissu conducteur du pistil à l'époque de la fécondation.

La composition chimique de la substance intercellulaire n'est pas constante, elle peut varier d'une plante à l'autre.

Lorsqu'elle existe seulement en très-petite quantité, on ne peut guère la reconnaître que par sa dissolution et par le microscope de polarisation. Nous avons démontré qu'elle forme une sorte de réseau entourant la membrane primaire, et renversé par conséquent les objections de *Sanio*. (Bot. Zeitung, 1860.)

La *cuticule* est une pellicule très-mince qui revêt la surface des organes des végétaux. On la voit facilement sur les feuilles de mousses à feuilles et d'hépatiques, qui ne se composent que d'une seule couche de cellules. On prend une telle feuille sur une tige âgée, on la pose sur le verre à objets dans une goutte d'eau très-petite, et recouvre d'un petit verre après avoir fait agir l'acide sulfurique anglais; celui-ci détruit les cellules de la feuille et il ne reste que la pellicule extrêmement mince qui les recouvrait. On trouve une pellicule semblable sur l'épiderme de presque tous les organes végétaux, principalement sur ceux qui sont colorés en vert et exposés à la lumière. On la voit dans toutes les coupes à tra-

vers l'épiderme des feuilles et des écorces jeunes; là encore elle
n'est pas attaquée par l'acide sulfurique.

Dans les feuilles coriacées on voit aussi apparaître des couches
cuticulaires qui ne sont pas non plus détruites par l'acide sulfurique,
et l'on pourrait, à leur sujet, être induit facilement en erreur. Mais
si on chauffe avec la potasse sur le verre à objets, on voit la cuticule se dissoudre, tandis que les couches cuticulaires, comme les
couches d'accroissement du suber dans l'épiderme, perdent seulement leur matière subéreuse et se gonflent; alors on constate une
stratification évidente et si on ajoute de l'iode avec de l'acide sulfurique on acquiert la preuve qu'on est en présence d'une matière
cellulaire; ceci sera développé au chapitre sur l'épiderme.

Sur toutes les surfaces cachées la cuticule paraît manquer; sur
les poils des racines elle est très-peu visible; elle est au contraire très-
épaisse sur les poils des parties qui végètent au-dessus de la terre.
Elle doit évidemment son origine à la membrane de la première
cellule-mère de l'organe considéré: il s'y produit un changement de
constitution chimique, comme pour la formation de la substance intercellulaire; mais sa plus grande partie est due à une secrétion
des cellules épidermiques.   Aussi son épaisseur augmente-t-elle avec
l'âge de ces cellules, comme on le voit surtout très-bien dans les
feuilles pennées des cycadées. — Dans les algues filiformes à courtes cellules, dans les *Ulothrix* par ex., on peut suivre directement
la formation de la cuticule et les changements qui se produisent
peu à peu dans sa composition chimique. (p. 106.)

Les figues fraîches et bien mûres permettent d'avoir de très-
belles préparations de cuticule; avec le microscope simple on la voit
très-développée sur les fleurs intérieures; on peut même l'en détacher facilement avec l'aiguille.

D. ETUDE DES DIFFÉRENTES SORTES DE CELLULES PRÉSENTÉES PAR LES VÉGÉTAUX SUPÉRIEURS.

a) Le *parenchyme primitif*, ou ces espèces de cellules dont
toutes les autres se forment, se trouve à la pointe de toute tige
terminée par un bourgeon; il forme d'ailleurs le tissu du cône de
végétation de tout bourgeon en général.   On le trouve encore à
la pointe des racines, immédiatement au-dessous de la coiffe.   Il
se compose de petites cellules, à parois minces, remplies d'un pro-

toplasma granuleux. Ces cellules apparaissent très-nettes dans une coupe longitudinale, suffisamment mince, à travers le cône de végétation d'un bouton frais; on peut même suivre là, directement, la formation du tissu médullaire et de sa première écorce, puis du cambium et de l'épiderme, à l'aide de ces cellules. On devra surtout choisir pour ces observations les gros bourgeons des végétaux ligneux, par ex. des *Æsculus, Fraxinus, Paulownia, Araucaria*, etc. —

b) Le *parenchyme proprement dit* se trouve dans toutes les parties des plantes; il forme la moelle et la première écorce des parties axiles (tige et racine). Dans les monocotylédones, il sépare les faisceaux vasculaires; et si l'on regarde comme parenchyme les rayons médullaires, on peut dire, aussi, qu'il sépare les faisceaux vasculaires dans le bois des dicotylédones. Dans les feuilles et dans les organes floraux, il constitue le tissu principal; il est traversé là par des faisceaux vasculaires, et recouvert par l'épiderme. L'albumen n'est autre chose que du parenchyme. On peut donc considérer comme du parenchyme toutes les cellules qui ne se rapportent ni aux faisceaux vasculaires, ni à l'épiderme, ni au tissu subéreux. Il a, comme on le voit, la plus grande extension, et c'est principalement dans ses cellules que se forment et s'accumulent les matières nutritives du végétal. La chlorophylle se développe là, presque exclusivement.

1. On distingue d'après la *forme des cellules:*

Le *Parenchyme régulier,* dont les cellules sont sensiblement de même grosseur, de même forme, et présentent des parois de même nature. A cette catégorie se rapporte le tissu médullaire de la plupart des plantes, *(Sambucus, Tilia),* où l'on trouve des passages étroits et pleins d'air entre les cellules; de même le tissu du périsperme, sans passages intercellulaires, *(Triticum, Avena, Melampyrum, Phœnix).* S'y rattachent encore les cellules formant palissade sur le côté des feuilles où manquent les stomates (face supérieure des feuilles d'*Abies, Quercus, Fagus),* et le tissu étoilé, avec de grands espaces intercellulaires pleins d'air (moelle du *Jonc),* etc. —

Le *Parenchyme irrégulier,* dont les cellules sont de forme et de grandeur différentes, et agencées d'une manière quelconque, se trouve dans le pétiole et dans le côté des feuilles qui présente les stomates. (Ex., pétiole des *Canna,* et côté inférieur des feuilles de

Quercus, Fagus, Betula, Alnus). Là encore il y a de larges passages intercellulaires remplis d'air.

2. D'après la *nature des parois*, on distingue:

Le parenchyme à parois *minces*, comme dans la moelle de *Sambucus*, dans les tubercules de pomme de terre et dans la Betterave; de même dans l'albumen des graines de céréales.

Le parenchyme à *parois épaisses non lignifiées*, dans l'albumen du *Melampyrum*, du *Phœnix* et du *Phytéléphas*.

Le parenchyme à *parois épaisses lignifiées*, dans les concrétions des poires et des coings, dans les enveloppes des graines de *Pinus, Larix*, et *Taxus*, dans les enveloppes des fruits de l'*Hakea*, et dans l'écorce secondaire du *Fagus* et du *Carpinus*, etc. —

c) Le *tissu épidermique*, à la surface des organes non recouverts de liége, se compose, le plus souvent, d'une seule couche de cellules. Il constitue l'*épiderme* proprement dit lorsqu'il recouvre des organes qui se trouvent au-dessus du sol, comme les feuilles et les écorces vertes.

Cet *épiderme* se laisse arracher facilement; mais on peut aussi bien l'étudier en l'examinant de face sur une coupe plane faite le long de la surface extérieure d'une feuille. Souvent il présente des poils et des stomates. Tantôt il est formé de cellules à parois minces, comme dans les plantes à feuilles molles et qui se flétrissent facilement; tantôt il montre des cellules fortement épaissies, et subérifiées, sur leur côté extérieur, tandis que le côté interne est mince et formé de matière franchement cellulaire; ce dernier cas se présente dans les feuilles coriaces de *Viscum, Ilex, Phormium*, et dans les feuilles aqueuses de *Gusteria;* les couches subérifiées (couches cuticulaires) sont traversées par des canaux poreux très-fins et très-nombreux.

Les stomates de l'épiderme sont formés par deux cellules étroites, placées à côté l'une de l'autre, de manière à laisser une fente ouverte entre elles. (Fig. 29). Pour les étudier,

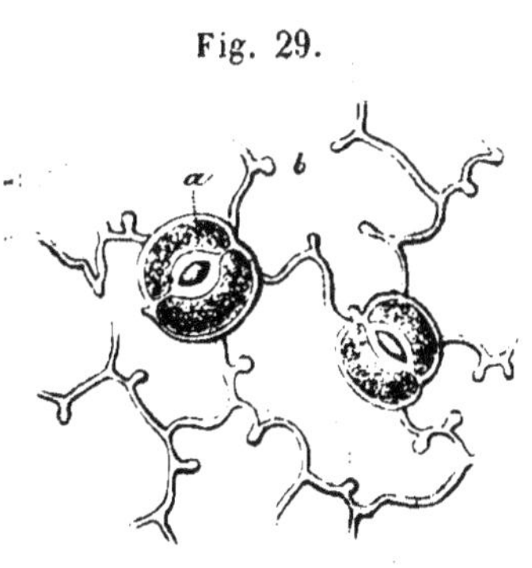

Fig. 29.

Fig. 29. Morceau d'un épiderme d'*Hellébore*. *a*, une cellule stomatique; *b*, une cellule épidermique. — (Gross. 200 fois.)

on les observe d'abord de face; puis on fait une coupe transversale en plaçant, soit la feuille elle-même, soit l'épiderme arraché, entre deux lamelles de sureau que l'on porte dans l'étau décrit p. 42. En les observant de face, on reconnaît, du moins pour les stomates disposés régulièrement, dans quelle direction il faut faire la coupe. — Les feuilles de fougères offrent des stomates très-beaux et très-grands, et l'épiderme de la face inférieure s'y laisse facilement arracher avec la pincette *(Osmunda, Pteris)*. — Les cellules stomatiques sont toujours colorées en bleu par l'iode et l'acide sulfurique, tandis que les couches cuticulaires de l'épiderme demeurent colorées en jaune. La cuticule s'étend par dessus les cellules stomatiques et pénètre dans l'espace plein d'air, au-dessous de l'ouverture des stomates; elle forme là comme une membrane qui recouvre ces cellules, et devient très-visible après l'action de l'acide sulfurique concentré, celui-ci dissolvant les cellules stomatiques, ainsi que celles du parenchyme des feuilles, autour de la cavité respiratoire.

Les poils de l'épiderme peuvent être unicellulaires ou pluricellulaires, simples ou ramifiés.

Le tissu épidermique prend le nom d'*Epithelium* dans toutes les parties aériennes non végétatives, principalement les surfaces cachées et la paroi interne des cavités, comme dans l'ovaire et le canal du pistil. L'épiderme du stigmate et celui des feuilles florales, appartiennent à ce groupe; leurs cellules ne sont jamais subérifiées et offrent toujours des parois minces. Aussi la cuticule, qui n'est plus produite par l'épiderme à secrétions, est-elle là très-mince. Les stomates manquent ordinairement.

Dans les racines et les organes situés en terre, qui servent à tirer du sol la nourriture, le tissu épidermique prend le nom d'*Epiblema*. Ses cellules sont, de même, à parois minces, jamais subérifiées, et pourvues d'une cuticule très-mince. Les poils radicellaires sont des cellules allongées de cet épiderme; rarement ramifiés, ils se composent presque toujours d'une cellule unique. Les racines jeunes, encore incolores, ou colorées en jaune, conviennent parfaitement pour l'étude de l'épiblema. Les parties des racines colorées en brun ont déjà perdu leur épiderme par suite d'une formation subéreuse qui s'est faite au-dessous de lui. Les stomates manquent complétement. Les racines d'*Hydrocharis* montrent de très-longs poils qui sont même visibles à l'œil nu (p. 94 ; les racines des différentes espèces de *Solanum*, d'*Alnus*, de *Quercus*, etc.—, en montrent d'aussi beaux. L'épiblema des racines d'*Abies pecti-nata*, de *Monotropa*, de *Cicuta*, sont dépourvues de poils. On constate tout cela en faisant des coupes transversales et longitudinales à travers les racines.

Les tissus épidermiques peuvent n'être pas réparés; dans les blessures il se forme du liége à leur place. Leurs cellules renferment ordinairement des matières différentes de celles du parenchyme.

d) Le tissu *subéreux* revêt la surface des organes végétaux, après la mort de l'épiderme auquel il succède; il ne se trouve que dans les parties âgées. Il apparaît dans l'intérieur d'un tissu parenchymateux, par ex. dans la formation subéreuse de l'écorce, et produit alors la dessication de la partie placée au-dessus de lui. Il se compose, en général, de cellules tabulaires; il se forme ultérieurement, par division, dans certaines couches déterminées; ses cellules se subérifient de bonne heure, et si fortement, que, après la disparition de la matière subéreuse par la cuisson avec la potasse, on n'obtient, dans la paroi qui reste, qu'une faible réaction de matière cellulaire. On distingue le *liége ordinaire* (Suber) que nous rencontrons, au mieux développé, dans les arbres à liége proprement dits (*Quercus suber*, *Ulmus suberosa*, *Acer campestre*), à la surface de l'écorce; ses cellules, plus ou moins tabulaires, ont des parois peu épaisses. — Et le liége *coriace* (Périderme), à cellules étroites, tabulaires, offrant des parois épaisses, celui-ci, lorsqu'il est formé de couches de cellules à parois successivement épaisses et minces, s'effeuille en lambeaux pelliculaires (*Betula*, *Prunus*, *Cera-sus*); au contraire, lorsque ses cellules sont toutes également épaissies, il ne s'effeuille pas (*Abies pectinata*, *Fagus silvatica*, *Carpinus*, *Betulus*). L'écorce sèche naît des couches du périderme qui se forment dans l'intérieur de l'écorce; elle se détache facilement de l'arbre comme on le voit dans le *Pinus sylvestris* et le *Platane*; le *Quercus robur*, le *Populus*, etc. possèdent au contraire une écorce qui ne s'effeuille pas, on sait maintenant pourquoi. Les cellules subéreuses proprement dites perdent de bonne heure leur suc cellulaire; il en est de même pour les cellules du périderme, qui se remplissent souvent de résine, et, dans le *Pinus sylvestris*, renferment des cristaux admirablement formés. Les cellules du périderme de ce dernier arbre et du *Larix europœa* possèdent une très-jolie forme qui rappelle l'épiderme des feuilles de fougères.

Pour étudier le tissu subéreux, il importe de faire des coupes transversales et des coupes longitudinales; et pour se rendre compte de la formation de l'écorce sèche il faut faire des coupes comparatives dans des tiges de plus en plus vieilles, de manière à suivre le développement de l'écorce. — On isole les cellules du périderme par la cuisson avec la potasse en dissolution. Une cuisson prolongée avec l'acide azotique et le chlorate de potasse transforme le tissu subéreux en une matière cireuse.

e) Le *Cambium* est un tissu à parois minces, jamais lignifiées; tantôt il sert à la multiplication des cellules et reçoit alors le nom de *Cambium proprement dit;* tantôt il sert au transport des sucs dans la plante, c'est le *Cambium permanent.* Le cambium proprement dit peut se diviser, plus tard, chez les dicotylédones, en cambium des faisceaux vasculaires et cambium des rayons médullaires. Le premier se compose de cellules verticales qui se subdivisent suivant des lignes verticales et donnent ainsi naissance, du côté du bois, aux cellules vasculaires et ligneuses, et, du côté de l'écorce, aux cellules grillées et libériennes; mais il peut aussi produire une division horizontale donnant lieu à de nouveaux rayons médullaires (rayons médullaires *secondaires*). Le cambium des rayons médullaires, au contraire, se compose de cellules horizontales, et forme, par une division verticale, les cellules de rayons médullaires; il n'est pas capable de produire jamais des cellules de faisceaux vasculaires. Le cambium des faisceaux vasculaires semble intimement lié avec celui des rayons médullaires, et forme avec lui la zone d'accroissement, entre le bois et l'écorce; cette zone se compose, dans l'axe embryonnaire des graines mûres, de cellules étendues en longueur, et ce n'est que plus tard que la distinction de ce cambium en cambium des rayons médullaires et cambium des faisceaux vasculaires devient nette; il en est de même pour les bourgeons.

On étudie le cambium des dicotylédones au moyen de coupes très-minces, transversales et longitudinales; il faut, pour les obtenir suffisamment minces, se servir d'une lame très-tranchante, et avoir beaucoup de patience. Les plantes à grosses cellules sont celles qui conviennent le mieux pour ces recherches; ici encore, les racines de *Pinus, Abies, Picea,* etc. — devront avoir la préférence. Dans quelques cas, il peut être utile de placer quelques heures dans l'alcool l'organe que l'on veut étudier, et de le couper ensuite, imprégné d'alcool. Le tissu mince du cambium se durcit dans l'alcool; on peut ensuite, au moyen de la potasse, faire disparaître le protoplasma qui s'est coagulé. — En hiver, le cambium des arbres nommés ci-dessus se compose seulement d'un petit nombre de couches cellulaires, et est nettement limité, d'un côté par le bois, de l'autre par l'écorce. En été, au contraire, la séparation est beaucoup moins nette, parce que c'est le moment où se fait la transformation en cellules du bois d'un côté, en cellules de l'écorce, de l'autre.

Dans les monocotylédones et dans les cryptogames à tiges, à l'exception des mousses et des hépatiques, on trouve de même une zone de cambium ou d'accroissement qui sépare l'écorce de la partie intérieure de la tige ou de la racine, mais elle n'est visible qu'à l'époque où l'accroissement se produit. C'est là que s'opère l'accroissement des faisceaux vasculaires, aux dépens des cellules du cambium. Puis, arrive un moment où cet accroissement cesse; mais les faisceaux conservent une partie du cambium, qui devient alors *permanent*, et occupe leur centre, entouré par les cellules vasculaires et ligneuses. Dans les cryptogames, au contraire, il entoure les cellules vasculaires.

On réussira à se faire des idées nettes sur ce sujet en faisant des coupes longitudinales et transversales à travers la tige des *Dracæna*, des *Palmiers*, des *Graminées* et des *Fougères*. — La racine de ces plantes a une structure un peu différente de celle de la tige, et ne montre pas toujours le cambium permanent aussi clairement limité.

Toutes les cellules de cambium sont colorées en bleu par l'iode et l'acide sulfurique, ou par la dissolution iodée de chlorure de zinc. Toutes sont riches en protoplasma granuleux, mais elles ne contiennent jamais d'amidon.

f) Les *cellules vasculaires,* qui naissent directement du cambium, se rangent les unes au-dessus des autres, et dans la suite, quand elles ont perdu leur suc, les murs de séparation disparaissent. Tous les vaisseaux jeunes, ou tous ceux qui transportent des sucs, montrent ces parois de séparation parfaitement conservées, comme il est facile de le reconnaître dans le *Fraxinus*, le *Carica*, et dans la racine d'*Equisetum* (Fig. 30). Plus tard, les parties des parois qui ne sont pas lignifiées, disparaissent; celles qui restent forment alors sur le vaisseau comme des sortes d'échelons. Dans le cas où ces parois de séparation se détruisent complétement, le vaisseau devient un vrai cylindre.

Les vaisseaux annulaires et spiraux se trouvent principalement dans les nervures des feuilles et dans les faisceaux vasculaires d'organes jeunes; leur formation s'arrête en même temps que l'allongement de ces parties. On les trouve surtout dans l'étui médullaire, chez les dicotylédones, et même chez les conifères. Les plus remarquables se rencontrent dans les pétioles des feuilles des musacées et des cannacées; on peut les isoler par l'action du chlorate de potasse et de l'acide azotique. — On trouve le passage des vaisseaux spiraux aux vaisseaux réticulés dans les racines d'*Equisetum;* au centre des faisceaux vasculaires se trouve là un de ces vaisseaux, d'une largeur considérable. Il existe des vaisseaux réticulés très-remarquables dans les tiges d'*Impatiens*, de

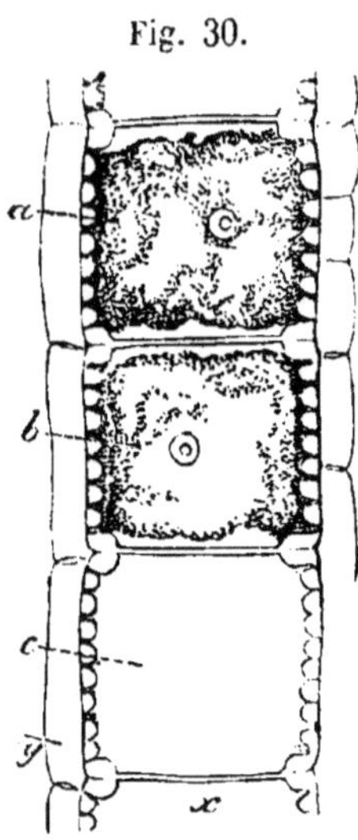

Fig. 30.

Balsamina, et d'autres plantes juteuses. Quant aux vaisseaux ponctués on les rencontre dans presque tous les bois; mais ils paraissent surtout très-larges dans le bois du chêne et du châtaignier, au printemps, et dans les plantes grimpantes des tropiques *(Ipomœa tuberosa, Bauhinia, Caulotretus, Serjania);* dans le *Carpinus* et le genre *Laurus,* les ponctuations sont relativement très-grandes; elles sont, au contraire, très-petites dans le *Betula* et l'*Alnus.* Dans le *Tilia,* le *Prunus* et le *Carpinus,* on rencontre des ponctuations, et une spirale nettement développée. Le *Cucurbita* et le *Carica Papaya* offrent des vaisseaux qui sont en même temps ponctués et réticulés. Les vaisseaux scalariformes sont caractérisés par des ponctuations allongées dans le sens horizontal; on les rencontre dans le bois de la vigne, et dans les faisceaux vasculaires des fougères, surtout des fougères arborescentes.

Fig. 30. Un vaisseau de *Carica Papaya* portant encore des sucs; coupe longitudinale. Dans les cellules *a* et *b* la couche extérieure du protoplasma s'est contractée; le nucléus est très-visible; *c* est représentée sans son contenu; *x*, paroi de séparation composée de deux lames souvent visibles; *y*, cellules entourant le vaisseau. — (Gross. 100 fois.)

On trouve des vaisseaux remplis de résine ou de gomme dans les vieux bois de *Mahagoni* et de *Polysander,* et aussi dans ceux des chénopodiacées arborescentes. — Dans le vieux bois de chêne, ainsi que dans les légumineuses et les plantes grimpantes des tropiques, on rencontre des vaisseaux occupés par une formation cellulaire qui provient des cellules voisines (Fig. 31).

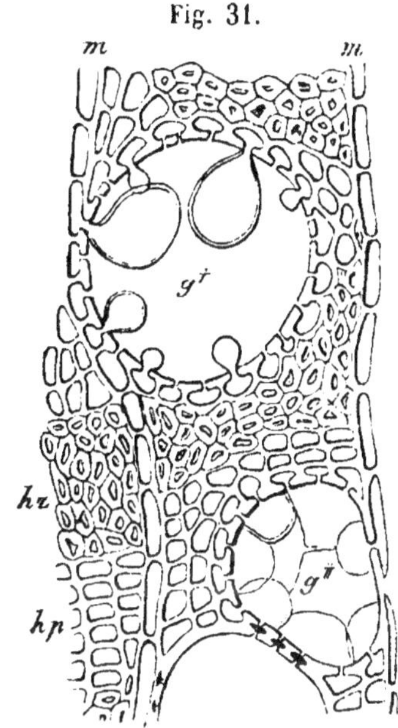

Fig. 31.

Les champignons filiformes sont très-communs dans les vaisseaux d'un grand nombre de bois, lorsque ceux-ci sont suffisamment âgés.

La partie épaissie de la paroi des cellules vasculaires est toujours lignifiée. La spirale se laisse quelquefois détacher de la paroi primitive du vaisseau, comme dans les *Musa;* mais, le plus souvent, elle est intimement liée avec elle.

g) Les *cellules ligneuses* naissent aussi directement du cambium, par une division longitudinale de celui-ci; ce sont des cellules allongées, plus ou moins épaissies, terminées en pointe aux deux extrémités. Elles sont le plus souvent ponctuées, et même, si deux cellules ligneuses, ou une cellule ligneuse et une cellule vasculaire se touchent, après que leur suc cellulaire aura disparu, elles seront pourvues de ponctuations ouvertes qui les mettront en communication. Quelquefois comme dans le *Bœhmeria,* leur paroi montre des pores ordinaires, mais c'est seulement dans les quelques cas où elles conservent longtemps leur suc, et renferment des grains d'amidon.

Fig. 31. Coupe transversale à travers le bois de *Robinia viscosa: m* et *m,* rayons médullaires; *hp,* parenchyme ligneux; *hz,* cellules ligneuses; *g',* un vaisseau dans lequel, du côté du parenchyme ligneux et des rayons médullaires, se sont développées de petites cellules, en forme de vessies, à travers les canaux des ponctuations qui autrefois étaient fermés; *g'',* un autre vaisseau dans lequel ces cellules se sont déjà converties en tissu. (Gross. 200 fois).

C'est dans le bois des conifères que l'on rencontre les cellules ligneuses les plus larges; ce bois est, comme on sait, dépourvu de vaisseaux. Il existe là une différence très-nette entre les cellules formées au printemps et celles formées pendant l'automne, dont l'ensemble constitue l'anneau annuel des conifères. HARTIG nomme fibres rondes (Rundfasern) les cellules ligneuses qui naissent au printemps; il désigne, au contraire, sous le nom de fibres aplaties (Breitfasern) celles qui naissent en automne; celles-ci sont plus épaisses, et comme elles sont allongées perpendiculairement à la direction des rayons médullaires, il en résulte que dans une coupe transversale elles semblent aplaties. Je les distingue en cellules

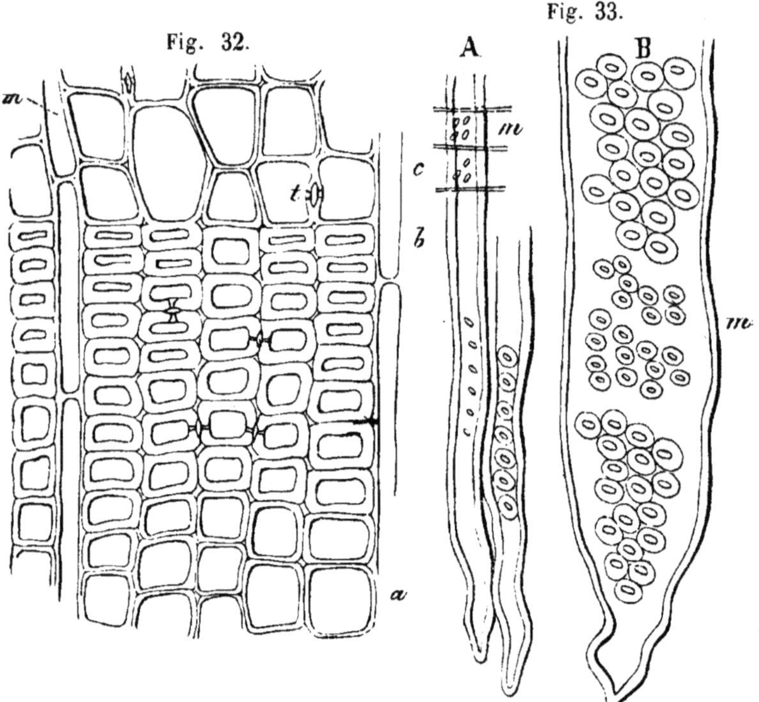

Fig. 32. Coupe transversale dans le bois du *Picea vulgaris*: *a*, cellules ligneuses nées en été; elles passent peu à peu au bois automnal *b*; entre *b* et *c* se trouve la limite d'un anneau annuel; *m*, rayon médullaire; *t*, ponctuation. (Gross. 200 fois.)

Fig. 33. *Araucaria brasiliensis*: *A*, cellule ligneuse isolée de la tige; *B*, cellule ligneuse isolée de la racine du même arbre; *m*, le côté ou les rayons médullaires touchaient ces cellules. (Gross. 200 fois).

printanières et cellules automnales; la dernière rangée de celles-ci est toujours suivie de la première rangée des cellules printanières de l'année suivante; entre les deux se trouve la limite de l'anneau annuel. (Fig. 32.)

Dans le bois printanier, les ponctuations sont plus fréquentes que dans l'autre, et se trouvent seulement suivant la direction des rayons médullaires. On les voit alors de face dans une coupe longitudinale menée suivant un rayon de la circonférence de l'arbre; elles sont, au contraire, coupées transversalement dans une coupe tangentielle. Dans le bois automnal, elles peuvent avoir toutes les directions, comme on le reconnaît en faisant une coupe transversale.

Dans/le bois de la tige on ne trouve, sur chaque cellule, qu'une seule rangée de ponctuations; les cellules des racines, au contraire, qui sont plus larges, peuvent en contenir de deux à quatre rangées. (Fig. 33). Ainsi les racines des conifères conviennent très - bien pour l'étude du développement des cellules ligneuses et de leurs ponctuations. [1])

Dans le *Taxus*, ainsi que dans la vigne et dans le bois automnal du *Picea*, on trouve des cellules ligneuses présentant à la fois des ponctuations et une bande en spirale. Dans les cellules de l'*Hernandia sonora* on voit, en faisant une coupe longitudinale tangentielle, des pores entr'ouverts disposés en spirale.

Toutes les cellules ligneuses ponctuées perdent leur suc de bonne heure; elles ressemblent en cela aux cellules vasculaires, avec lesquelles elles présentent une grande analogie, témoin ce fait qu'il existe souvent, dans les bois des tropiques, des cellules dont le milieu correspond à une cellule vasculaire, et les deux extrémités à des cellules ligneuses. (Fig. 13 *g* p. 84.)

Les cellules ligneuses d'un grand nombre de conifères se remplissent par la suite de résine.

En se divisant transversalement, les cellules ligneuses donnent naissance au *parenchyme ligneux* (cellules fibreuses de HARTIG), qui se trouve principalement dans les bois feuillus, et entoure d'ordinaire les vaisseaux; mais souvent aussi il est distribué entre les cellules ligneuses. Les cellules sont toujours beaucoup plus courtes que les cellules ligneuses et ressemblent à un parenchyme allongé verticalement; ses parois sont peu épaisses et présentent des pores

---

[1]) SCHACHT, de maculis in plantarum vasis, etc. — (Bonnæ, 1860.)

au lieu de ponctuations. Il n'est pas toujours facile, dans une coupe transversale, de distinguer le parenchyme ligneux des cellules ligneuses. Dans le bois des conifères il se trouve à la périphérie des conduits résineux, et souvent, comme dans le *Pinus canariensis*, il n'est pas lignifié; il forme comme une rangée isolée entre ces conduits et souvent aussi il est rempli lui-même de résine. *(Thuja, Cupressus, Araucaria)*. — Le parenchyme ligneux conserve très-longtemps son suc et sert, avec les rayons médullaires, à prolonger l'existence de beaucoup d'arbres; il contient souvent de l'amidon, *(Quercus, Tilia, Fagus*, etc.) et on y trouve aussi quelquefois des cristaux, dans l'*Antiaris toxicaria*, par exemple. Il peut renfermer des matières résineuses et colorantes, comme dans les bois de *Mahagoni* et de *Polysander* et dans tous les bois colorés, en général.

Pour étudier les cellules ligneuses, ainsi que celles du parenchyme ligneux, il faut faire des coupes transversales, puis des coupes longitudinales menées l'une par l'axe et l'autre dans une direction perpendiculaire. Il est utile, aussi, de recourir à l'action de l'acide azotique et du chlorate de potasse qui permet d'isoler les cellules; on pourra voir ainsi, dans certains cas, une rangée de cellules du parenchyme ligneux entourée encore de la paroi de la cellule-mère qui ne s'est pas détruite. (Fig. 12, *hp.* p. 83.)

h) Les *tubes grillagés* sont des cellules longues, à parois peu épaisses et jamais lignifiées, qui sont situées dans la partie libérienne du faisceau vasculaire; il est vraisemblable qu'elles se forment directement des cellules du cambium. Elles présentent des canaux poreux disposés en forme de grillage, ce qui permet de les reconnaître facilement. Dans la disposition des dessins formés par ces canaux, on distingue trois types principaux; 1° ils peuvent être situés sur la paroi transversale qui s'étend horizontalement *(Cucurbita, Carica, Papaya)*; 2° ils peuvent se trouver sur une paroi transversale oblique, entre les épaississements échelonnés sur cette paroi *(Bignonia, Ipomœa tuberosa)*; 3° enfin ils apparaissent quelquefois sur la paroi longitudinale *(Pinus, Larix, Wellingtonia, Araucaria)*; chaque pore correspond à peu près, en grandeur au cercle extérieur des ponctuations des cellules ligneuses. — (Fig. 34.)

Les cellules grillagées sont faciles à apercevoir; elles ont été découvertes par HARTIG en 1853. Les deux dernières formes se laissent mettre en évidence par des coupes minces, longitudinales faites dans une direction convenable, que l'on doit rechercher pour chaque plante en particulier: dans l'*Ipomœa tuberosa*, la coupe doit être faite tangentiellement, à travers l'écorce; dans le *Bignonia,*

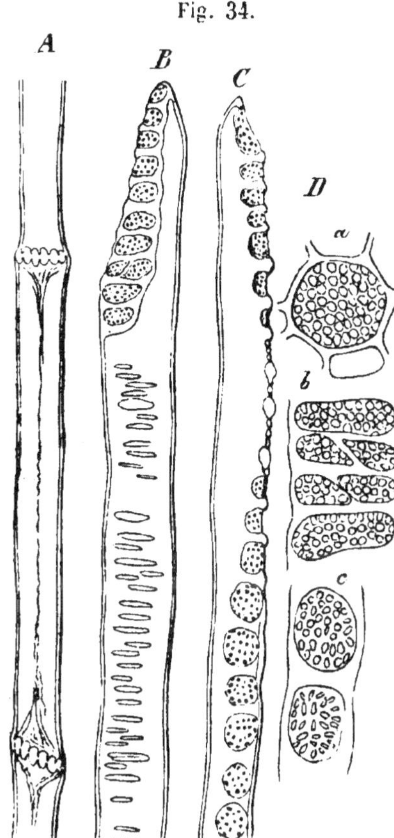

ainsi que dans l'*Araucaria brasiliensis* il faut la mener suivant un rayon. Les cellules grillagées sont extrêmement développées dans la racine de ces deux dernières plantes. Elles sont colorées en brun dans le *Wellingtonia,* comme on le reconnaît en faisant une coupe longitudinale à travers l'écorce ligneuse, suivant un rayon. Dans le *Carica* et le *Cucurbita* on voit au mieux les pores grillagés en faisant une coupe transversale dans la partie libérienne du faisceau vasculaire; ils sont là recouverts par un mucilage épais que l'on peut faire disparaître au moyen de la potasse.

NÄGELI a montré l'existence de vraies ouvertures dans les pores grillagés du *Cucurbita;* il a démontré de plus qu'ils peuvent, suivant les cas, servir au transport des sucs aussi bien de bas en haut que de haut en bas.[1]) Dans les Abiéti-

Fig. 34. Les trois formes types des cellules grillagées: *A, Cucurbita pepo,* les parois transversales sont recouvertes d'une couche mucilagineuse qui montre souvent une stratification, et traverse sous forme de fil le centre des cellules. — *B,* un *Bignonia* non déterminé. — *C,* une racine d'*Araucaria brasiliensis.* Ces 3 coupes sont grossies 200 fois.

a, la paroi transversale de *A,* vue de face; *b,* portion de la paroi oblique de *B; c,* deux pores grillagés de la paroi latérale de *C.* — (Gross. 400 fois).

---

[1]) NÄGELI, communications botaniques, p. 1—27. Munich, 1861. J'ai

nées, où les véritables cellules libériennes manquent, on voit apparaître les tubes grillagés, avec une disposition régulière, au milieu du parenchyme libérien. Il est difficile d'isoler ces tubes à cause de la nature molle de leurs parois; ils ne peuvent supporter aucune pression, et la potasse ne fait que les ramollir encore davantage.

i) Les *cellules libériennes* sont allongées et présentent des parois souvent fort épaisses; elles sont pointues aux deux extrémités. Leur longueur est très-variable. Elles paraissent très-courtes dans l'écorce du *coffea;* elles sont, au contraire, très-longues dans les plantes dont le liber sert à faire des cordages ou des tissus *(Linum, Cannabis).* Elles sont pourvues de canaux poreux très-fins; dans la plupart des cas leurs couches d'épaississement sont rayées, et souvent ces raies se succèdent de manière à former différentes figures, *(Vinca, Asclepias, Bignonia).* Pour constater ces apparences il faut, en général, isoler d'abord les cellules par l'action du chlorate de potasse et de l'acide azotique, puis faire agir l'iode et l'acide sulfurique, ou la dissolution iodée de chlorure de zinc; le *Cannabis* et le *Rhizophora* conviennent parfaitement pour cette étude.

Dans le *Pereskia* et le *Rhizophora* on trouve des cellules libériennes ramifiées; dans le chanvre, elles sont souvent divisées à leur pointe. — Il existe encore des incertitudes sur l'origine des cellules libériennes; elle semble varier avec leur nature et leur position; quelques-unes naîtraient directement du cambium, d'autres n'en naîtraient qu'indirectement. Les plus courtes peuvent ne provenir que d'une seule cellule; les plus longues, au contraire, peuvent provenir de la juxta-position d'un certain nombre de cellules les unes au-dessus des autres, et de leur fusion ultérieure.

C'est par une fusion de ce genre que se forment les *vaisseaux laticifères* qui, dans les cas les plus simples, peuvent être considérés comme des cellules libériennes allongées et non ramifiées *(Vinca, Asclepias);* mais, le plus souvent, ils présentent de nombreuses ramifications, comme il est facile de le voir dans les euphorbiacées et dans le *Ficus.* J'ajouterai que, quelquefois, ces ramifications ne se présentent que dans les feuilles et n'apparaissent nullement dans la tige.

---

vérifié l'assertion de NÄGELI; cependant je trouve toujours les perforations bouchées par un mucilage épais, de sorte qu'elles ne peuvent passer pour de véritables trous. Ce mucilage retient presque entièrement la dissolution de carmin.

Enfin les différents vaisseaux laticifères d'une même plante peu-vent, par la formation de prolongements latéraux, se réunir les uns aux autres et donner lieu à un vrai réseau; ce réseau qui se dispose à travers les espaces intercellulaires constitue une partie essentielle du faisceau vasculaire; il établit de plus une liaison entre deux faisceaux voisins, en se continuant de l'un dans l'autre. On constate ces faits dans le *Carica Papaya* et dans toutes les chicoracées. Dans les fruits mûrs du carica, il est très-facile, avec quelques précautions, d'isoler le système vasculaire. Si l'on prend une chicoracée, il faut, au contraire, choisir de préférence la racine. — Les parois des vaisseaux laticifères ne sont jamais lignifiées.

Lorsque les cellules libériennes, nouvellement formées, se subdivisent en plusieurs autres, elles donnent naissance au *parenchyme libérien*, que l'on rencontre dans la partie corticale de chaque faisceau vasculaire; ce parenchyme, lorsque ses parois ne se lignifient pas, se remplit d'amidon, en automne, chez la plupart des plantes vivaces. C'est dans son intérieur que l'on trouve les cristaux dont les écorces sont quelquefois si riches. Il apparaît avec un arrangement varié, et avec des parois épaisses et lignifiées, dans l'écorce de *Fagus*, de *Platanus*, de *Betula* et d'*Alnus*. — Pour étudier le parenchyme libérien il est nécessaire de traiter l'écorce par le chlorate de potasse et l'acide azotique; on pourra voir ainsi, quelquefois, une rangée de jeunes cellules entourées par la membrane de la cellule-mère qui leur a donné naissance.

On appelle *cellules libériennes secondaires* des cellules à parois épaisses et lignifiées, de formes très-diverses, qui n'apparaissent que dans les écorces âgées; l'histoire de leur développement est encore inconnue. On ne les a encore trouvées jusqu'à présent, que dans les abiétinées, où les cellules libériennes proprement dites manquent, et sont remplacées par des tubes grillagés d'une structure particulière (p. 126). Dans le *Larix*, ce sont des cellules isolées, longues, pointues aux deux extrémités, qui ressemblent aux cellules libériennes du quinquina. Dans l'*Abies pectinata*, au contraire, elles sont courtes, ramifiées irrégulièrement, et rassemblées en groupes; on ne peut connaître leur véritable nature qu'après les avoir isolées. Enfin, dans le *Picea vulgaris*, elles sont courtes aussi, et ressemblent assez à un parenchyme très-épaissi et lignifié. Dans le *Pinus sylvestris*, dont l'écorce se sèche de bonne heure on ne les rencontre pas; pour les voir, en effet, il faut des écorces âgées, mais qui ne soient pas mortes.[1])

k) Les *cellules des rayons médullaires*, chez les dicotylédones, naissent directement du cambium qui leur correspond; celles qui donnent lieu à des rayons médullaires secondaires naissent, au contraire, indirectement, du cambium des faisceaux vasculaires, par une division horizontale de celui-ci. Elles présentent des pores et des ponctuations; cependant celles - ci disparaissent près du bois et on n'a encore rencontré de véritables pores qu'à la partie supérieure et à la partie inférieure des rayons médullaires du pinus. (Fig. 35.)

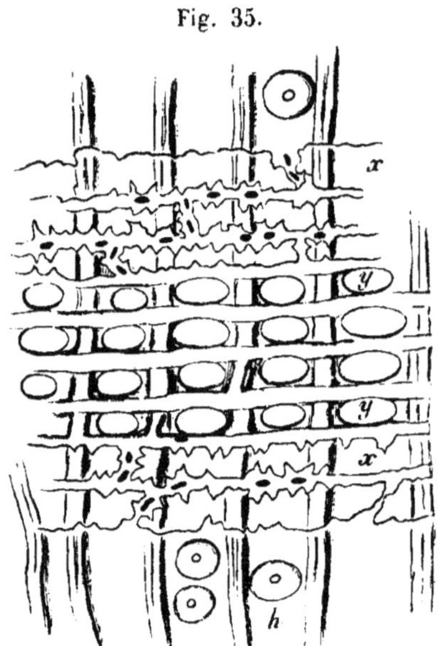

Les parois de ces cellules sont généralement minces, cependant elles sont lignifiées du côté du bois; dans l'écorce, au contraire, elles ne sont jamais lignifiées. Elles transportent des matières nutritives, comme le parenchyme du bois et du liber; dans la plupart des arbres, elles se remplissent d'amidon, à l'automne, et souvent aussi renferment des cristaux *(Buxus);* elles peuvent renfermer des matières colorantes et de la résine; elles vivent, d'ailleurs, un grand nombre d'années.

Fig. 35. Coupe longitudinale à travers le bois de sapin, menée parallèlement au rayon médullaire. *h*, cellules ligneuses, ponctuées, du bois printanier; *y*, cellules de rayon médullaire, avec de grosses ponctuations fermées; *x*, cellules extérieures, épaissies, présentant des ponctuations étroites, qui s'ouvrent par la suite.

---

[1]) Chez quelques plantes, on voit apparaitre, dans la première écorce, des cellules semblables aux cellules libériennes *(Ephedra).* — D'après J. HANSTEIN, on trouve dans les espéces d'*Allium*, des vaisseaux lactifères qui sont indépendants des faisceaux vasculaires.

Le tissu des rayons médullaires peut aussi être regardé comme un parenchyme qui s'étend régulièrement entre les cellules des faisceaux vasculaires, et traverse, pour ainsi dire, ces faisceaux. Il peut alors être rapproché du parenchyme qui, dans les monocotylédones, entoure les faisceaux vasculaires, et qui, dans les plantes qui possèdent une tige ligneuse *(Palmier, Dracœna)* se lignifie en vieillissant.

E. ETUDE DES FAISCEAUX VASCULAIRES.

Il résulte de ce qui précède que les faisceaux vasculaires se composent de différentes sortes de cellules provenant, soit directement, soit indirectement, des cellules du cambium. La partie la plus importante du faisceau vasculaire est donc le cambium, et suivant sa position relative, le mode de développement et les caractères du faisceau pourront varier. Pour étudier ce développement, on devra faire, dans la tige, des coupes longitudinales et transversales. On trouvera ainsi, dans la tige des mousses à feuilles et de quelques hépatiques, *(Diplolœna, Metzgeria)* un cordon central de cellules allongées, à parois minces, qui est l'indice d'un faisceau vasculaire; dans les équisétacées, au contraire, on trouve des vaisseaux spiraux et annulaires bien développés, et, dans les jeunes racines, on aperçoit, au centre, un vaisseau très-large, épaissi en forme de spirale ou de réseau, qui se résorbe plus tard et laisse un conduit aérien dans le faisceau vasculaire. — Dans les fougères et les lycopodiacées on aperçoit, outre les vaisseaux spiraux, et comme

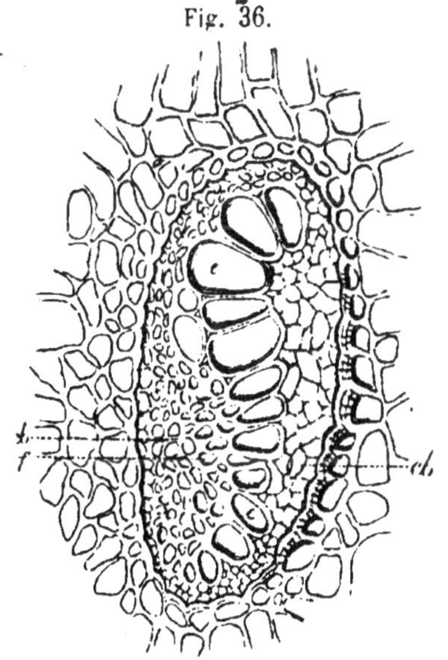

Fig. 36. Coupe transversale dans un faisceau vasculaire de la fronde du *Pteris aquilina:* **cb**, cellules de cambium; *e*, larges vaisseaux scalariformes; *f*, vaisseaux étroits, épaissis en forme de spirale. (Gross. 150 fois.)

formations ultérieures, des vaisseaux scalariformes qui sont surtout bien développés dans la tige des fougères arborescentes.

La disposition du cambium durable (vasa propria) autour des cellules vasculaires varie suivant les plantes que l'on considère, et ce sujet, comme l'étude des cellules du cambium elles-mêmes, comporte encore bien des recherches. (Fig. 36.)

Les cellules ligneuses véritables, les tubes grillagés et les cellules libériennes n'ont pas été trouvés, jusqu'à présent, dans les faisceaux vasculaires des cryptogames, et les cellules lignifiées qui forment les séparations sombres dans les faisceaux vasculaires des fougères arborescentes, doivent être regardées comme du parenchyme lignifié. Dans les monocotylédones, le cambium persistant est placé sensiblement au milieu du faisceau vasculaire; il est entouré de cellules vasculaires d'une autre espèce, et aussi de cellules allongées, pointues aux deux extrémités, fortement épaissies et lignifiées, qu'on regarde tantôt comme des cellules ligneuses, tantôt comme des cellules libériennes. (Fig. 37.) Dans la plupart des palmiers on

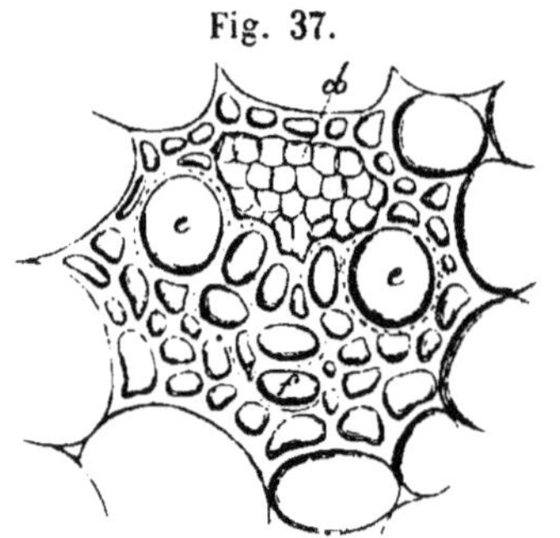

Fig. 37.

trouve un faisceau très-gros de ces cellules, du côté de la périphérie de la tige; on les regarde comme du liber, tandis que les autres cellules, qui, avec les vaisseaux, entourent le cambium, sont regardées comme des cellules ligneuses. En tous cas, la distinction entre ces deux sortes de cellules est moins facile à établir pour les monocotylédones que pour les dicotylédones; dans ces dernières plantes, en effet, la partie ligneuse est séparée du liber par le cambium.

Dans le *Calamus* et le *Bactris,* une coupe transversale montre, dans chaque faisceau vasculaire, deux groupes de cambium séparés l'un de l'autre. Dans les palmiers et les aroïdées arborescentes, ainsi que dans le *Pandanus,* on voit dans l'écorce des faisceaux de liber qui passent dans les feuilles avec les faisceaux vasculaires venant du milieu de la tige.

Fig. 37. Coupe transversale dans un faisceau vasculaire d'un chaume d'avoine. *cb,* cambium; *e,* larges cellules vasculaires; *f,* vaisseaux spiraux plus étroits. (Gross. 200 fois.)

Enfin, dans les faisceaux vasculaires des dicotylédones, il manque un cambium persistant; leur cambium forme, au contraire, une partie bien déterminée de l'anneau d'accroissement, et dans tous les cas, il agit d'une manière constante pour l'accroissement du faisceau. Dans la partie ligneuse, on trouve les vaisseaux, les cellules ligneuses et le parenchyme ligneux; dans la partie libérienne, au contraire, on trouve les tubes grillagés, les cellules libériennes et le parenchyme libérien. Dans les conifères, il manque au bois des vaisseaux, et dans les abiétinées, le liber est privé de cellules libériennes proprement dites. Autour de la moelle, dans l'étui médullaire, on trouve, chez toutes les dicotylédones, des vaisseaux spiraux ou annulaires, tandis que dans le bois il ne naît, au commencement, que des vaisseaux ponctués ou des vaisseaux scalariformes. On voit quelquefois apparaître autour de la moelle les éléments des parties libériennes: des cellules libériennes dans le *Nerium*, des vaisseaux laticifères dans l'*Euphorbia canariensis* et le *Gomphocarpus*. Dans le lin, chaque faisceau vasculaire présente, dans la moelle, un cambium persistant, entouré de cellules lignifiées. Dans l'*Ipomœa tuberosa*, on voit se former, d'une manière normale, dans l'étui médullaire, une écorce contenant des cellules libériennes, des tubes grillagés, des vaisseaux laticifères, du parenchyme ligneux et des rayons médullaires; cette formation qui se développe après le bois fait souvent éclater l'anneau ligneux déjà fermé.

A l'aide d'une coupe transversale, on reconnaît aussi la disposition des faisceaux vasculaires dans la tige, et l'on peut vérifier qu'il existe dans les mousses à feuilles et dans quelques hépatiques, un faisceau vasculaire central. Chez les rhizocarpées et le *Selaginella* il existe encore un faisceau central; mais, dans cette dernière plante, il est comme suspendu au milieu d'un cylindre rempli d'air, et n'est relié à l'écorce que par un parenchyme cellulaire à une seule cellule. Dans la racine, au contraire, il est enveloppé par l'écorce, sans intermédiaire. Dans les fougères et les équisétacées, il existe plusieurs faisceaux vasculaires disposés en couronne autour d'une moelle centrale; dans les lycopodes on trouve cette même disposition; cependant ils diffèrent en ce que les faisceaux présentent un accroissement centripète, de sorte que dans les vieilles tiges on n'aperçoit qu'un faisceau vasculaire central avec des prolongements en forme de rayons.

9*

Les faisceaux vasculaires des cryptogames ne se multiplient pas dans la tige, et dans toutes leurs racines il n'existe qu'un faisceau central, comme je l'ai constaté moi-même. Dans les monocotylédones, les premiers faisceaux vasculaires forment un cercle autour d'une moelle centrale, mais ils se multiplient plus tard de deux manières: les faisceaux qui entourent la moelle se divisent d'abord; puis, lorsque la tige continue à grossir, il se produit aussi une division des faisceaux qui sont voisins de l'anneau d'épaississement. Les premiers passent dans les feuilles; les autres, au contraire, forment, avec le parenchyme enveloppant, le bois de la tige monocotylédonée *(Palmœ, Dracœna, Pandanus)*. Dans la racine, on voit naître d'abord, comme dans la tige, un simple cercle de jeunes faisceaux vasculaires, mais la division du côté de la moelle ne se reproduit plus, puisque les racines ne forment pas de feuilles; lorsque les racines ne continuent pas à croître en diamètre, la multiplication des faisceaux du côté de l'anneau d'accroissement ne se reproduit pas non plus. Dans ce cas, le cercle de faisceaux vasculaires se forme autrement que dans la tige, en ce sens que les faisceaux isolés s'accroissent latéralement et forment ainsi un cercle continu; là le faisceau n'est plus reconnaissable que par son cambium permanent entouré de gros vaisseaux; il n'est plus distingué du voisin par un parenchyme, comme dans la tige. Mais lorsque les racines s'accroissent pendant longtemps, *(Dracœna, Pandanus)*, la multiplication des faisceaux vasculaires continue autour de l'anneau d'accroissement, absolument comme dans la tige, et ce n'est que plus tard que se passe le phénomène qui vient d'être décrit. De plus, dans la plupart des cas, après que l'accroissement en largeur est terminé, il se développe, aux dépens d'une rangée de cellules de l'anneau d'accroissement, un étui dur, le *noyau;* cet étui se compose d'une, ou, plus rarement, de deux rangées de cellules épaissies soit de tous les côtés, soit d'un seul; il entoure le faisceau vasculaire de la racine et le sépare de l'écorce. Dans le genre *Smilax* (racine de salsepareille) et dans le jonc, cet étui solide est bien formé; chez les *Dracœna,* il n'apparaît que dans les vieilles racines dont l'accroissement en largeur est terminé.

Enfin, chez les dicotylédones, en faisant une coupe transversale passant par l'axe de la plante en germination, ou dans les plus jeunes pointes de tiges, *(Abies, Larix, Picea, Fagus, Quercus)* on voit un cercle de faisceaux vasculaires dont le cambium est

placé dans l'anneau d'accroissement; la partie ligneuse apparaît du
côté interne de cet anneau, et la partie libérienne, au contraire,
du côté externe. Ces faisceaux vasculaires sont séparés les uns
des autres par un parenchyme qui constitue les faisceaux vasculaires primaires (Fig. 38). La portion des faisceaux vasculaires
qui touche la moelle forme, avec le parenchyme
qui sépare ces faisceaux l'un de l'autre, l'étui
médullaire où se trouvent les trachées (p. 120);
elle pénètre jusque dans les feuilles, ainsi que
la partie la plus externe de ces mêmes faisceaux,
tandis que le centre demeure dans la tige et se
développe avec elle au moyen du cambium.

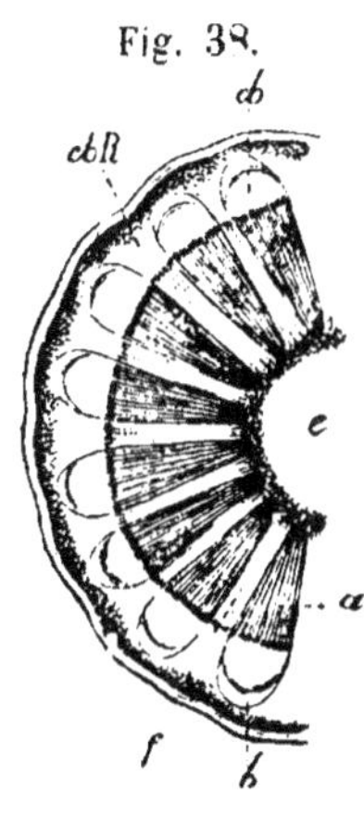

Fig. 38.

Les faisceaux vasculaires primaires sont donc
distribués dans la tige sur un même cercle; ils
s'accroissent au moyen de leur cambium qui
forme une partie de l'anneau d'accroissement;
il en résulte que, d'un côté aussi bien que de
l'autre, ils doivent avoir la forme d'un coin. De
plus, il se développe des rayons médullaires secondaires dans les faisceaux primaires (p. 118 et 128); ces rayons
continuent à se développer par la suite à l'aide de leur propre
cambium.

Ainsi, l'anneau vasculaire des tiges de dicotylédones est toujours
traversé par les rayons vasculaires primaires qui s'étendent depuis
la moelle jusqu'à l'écorce, tandis que les rayons secondaires se terminent dans le faisceau lui - même *(Cissus, Aristolochia, Tilia)*
(Fig. 39).

Ordinairement la partie ligneuse des faisceaux vasculaires prend
un plus grand développement que la partie corticale, comme on
le voit dans le hêtre et dans toutes les jeunes tiges; mais il ne
faut pas s'adresser, pour constater ce fait, aux plantes dont l'écorce
âgée se détache, parce que la disposition primitive de la partie
libérienne n'y est plus reconnaissable.

Dans les racines des dicotylédones, la structure générale des
faisceaux vasculaires est la même que dans les tiges, si ce n'est
qu'ils s'accroissent plus longtemps du côté du centre, et finissent

Fig. 38. Partie d'une coupe transversale à travers une jeune tige de *Cocculus
laurifolius:* *a,* partie ligneuse du faisceau vasculaire; *cbR,* anneau d'accroissement; *e,* moelle; *f,* rayon médullaire primaire. (Gross. 25 fois.)

par déplacer la moelle qui se trouvait d'abord en même proportion que dans la tige; les cellules des racines sont aussi plus larges que celles de la tige, ce qui est facile à vérifier dans les conifères

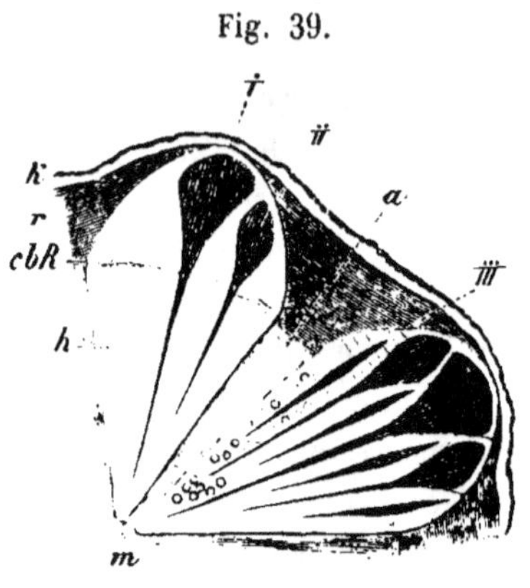

Fig. 39.

(Pinus, Larix, Picea), aussi bien que dans les arbres à feuilles *(Quercus, Fagus)* (p. 122). Dans la racine de *Beta* on trouve un peu de moelle à la partie supérieure, mais elle disparaît plus bas. — Après avoir étudié la disposition des faisceaux vasculaires dans la tige et dans la racine, on aura donc à comparer les observations faites dans les deux cas.

Pour étudier la disposition des faisceaux vasculaires il ne suffit pas de faire des coupes transversales; cela se comprend de soi. Il faut encore faire des coupes longitudinales suivant différentes directions indiquées par la coupe transversale. Dans les cryptogames qui présentent un faisceau vasculaire central, il suffit généralement de faire une coupe longitudinale par le milieu de la tige ou de la racine; elle permet d'observer la ramification des faisceaux vasculaires aux points où se ramifie la tige, ou à la naissance des feuilles. Pour ceux où il existe un cercle vasculaire, outre une coupe longitudinale passant par le milieu, il faut, au moins, en faire une autre tangentielle *(Selaginella, Ophioglossum, Botrychium, Pteris, Lycopodium)*.

Dans les monocotylédones, les coupes radiales et tangentielles suffisent le plus souvent: une coupe longitudinale menée suivant un rayon montre la forme sinueuse des faisceaux vasculaires allant des feuilles à la moelle de la tige, lesquels sont nés par division, au côté interne de l'anneau de cambium, au-dessous du cône de végé-

Fig. 39. Partie d'une coupe transversale sur le rhizôme de *Cissus verrucosa* (qui porte le *Rafflesia Patma*). *a*, un rayon médullaire primaire; *cbR*, anneau d'accroissement ou de cambium; *h*, partie ligneuse du faisceau vasculaire; *k*, couche subéreuse de l'écorce; *r*, écorce secondaire dans laquelle est placée la partie libérienne du faisceau vasculaire. I, rayon médullaire secondaire, dans la première disposition; II, deuxième disposition; III, troisième disposition. — (Gross. 3 fois.)

tation; elle montre aussi la multiplication périphérique des faisceaux vasculaires par formation de rameaux du côté de l'anneau d'accroissement. Au moyen de coupes longitudinales tangentielles, qui doivent être faites successivement à travers l'écorce, l'anneau de cambium, et la partie centrale, on reconnaît la course des faisceaux de liber périphériques qui apparaissent dans l'écorce *(Palmier, Pandanus, et Aroïdées tropicales)*, et aussi la soudure latérale des faisceaux vasculaires entourés par l'anneau de cambium; dans le *Dracœna*, le bois présente des sortes de mailles comme chez les dicotylédones, dues à ce que les faisceaux voisins se rapprochent les uns des autres pour se séparer ensuite (Fig. 40).

Chez les dicotylédones, il est nécessaire de faire les mêmes coupes longitudinales pour étudier la disposition des faisceaux vasculaires dans la tige, en ayant soin de faire coïncider les coupes

Fig. 40.

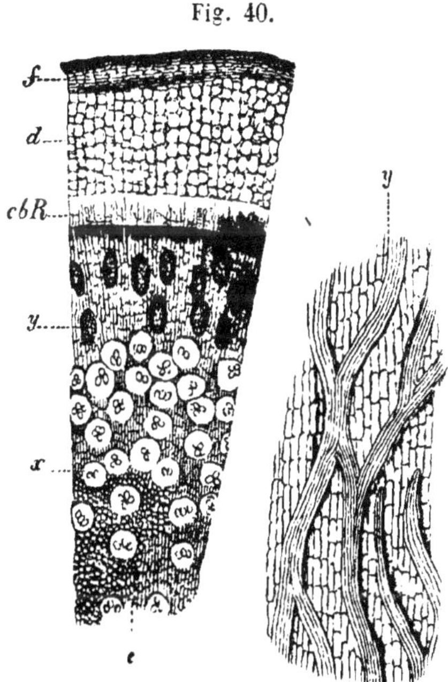

radiales avec les rayons médullaires, ce qui est facile en observant à la loupe la surface transversale, après l'avoir bien polie (Fig. 41 A). Les coupes longitudinales tangentielles doivent être faites: 1° à travers l'écorce secondaire, et y montrer la course de la partie libérienne des faisceaux vasculaires, qui forme des mailles remplies par les rayons médullaires *(Betula, Fagus)*; 2° à travers la couche de cambium, dans laquelle cette disposition en mailles se reproduit (on devra distinguer nettement le cambium des

Fig. 40. Coupe transversale et coupe longitudinale tangentielle à travers la tige de *Dracœna*. *f*, couche de liége; *d*, parenchyme de l'écorce; *c b R*, anneau de cambium; *y*, faisceaux vasculaires qui se sont formés après que l'accroissement en longueur de la tige était terminé; *x*, faisceaux apparus plus tôt; *e*, le parenchyme qui entoure les faisceaux vasculaires. (Gross. 20 fois).

faisceaux vasculaires du cambium des rayons médullaires); 3º à travers le bois où la disposition relative de la partie ligneuse et des rayons médullaires répond à ce qui existe déjà dans le cambium. (Fig. 42.)

Fig. 41.

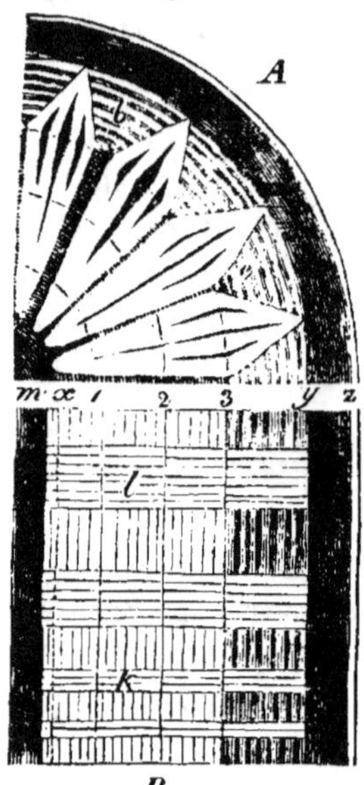

Fig. 42.

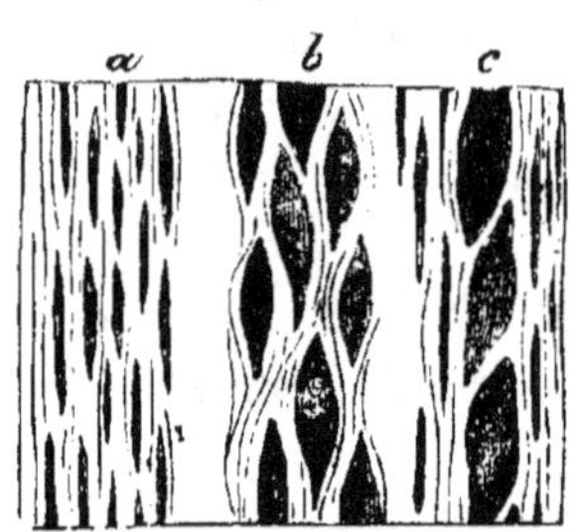

On peut suivre aisément un faisceau vasculaire dans son trajet en éloignant l'épiderme et le parenchyme qui entoure ces faisceaux; cela peut s'obtenir en faisant cuire dans l'eau pendant un temps assez long, de 48 à 60 heures, l'organe végétal en question. Par ce moyen, la substance intercellulaire du tissu paren-

Fig. 41. Figures schématiques de la coupe transversale et de la coupe longitudinale radiale à travers la tige d'une dicotylédone, dessinées comme on les verrait avec un grossissement de loupe. Sur la coupe transversale *A*, on voit, à gauche, de larges rayons médullaires *b* primaires et secondaires, tandis qu'à droite on ne voit représentés que d'étroits rayons médullaires. Sur la coupe longitudinale *B*, au contraire, on voit de longs rayons dans la partie supérieure, tandis qu'à la partie inférieure ils sont courts et formés d'un petit nombre de cellules superposées; *m* représente, pour les deux coupes, la moelle; *x*, le commencement des faisceaux vasculaires qui se sont rassemblés pour la formation de l'anneau ligneux, et constituent l'enveloppe de la moelle; 1, 2 et 3 sont les anneaux annuels successifs du bois; auprès de 3 se trouve l'anneau de cambium; depuis 3 jusqu'à *y*, écorce secondaire; de *y* à *z*, écorce primaire; *z*, couche de périderme.

Fig 42. Dessin schématique d'une coupe longitudinale tangentielle à travers différents bois, pour montrer le trajet des cellules ligneuses et des vaisseaux par rapport aux rayons médullaires; en *a*, rayons médullaires très-étroits, comme dans les conifères; en *b*, rayons très-larges, comme dans le *Laurus* et le *Swietenia Mahagoni*; en *c*, rayons médullaires de deux sortes, c'est-à-dire larges et étroits, comme dans le hêtre et le chêne. (Grossissement de loupe.)

chymateux non lignifié est complétement dissoute, tandis qu'elle subsiste entre les cellules lignifiées du faisceau vasculaire; ces parties lignifiées restent comme squelette. C'est HARTIG qui a le premier indiqué ce procédé permettant d'avoir de très-belles préparations; il convient à tous les végétaux herbacés qui présentent des faisceaux ligneux et aux plantes ligneuses dont les rayons médullaires ne sont pas lignifiés, comme l'*Opuntia;* je possède un squelette magnifique de la tige et de la racine de cette plante. Par la putréfaction dans l'eau froide on peut arriver au même résultat; cependant les préparations ainsi obtenues sont en général moins élégantes. Pour avoir de belles préparations de feuilles montrant la division des faisceaux vasculaires dans leur intérieur, on peut les livrer à la putréfaction ou les donner en pâture aux fourmis. C'est ainsi qu'une branche de draconnier d'Orotava que j'avais reçue fraîche, m'a offert au bout d'un an, par une putréfaction lente et sans eau, un squelette des plus démonstratifs faisant voir aussi bien les faisceaux constituant l'anneau ligneux que ceux qui se dirigent vers les feuilles pour s'y ramifier.

Malheureusement, il se produit toujours ainsi une destruction des parties les plus jeunes des faisceaux vasculaires encore non lignifiées; aussi ne peut-on employer ces procédés pour résoudre une question qui a été remise dernièrement sur le tapis par J. HANSTEIN et NÄGELI, à savoir si les jeunes faisceaux vasculaires naissent de la feuille ou de la tige. Pour cet important problème, il est nécessaire de faire des coupes longitudinales excessivement minces à travers de jeunes bourgeons, ou encore mieux d'observer l'embryon dans le sac embryonnaire même; j'ai étudié à ce sujet l'*Abies,* le *Tropœolum* et le *Pedicularis;* après que les cotylédons sont ébauchés on distingue, dans l'axe de l'embryon, l'anneau d'épaississement, et, dans celui-ci, on voit paraître, un peu plus tard, les premiers faisceaux vasculaires ou faisceaux de cambium; ils sont en liaison directe avec les faisceaux de cambium qui apparaissent simultanément dans les jeunes cotylédons. Dans l'embryon de pin ou de sapin on voit apparaître ces rayons de cambium avant la germination; chaque cotylédon en possède un; il en est de même dans les palmiers, mais il existe plusieurs de ces faisceaux dans chaque cotylédon.

Par la germination, on voit naître ensuite les premières cellules vasculaires au point où la feuille quitte la tige; le nouveau faisceau vasculaire provient des cellules du faisceau de cambium; sa formation se propage, dans la tige, en descendant, et dans la feuille, en remontant. Suivant toute vraisemblance, c'est là aussi le mode de développement des bourgeons qui terminent une branche ou en constituent une nouvelle; là aussi les faisceaux de cambium apparaissent dans la feuille qui se forme avant les cellules vasculaires qui s'y développent plus tard, et sont en connexion avec l'anneau de cambium de la jeune tige.

Je tiens dès lors comme non fondée l'opinion soutenue par Hanstein et Nägeli, d'après laquelle les nouveaux faisceaux vasculaires descendraient de la feuille dans la tige, et je crois que la formation de nouvelles feuilles, ainsi que leur disposition régulière sur la tige, proviennent de l'émission régulière des faisceaux vasculaires au-dessous de la pointe de la tige. J'ajouterai que les cellules vasculaires, dans le faisceau de cambium, ne naissent pas toujours au-dessous du cône de végétation de la pointe de la tige: Caspary a montré, en effet, sur l'embryon de l'orobanche, qu'elles naissent, dans le faisceau de cambium, au point où il est soudé à la plante nourricière, à rebours par conséquent à partir de l'extrémité de la racine.[1]).

Quant au développement même des faisceaux vasculaires, on le suit très-facilement dans une plante en germination en étudiant, à l'aide de coupes transversales et longitudinales, l'embryon, avant la période de germination, et ensuite, à différents degrés de cette période. De cette manière, on constate, d'abord, la présence de faisceaux de cambium dans l'anneau d'épaississement *(Fagus, Quercus, Pinus);* plus tard on voit naître, du côté de la moelle, des vaisseaux isolés, étroits, spiraux ou annulaires, et, presque en même temps, du côté de l'écorce, des cellules libériennes isolées, ou des tubes criblés; on peut suivre ainsi, de chaque côté, le développement ultérieur du faisceau vasculaire de dicotylédone aux dépens de l'anneau de cambium.

Dans les conifères, le nombre des faisceaux vasculaires primaires, dans l'axe de l'embryon, correspond toujours au nombre des cotylédons. Dans le hêtre, au contraire, pour deux cotylédons, il existe huit groupes de cambium; dans le chêne et le noisetier il en apparaît quatre; dans le noyer, six, et dans le châtaignier,

---

[1]) CASPARY, sur la germination des orobanches, Flora 1854.

un très-grand nombre. Cependant il est encore besoin de recher--
ches pour savoir si, comme dans les conifères, ces nombres sont
tout-à-fait constants. Dans le chêne, le noyer et le châtaignier,
il existe déjà, avant la germination, des vaisseaux spiraux qui apparaissent tout d'abord au point d'insertion des deux cotylédons;
il en est de même dans le *Zamia,* le *Viscum* et le *Loranthus.*

En étudiant les bourgeons qui, déjà ébauchés en automne, passent l'hiver à l'abri des bractées, on retrouve des dispositions semblables, c'est-à-dire qu'on retrouve, dans l'anneau d'accroissement,
un nombre plus ou moins précis de faisceaux de cambium qui
sont en communication avec les faisceaux de cambium des feuilles
à peine ébauchées, comme on le voit en faisant des coupes longitudinales minces à travers les jeunes pousses de pin ou de sapin.
en automne où au printemps. Chez les pins sauvages on trouve
déjà, dans la pousse d'hiver, des vaisseaux spiraux, étroits, qui,
chez le pin et le sapin, ne se forment qu'au printemps. On doit
commencer l'étude de ces bourgeons avant leur épanouissement et
la poursuivre jusqu'à l'achèvement complet de l'accroissement en
longueur de la nouvelle pousse. On n'arrivera à aucun résultat
sûr en étudiant pendant l'été les pointes de tiges, même chez les
plantes dont les branches croissent d'une manière périodique et
non interrompue. Ainsi, dans une jeune branche de hêtre, au moment où elle sort de son bourgeon, on ne trouve dans les faisceaux vasculaires que des vaisseaux présentant des bandes en forme
d'anneaux ou de spirales très-éloignées les unes des autres; plus
tard on voit naître des vaisseaux spiraux à bandes plus serrées,
puis, seulement lorsque l'allongement de la pousse est terminé, des
vaisseaux réticulés ou ponctués et, à côté de ceux-ci, des cellules
ligneuses lignifiées; la tige acquiert en même temps de la consistance. C'est à cette époque que commence la formation des faisceaux vasculaires devant constituer le bois et l'écorce secondaire.

Pour les racines, on suit le développement des faisceaux vasculaires soit par l'étude des plantes en germination, soit par l'étude
des jeunes racines secondaires. Pour la feuille enfin, on devra faire
son étude organogénique.

F. ETUDE DE LA TIGE ET DES RACINES.

La tige des plantes est caractérisée par un cône de végétation
au-dessous duquel des feuilles peuvent se former. A l'étude de la
tige se rattache celle du cône de végétation, nous y reviendrons
plus loin à propos du bourgeon. La racine se termine aussi par
un cône de végétation, mais il est recouvert par une enveloppe
formée de cellules, la piléorhize, et ne peut former aucune feuille.
La piléorhize est liée organiquement avec le cône de végétation;
elle croît par la formation de nouvelles couches sur son côté interne,
tandis que ses couches extérieures se détruisent successivement.
Nous étudierons plus tard la piléorhize à propos du développement
de la racine à l'aide du bourgeon radiculaire.

C'est d'abord dans les mousses et les hépatiques que nous trouvons une véritable tige formant, au-dessous du cône de végétation,
des organes appendiculaires (feuilles). A la vérité, on trouve déjà
dans les algues supérieures, comme celles du genre *Sargassum*, et
aussi parmi les algues unicellulaires *(Caulerpa)*, des organes qui,
morphologiquement, seraient peut-être comparables à des tiges et à
leurs feuilles; de même dans le *Cymopolia bibarbata*, algue des
mers tropicales [1]), et dans les *Charas*. Les hépatiques
à frondes présentent des tiges aplaties *(Metzgeria, Blasia, Pellia)*
avec des feuilles au-dessous de leur cône de végétation, excepté
peut-être l'*Anthoceros*. D'un autre côté, les mousses et les hépatiques n'ont pas de racines proprement dites, mais des poils radicellaires destinés à puiser la nourriture dans le sol.

On serre dans la moelle de sureau (p. 42) les petites tiges de
mousses ou d'hépatiques, à l'état frais, ou, si elles sont desséchées,
après les avoir ramollies par un séjour de plusieurs heures dans
l'eau froide; on aura soin que la coupe transversale soit perpendiculaire à l'axe longitudinal de la tige. Le même procédé doit
être employé pour toutes les racines et tiges très-ténues. On peut
couper parfaitement à main libre les tiges ou racines épaisses en
observant les précautions indiquées à la page 61, mais il est bon
de choisir d'abord des tiges ou des racines de force médiocre qui
permettent d'embrasser d'un seul coup d'œil, sous le microscope,

---

[1]) recueillie par moi sur le rivage des iles Canaries.

la disposition générale du centre à la périphérie, dans une coupe transversale; il faut, de plus, comparer l'organe dans ses différents degrés de développement, car souvent ce développement amène des changements importants.

Dans les jeunes branches, on doit considérer la constitution de l'épiderme et étudier sa structure soit en l'arrachant, soit, lorsqu'on ne peut l'enlever, en faisant des coupes minces au-dessous de sa surface; observer la forme et le degré d'épaississement de ses cellules, ainsi que la présence de stomates, poils, écailles, glandes, etc. Les stomates se reconnaissent en regardant l'épiderme de face, surtout lorsqu'il est arraché; pour les poils, les glandes, etc., il faut, au contraire, faire des coupes transversales qui montrent en même temps les relations de ces parties avec l'épiderme. On a en outre, à l'aide de coupes transversales et longitudinales, à observer l'arrangement et la structure des faisceaux vasculaires (p. 129) et à distinguer, dans les végétaux dicotylédonés, l'écorce primaire de l'écorce secondaire. La première forme la partie extérieure recouverte par l'épiderme, et c'est un vrai parenchyme, tandis que l'autre, touchant à l'anneau de cambium et croissant par le moyen de celui-ci, constitue, chez les dicotylédones, la partie libérienne des faisceaux vasculaires, traversée par les rayons médullaires. Les limites entre ces deux écorces sont le plus souvent mal accusées. C'est dans la première que se trouvent, chez les abiétinées, les réservoirs résinifères; dans le mélèze il se forme cependant plus tard, dans l'écorce secondaire, des cavités résinifères longitudinales, mais elles sont complétement fermées. Quelquefois aussi l'on trouve sous l'épiderme, dans l'écorce primaire, un tissu parenchymateux, à parois épaisses, non lignifié, d'un aspect brillant, que l'on nomme ordinairement *collenchyme* et qui sert probablement à empêcher l'évaporation *(Cucurbita, Rumex, Opuntia.)* •

A la limite entre l'écorce primaire et l'écorce secondaire on voit paraître le commencement du liber des faisceaux primaires, dont la partie ligneuse se termine à l'étui médullaire; ces faisceaux primaires sont facilement reconnaissables dans le bois des jeunes branches *(Tilia, Cissus, Viscum).* Ici, à propos des faisceaux vasculaires, on doit observer ce dont j'ai parlé avec détail à la page 129, et surtout, après s'être orienté par une coupe transversale sur les rapports de position des différentes sortes de cellules, faire par le milieu de la tige ou de la racine des coupes longitudinales

suivant la direction des rayons médullaires, et observer la structure
de l'étui médullaire en opposition avec le bois futur, celle de la
partie du liber qui rase l'écorce primaire en opposition avec l'é-
corce produite plus tard par le cambium, celle de l'anneau de cambium lui‑même et le mode de division de ses cellules; pour ce
dernier point on devra choisir des plantes dont le cambium présente de larges cellules, comme les racines de conifères *(Abies, Pinus, Larix)*. Chez le frêne, les premiers vaisseaux ponctués dans
le jeune bois d'un bourgeon récent sont encore fort étroits, et par
suite très‑propres pour l'étude de la structure ponctuée de leurs
parois. Si les branches que l'on veut étudier sont très-molles, on
peut, pour les rendre plus dures, les mettre à séjourner pendant
plusieurs heures dans l'alcool; dans ce cas, les coupes ne doivent
être humectées ensuite qu'avec de l'alcool (p. 62). — Les coupes
longitudinales tangentielles doivent être faites 1° par l'écorce primaire, 2° par l'écorce secondaire, 3° par la couche de cambium,
4° par l'anneau ligneux.

On ne peut étudier les jeunes racines qu'à l'état de la plus
grande fraîcheur parce que, d'ordinaire, elles sont très-délicates et
se dessèchent rapidement au sortir de la terre; alors elles ne sont
plus propres aux recherches. Je regarde comme nécessaire de les
enlever avec la terre, et de les nettoyer avec précaution sous l'eau,
ou bien, si cela n'est pas praticable sur place, de les transporter
avec la terre, dans un vase plein d'eau, sur le lieu de l'observation.
Ce n'est que de cette manière qu'il est possible de mettre en évidence l'épiderme délicat des racines avec leurs poils unicellulaires,
le plus souvent non ramifiés, ou de voir si ces poils manquent,
comme dans l'*Abies pectinata*, le *Monotropa*, et le *Cicuta virosa*.
En faisant une coupe transversale à travers ces jeunes racines, on
cherche ensuite à déterminer la limite intérieure de l'écorce primaire, limite qui se partage en deux cercles. Le cercle extérieur,
qui disparaît bientôt, correspond à l'enveloppe de la racine (velamen
radicum); dans les racines aériennes des orchidées tropicales
(Stanhopea, Epidendron) elle est très‑nette et formée de cellules
épaisses; dans les dicotylédones *(Alnus, Quercus, Pinus)*, elle existe
encore, mais souvent avec un moins grand nombre de rangées de
cellules. Ordinairement ce velamen se dessèche très-vite, et avec
lui sont détruits les poils radicellaires. Dans les jeunes racines on
a en outre à considérer la position des faisceaux vasculaires et

toutes les autres circonstances dont il a été parlé au sujet de la tige, à comparer la structure de la tige à celle de la racine.

Dans les racines encore très-jeunes de monocotylédones, l'étui solide[1]) manque encore d'ordinaire et il ne se forme qu'avec la cessation de l'accroissement en grosseur; pour les dicotylédones on observera la croissance centripète de l'anneau fibrovasculaire, et le rétrécissement de la moelle qui en résulte. Les plus jeunes racines de *Beta vulgaris* que l'on ne pourrait couper dans l'état ordinaire se laissent très-bien tailler lorsqu'elles ont été durcies par l'alcool.

Lorsque les branches, tiges, ou racines sont plus âgées, on fait des coupes transversales et des coupes longitudinales successivement à travers la partie la plus interne, le cambium, et l'écorce, suivant les deux directions dont il a été parlé pour les coupes longitudinales. Il est rarement nécessaire, pour les végétaux dicotylédones, d'étudier le bois à des âges différents; pour l'écorce, au contraire, il faut une étude comparative aux différents degrés de son développement, car il s'y passe des changements importants, comme la formation du liége et du faux liége. Si, par exemple, le liége naît au-dessous de l'épiderme, il le fait mourir; c'est ce que nous voyons chez la plupart des végétaux vivaces, même dans la première année d'existence de la branche. Se forme-t-il, au contraire, dans le parenchyme même de l'écorce, une zone de liége, alors on voit mourir toutes les parties situées en dehors et il naît un faux liége (Rhytidoma) dont la formation peut se borner à l'écorce primaire, mais atteint souvent, par la suite, les écorces secondaires âgées, et les fait mourir *(Pinus sylvestris, Platanus)*. La nature du liége doit dès lors être fort différente dans ces deux cas. En outre, il se produit assez souvent un changement dans la nature des cellules de l'écorce vivante. Ainsi nous trouvons dans les vieilles écorces d'*Abies*, de *Pinus*, de *Picea*, des cellules libériennes secondaires (p. 127) dont l'organogénie est encore inconnue, et, encore plus souvent, des groupes de cellules à parois épaisses et lignifiées *(Fagus, Carpinus, Platanus)*. KARSTEN a découvert aussi dans les vieilles écorces de *China laurifolia* des changements dans les parois des cellules libériennes qui ne peuvent s'expliquer que par une résorption et rappellent les cellules poreuses du *Caryota urens.*

---

[1]) L'étui solide se trouve aussi chez quelques plantes dans des souches âgées: il n'est donc pas un caractère anatomique des racines.

Quelquefois on fera bien d'étudier l'écorce en elle-même lorsqu'elle s'est séparée du bois par la dessication, c'est-à-dire par une déchirure de la couche de cambium, mais alors elle ne fournira rien de net du côté du cambium. Pour observer, au microscope, des écorces desséchées, il suffit de les plonger pendant une demi-heure dans l'eau et d'humecter la coupe transversale avec une dissolution de potasse caustique. Dans d'autres cas il est bon de chauffer la coupe avec une dissolution de potasse, par exemple pour les écorces de quinquina; les cellules de ces écorces, qui sont peu épaisses et affaissées les unes sur les autres paraissent fraîches après ce traitement, et fournissent de belles préparations à conserver, si l'on a soin de les laver ensuite avec de l'eau distillée.

La tige des cryptogames et des monocotylédones offre encore une formation corticale: dans les premières, à l'exception de l'*Isoëtes*, elle est toujours de nature primaire; pour les secondes, on ne peut admetre d'écorce secondaire que dans le cas où l'écorce s'accroît au moyen du cambium en même temps que la tige, de même que la partie située à l'intérieur de cet anneau; c'est le cas des palmiers, du *Pandanus* et des aroïdées tropicales qui présentent des faisceaux libériens dans une écorce secondaire. Pour le draconier il serait difficile de dire si l'écorce croît à l'aide de l'anneau de cambium ou si l'accroissement de la tige provient seulement d'une multiplication et d'une dilatation des cellules. On étudiera, en outre, la structure et l'arrangement des faisceaux vasculaires. La racine sera étudiée et comparée toujours à la tige.

Dans la coupe transversale d'une tige de dicotylédone on distingue, de l'intérieur à l'extérieur: 1° la moelle, 2° le bois, 3° le cambium et 4° l'écorce. Relativement à la moelle on a à observer sa grandeur et sa forme (dans quelques lianes tropicales, ainsi que dans la tige du chêne, du châtaignier, etc., elle n'est pas circulaire, mais a une forme polygonale en rapport avec la position des feuilles), la nature des cellules, le passage du tissu médullaire aux cellules de l'étui médullaire, et enfin le contenu des cellules.

Dans l'anneau ligneux, qui entoure la moelle, on doit observer:

a) la disposition des rayons médullaires. On examinera s'ils sont formés par une seule ou par plusieurs rangées de cellules, s'ils vont tous depuis la moelle jusqu'au cercle de l'écorce secondaire (dans les branches toutes jeunes), si quelques-uns, au contraire, constituant des rayons secondaires, se terminent d'un côté dans l'anneau ligneux, de l'autre, dans l'écorce secondaire, s'ils sont nombreux et rapprochés les uns des autres, ou si, au contraire, ils sont rares et espacés; s'ils sont tous d'égale largeur, comme dans le saule, le peuplier, le tilleul et les conifères, ou bien s'il s'en présente de larges et d'étroits à côté les uns des autres, comme dans le chêne et le hêtre (dans le charme, le noisetier et l'aulne, ces deux sortes de rayons n'existent qu'en apparence.) [1]

b) la disposition des cellules ligneuses; observer si elles sont mélangées avec des vaisseaux ou si, comme dans les cycadées et les conifères, les vrais vaisseaux font défaut. Dans les conifères, on a en outre à se rendre compte de la place des ponctuations, à voir si elles n'existent que du côté des rayons médullaires, ou si (quoique plus rarement, mais souvent dans le *Wellingtonia*) elles apparaissent sur le côté opposé; à constater l'existence ou l'absence des réservoirs résinifères et leur position à l'intérieur de la zone annuelle. Dans les conifères où les réservoirs résinifères manquent, on a en outre à rechercher le parenchyme ligneux, qui, souvent, se présente très-clair-semé (p. 123). Dans les angiospermes, la disposition, la grandeur, et le mode d'épaississement des vaisseaux, ainsi que la division des cellules ligneuses sont des points importants à considérer. Dans toutes les tiges de dicotylédones on doit, en outre, observer les limites de la zone annuelle, qui, tantôt sont fortement marquées, tantôt, comme dans beaucoup d'arbres tropicaux, sont complétement imperceptibles.

c) le cambium, et surtout sa transformation en bois d'un côté, en écorce de l'autre. La coupe transversale doit être assez mince pour qu'on puisse reconnaître clairement aussi bien le nombre des rangées que la nature et le contenu des cellules (un lavage à l'eau de potasse étendue éloigne souvent le contenu granuleux et rend les cellules plus claires). On peut, rien que d'après la forme, distinguer le cambium qui forme les faisceaux vasculaires de celui qui continue les rayons médullaires. Il faut essayer le contenu des cellules avec la dissolution d'iode, et aussi avec le sucre et l'acide sulfurique, etc.

Pour l'écorce, on observe d'abord la présence et la disposition des cellules libériennes dans l'écorce secondaire. L'écorce primaire existe déjà dans l'embryon ainsi que dans les jeunes bourgeons;

---

[1] Voir mon *Beiträge zur Anatomie und Physiologie der Gewächse.* p. 52.

la zone de cambium dans laquelle se développent les premiers faisceaux vasculaires la sépare de la moelle. L'écorce secondaire, au contraire, n'est formée que par le cambium; elle renferme les parties libériennes ou corticales des faisceaux vasculaires des dicotylédones. Dans l'écorce primaire, il ne se trouve dès lors aucun faisceau libérien, bien qu'on y trouve quelquefois, comme dans l'*Ephedra*, des cellules analogues à celles du liber. On observera, ensuite, si les cellules libériennes sont disposées en faisceaux, ou en rangées comme dans les cupressinées, ou sont isolées; si l'épiderme, qui ne manque jamais dans les états très - jeunes, existe encore (ex. *Viscum*), ou s'il existe une couche subéreuse et quelle est sa grosseur ainsi que son aspect; si la tige est entourée d'un liége luisant (périderme) comme dans le bouleau et le cerisier, ou d'un liége crevassé comme dans le chène liége, l'*acer campestre;* s'il se développe, enfin, un faux liége à l'intérieur de l'écorce, quelle est sa nature et son mode de détachement. (Dans la plupart des conifères, les réservoirs résinifères qui se trouvaient dans l'écorce primaire sont rejetés avec elle).

Outre la coupe transversale dont il vient d'être question, il est encore besoin, pour les tiges de dicotylédones, de faire des coupes longitudinales de deux sortes: 1°, une coupe parallèle aux rayons médullaires (coupe radiale) qui doit passer, à partir de la moelle, à travers l'anneau ligneux, le cambium, et l'écorce. Mais ce n'est que dans les tiges ou branches très - minces qu'il sera possible d'obtenir une pareille coupe dans son entier; ordinairement, pour les tiges ou branches un peu fortes, on devra se contenter de plusieurs coupes dont l'une traverse la moelle et le cœur du bois (le bois le plus âgé et le plus interne), la seconde, le milieu de la zone ligneuse, et la troisième, la limite extérieure du bois, le cambium et l'écorce. 2°, trois coupes longitudinales se croisant avec les rayons médullaires (coupes tangentielles): une à travers le milieu de l'anneau ligneux, une seconde à travers le cambium, et une troisième à travers l'écorce secondaire; cela suffira généralement.

Dans la coupe radiale on a à observer: 1°, la moelle; à voir si ses cellules sont longues ou courtes, quelle est la nature de leurs parois et de leur contenu, ainsi que les cellules de l'étui médullaire. Dans celles-ci on trouvera des vaisseaux spiraux ou annulaires, tandis qu'il n'en existe pas dans la zone ligneuse (p. 120). 2°, la zone ligneuse: *a,* les rayons médullaires, s'ils sont longs ou courts, étroits ou larges, à grands ou à petits pores, ou ponctués, quelle est la nature, le mode d'épaississement (Fig. 43, et 35 p. 128) et le contenu des cellules. *b)* les cellules ligneuses et la présence

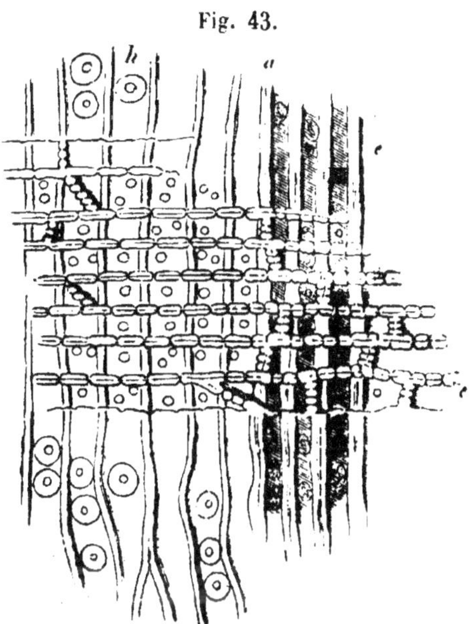

Fig. 43.

d'un parenchyme ligneux (p. 123) qui est très-développé dans les légumineuses, le chêne, le, hêtre et contient souvent de l'amidon; en outre, la grandeur et la position des ponctuations des cellules ligneuses, la forme et la direction des pores, et la présence d'une bande spirale plus ou moins nette (*Taxus, Vitis.* *c)* les vaisseaux; si leurs cellules sont en communication l'une avec l'autre par des cloisons perpendiculaires ou obliques; n examinera ensuite les parois des vaisseaux, s'ils sont spiraux ou scalariformes, ou ponctués, etc., s'il y a simultanément des ponctuations et des spirales *(Tilia, Prunus Padus, Carpinus).* Dans les conifères on observera les réservoirs résinifères, leur structure, et leur relation avec les rayons médullaires, et aussi les fils cellulaires découverts par HARTIG (cellules se touchant par des cloisons transversales droites, qui renferment de la résine, et correspondent au parenchyme du bois des arbres angiospermes (p. 124). Les dernières se trouvent dans le *Thuja,* le *Cupressus,* le *Taxodium,* le *Juniperus,* le *Chamæcyparis,* le *Cedrus* et l'*Araucaria,* et manquent au contraire là où les réservoirs résinifères se présentent dans le bois. 3°, le cambium, au point de vue de la forme et du contenu de ses cellules et de leur transformation successive d'un côté en bois, et de l'autre, en

Fig. 43. Coupe longitudinale à travers le bois de sapin *(Abies pectinata):* a, bois automnal, *h,* bois du printemps; de *e* à *e,* cellules des rayons médullaires. (Gross. 200 fois.)

écorce secondaire; (le cambium, lorsqu'il est frais, est riche en substances azotées; le sucre et l'acide sulfurique colorent en rose son contenu). 4º, l'écorce enfin; les tubes criblés, pouvant se trouver seuls ou accompagnés de cellules libériennes; les cellules du liber, leur longueur et leur apparition dans les écorces avec l'âge *(Abies, Larix, Picea); le parenchyme libérien avec les rayons médullaires et le contenu de ces deux dernières espèces de cellules. La structure des cellules subéreuses doit aussi être étudiée suivant qu'il existe une couche de liége ou un faux liége.

La coupe tangentielle est utile surtout dans la zone ligneuse et l'écorce secondaire, et aussi pour montrer la disposition des rayons médullaires; elle montre si, comme dans toutes les vraies conifères, ils sont formés par une seule rangée de cellules ou de plusieurs rangées à leur centre (les rayons médullaires d'*Ephedra* sont de deux ou trois rangées); dans ce cas ils paraissent bombés à leur centre, dans une coupe tangentielle, et terminés en pointe aux deux extrémités (*Laurus Sassafras, Hernandia Sonora, Swietenia Mahagoni*, bois de palissandre). La course des cellules ligneuses sera nécessairement, dans ce cas, serpentante. Dans les conifères on a de plus à observer le nombre des cellules superposées dans une même rangée, et, par suite, la longueur des rayons médullaires (*Juniperus*, de 1 à 5 cellules; *Taxus*, de 2 à 24). Puis on remarquera la présence de réservoirs résinifères horizontaux dans l'intérieur de rayons médullaires plus larges qui sont assez peu nombreux *(Pinus silvestris, Picea vulgaris).* La coupe tangentielle est importante aussi chez les conifères pour montrer la structure des ponctuations; dans le *Taxus* et le *Pinus maritima*, surtout, on voit nettement la cavité lenticulaire et la partie rétrécie du canal poreux qui va des deux cellules voisines vers cette cavité.

Une coupe longitudinale tangentielle à travers le cambium montre ensuite, entre les cellules correspondant au cambium des faisceaux vasculaires et au cambium des rayons médullaires, la même distinction que l'on a reconnue, dans le bois, entre les cellules des faisceaux vasculaires et celles des rayons médullaires; on pourra même, souvent, surprendre ainsi la formation d'un nouveau rayon médullaire secondaire par la division transversale d'une ou de plusieurs cellules du cambium des faisceaux vasculaires. La coupe tangentielle à travers l'écorce secondaire reproduira la même apparence, mais avec d'autres éléments correspondant à la partie libérienne.

Quant à la manière de préparer l'objet, voyez les conseils donnés
à la page 61. Dans les conifères et toutes les plantes résineuses,
il vaut mieux humecter la coupe avec de l'alcool qu'avec de l'eau;
le meilleur moyen consiste à plonger les coupes dans l'alcool avant
de les observer, pour chasser l'air et dissoudre en même temps la
résine qui s'y trouve, ce qui est indispensable. Si l'on veut étudier
encore avec plus de précision la structure des cellules de la tige,
je recommande, pour les isoler, le procédé de macération de
Schulz (p. 46), ou la cuisson avec la potasse appliquée à des
coupes minces longitudinales ou transversales; on pourra ensuite
traiter par la dissolution iodée de chlorure de zinc les cellules isolées par l'un ou l'autre procédé, même les coupes cuites avec la
dissolution de potasse. Quant aux bois très-durs, comme ceux de
fougère et de palmier, il est bon de les plonger pendant un certain temps, de 24 à 48 heures, dans l'eau, sans quoi il serait difficile de couper les cellules ligneuses. Les coupes transversales
faites dans des bois très-durs s'enroulent souvent sur elles-mêmes
quand elles sont très-minces; il est nécessaire alors de les étendre
avec l'aiguille sous le microscope simple et de les recouvrir avec
un petit verre qui ne soit pas trop léger.

Pour étudier les racines âgées des dicotylédones, on suivra généralement le même procédé que pour la tige. La racine est originairement pourvue d'une moelle, comme la tige, mais elle disparaît bientôt par suite de la croissance centripète des faisceaux
vasculaires primaires. Il existe cependant des racines présentant
une moelle très-développée (racines aériennes de *Laurus canariensis);* à la partie supérieure de la betterave on trouve aussi de la
moelle, mais elle disparaît un peu plus bas. La disposition générale de la zone ligneuse et de l'écorce secondaire est encore la
même que dans la tige, si ce n'est que les cellules sont beaucoup
plus larges: ainsi dans le bois des racines de conifères, au lieu de
cellules ligneuses étroites ne présentant qu'une seule rangée de
ponctuations, on trouve de larges cellules ayant de 2 à 4 rangées
de ponctuations; c'est pourquoi les racines conviennent mieux que
les tiges pour observer l'organogénie des diverses sortes de cellules
au moyen du cambium, et la naissance des ponctuations. Dans tous
les cas on ne doit jamais manquer, comme je l'ai déjà dit, d'étudier comparativement la tige et la racine, car, toujours, il existe

entre les deux des différences anatomiques, surtout dans la famille des ombellifères *(Cicuta virosa)*.

Dans les écorces il se produit avec l'âge, pour les racines comme pour les tiges, une destruction de la partie extérieure; c'est ainsi que les poils radicellaires disparaissent avec les autres parties. Leur tissu parenchymateux ne renferme pas généralement de chlorophylle, mais il est souvent très-riche en fécule. La racine de *Viscum album*, qui court dans l'écorce de la plante nourricière, ne possède qu'un faisceau vasculaire central et ne renferme pas de moelle.

Pour étudier des bois fossiles il est nécessaire de les mettre à digérer pendant plusieurs jours dans une dissolution de carbonate de soude et de les laver ensuite avec de l'eau. Il est possible après cela de couper des bois qui, sans ce traitement, n'auraient pu fournir aucune coupe utile. On peut faire des coupes longitudinales et transversales dans des bois transformés en carbonate de chaux en se servant d'une scie faite d'un ressort de montre, et en les polissant ensuite. Après avoir obtenu une première surface avec la scie on la polit en la frottant, à plat, avec de l'eau, sur une fine pierre à aiguiser; on emploie alors la scie pour la coupe et l'on fixe cette coupe par son côté poli, avec de la cire, sur un bouchon; on enlève ensuite les parties les plus grossières avec une lime anglaise et on polit la coupe sur une pierre à aiguiser jusqu'à ce qu'elle soit devenue suffisamment mince. On plonge, après cela, le bouchon dans l'alcool; la coupe se détache, on la nettoie avec un pinceau, et l'on peut dès lors la conserver dans le baume de canada. (Ce procédé est utile aux zoologistes pour obtenir des coupes minces d'os et de dents). Pour les bois silicifiés on se borne à en détacher de minces lamelles en frappant, avec précaution, avec un marteau d'acier; le sciage et le polissage de ces bois prend trop de temps, mais on peut acheter chez le conseiller aulique *Schleiden* de très-belles préparations de ces bois parfaitement polis; pour les obtenir, il faut un appareil complet de polissage.

Pour l'organogénie de la tige on peut suivre deux voies: dans la première, on étudie la plante en germination; dans la seconde, on étudie le bouton et la jeune tige; pour obtenir un résultat sûr, il est bon de suivre ces deux voies. Dans ces deux cas, il faut, tout d'abord, faire des coupes verticales, longitudinales, minces, passant exactement par le milieu du cône de la tige; quand cette

coupe est convenablement faite, on voit, aussi bien sur la plante
en germination que sur le bouton, l'extrémité de la tige former
une petite éminence plus ou moins conique, recouverte d'un épithelium, et complétement fermée; au-dessous d'elle se trouve un
tissu (Urparenchym) consistant en petites cellules, remplies de matières granuleuses, dont le contenu se colore en jaune vif par l'iode.
Ce tissu se perd un peu plus bas dans les différentes sortes de
tissus de la tige et se trouve là en relation directe avec l'anneau
de cambium. Les premiers faisceaux vasculaires naissent dans ce
dernier et se développent plus tard à ses dépens. Dans une coupe
longitudinale bien réussie à travers la pointe d'une jeune branche
on peut étudier, avec précision, l'avancement en âge des cellules, de
haut en bas (plus elles sont placées bas et plus elles sont développées, aussi bien au point de vue de leur longueur et de leur
largeur que de l'épaisseur de leurs parois). Si l'on traite une pareille coupe avec de l'iode et de l'acide sulfurique, on voit les parties inférieures se colorer immédiatement en bleu, tandis que les
parties supérieures n'arrivent à cette couleur qu'après avoir passé
successivement par le jaune, le rouge et le violet, et la pointe conique de la tige n'est colorée en bleu qu'au bout de quelques
heures par la dissolution de chlorure de zinc iodé.

Au-dessous du cône de végétation de la tige (punctum vege-
tationis) on voit, de chaque côté, d'autres petites éminences cellulaires, qui sont recouvertes par le même épithelium et sont constituées par le même tissu que le cône de végétation; ces éminences ne sont autre chose que les rudiments des feuilles, et, plus
on descend bas dans la tige, plus on les trouve développées.

Souvent, bientôt après l'apparition de ces rudiments de feuilles,
et dans leur axe, on voit paraître une éminence semblable, mame-
lonnée, qui est le bourgeon axillaire (Fig. 44). La jeune feuille
ne tarde pas à se développer; le bourgeon, au contraire, reste sta-
tionnaire pendant un certain temps et ne se développe que plus
tard en branche et en fleur.

Un bourgeon axillaire consiste d'abord en une éminence conique
qui s'allonge et forme la tige du bourgeon; au-dessous de sa pointe
naissent les rudiments des feuilles qui ont généralement l'aspect de
petites écailles recouvrant le bouton (Fig. 45). Il reste aussi sta-
tionnaire pendant un temps plus ou moins long, puis sa tige forme
de nouvelles feuilles qui hivernent sous la protection d'écailles (dans

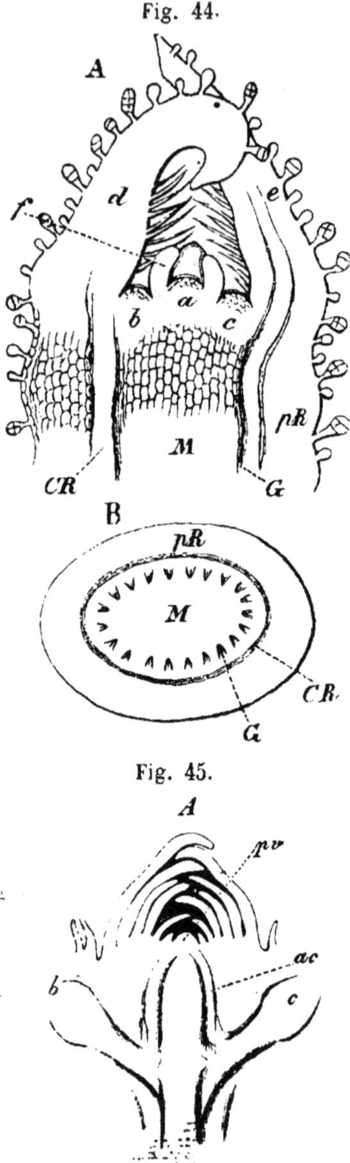

les boutons à feuilles ou à fleurs qui s'épanouissent au printemps) (Fig. 46); ou bien il se développe au bout de peu de temps (dans les boutons à feuilles ou à fleurs des plantes annuelles dans lesquelles il n'existe pas d'écailles protectrices).

A l'origine il n'y a pas de distinction à établir entre les boutons à fleurs et les bourgeons.

Outre le bourgeon terminal et le bourgeon axillaire, il existe encore des bourgeons adventifs, qui sont formés par le cambium de la tige ou des racines, ou encore par le parenchyme des feuilles, et ont toujours l'apparence d'une petite éminence conique; on en rencontre, par exemple, dans le *Bryophyllum* et dans beaucoup de fougères. Citons encore les bourgeons multiples, qui proviennent d'un bourgeon simple, par la division du cône de végétation; c'est de cette manière que l'on voit se ramifier la tige de *Selaginella*, ainsi que le rhizôme d'*Epipogum* et de *Corallorrhiza*. Le cône de végétation d'une branche s'étale ici en deux ou trois parties dont chacune devient une branche particulière. Les deux

Fig. 44. *A*, coupe longitudinale à travers la tige de châtaignier *(Castanea vesca)* pendant la germination: *a*, bourgeon terminal; *b* et *c*, bourgeons axillaires des premières feuilles *d* et *e*; *f*, une feuille encore jeune; *CR*, cambium; *M*, moelle; *pR*, écorce primaire; *G*, partie ligneuse des faisceaux vasculaires. — *B*, coupe transversale. (Gross. 20 fois).

Fig. 45. Coupe transversale à travers le bourgeon terminal d'une

Fig. 46.

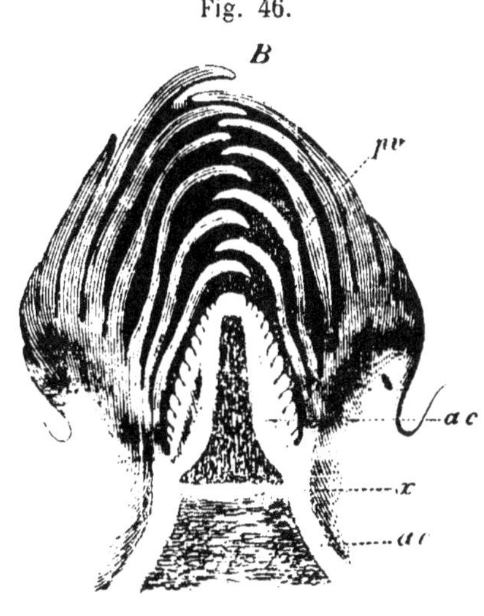

fleurs, dans la cupule du hêtre naissent aussi de cette manière. [1]

En étudiant l'organogénie du bourgeon, il est bon de suivre, avec le temps, les progrès de ses différentes parties. En observant combien de temps met un bourgeon pour se développer en branche ou en fleur, depuis le moment de son apparition, on trouvera, à cet égard, des différences essentielles chez les divers végétaux. Ainsi, le bouton qui doit former le cône de sapin est ébauché à la fin de l'été, avec la feuille à l'aisselle de laquelle il apparaît; au printemps suivant se développent des écailles protectrices, et ce n'est qu'en été que l'ébauche du cône se fera au-dessous de ces écailles; enfin, au printemps suivant, le cône sort de ces écailles et en été il sera bien développé. Deux bourgeons qui naissent à côté l'un de l'autre, dans l'axe d'une seule et même feuille, peuvent même, dans beaucoup de plantes, comme le tilleul et la vigne, se développer d'une manière différente et à des époques différentes.

Outre les coupes longitudinales, il est encore nécessaire de faire à diverses hauteurs, dans les bourgeons, des coupes transversales. La coupe longitudinale montre la connexion des faisceaux vasculaires du bourgeon avec ceux de la tige ou de la racine dont ils

branche de sapin, le 27 juillet: *ac,* zone d'accroissement de la branche; *b* et *c,* moelle correspondant aux deux bourgeons latéraux; *pv,* cône de végétation du bouton intérieur. (Gross. 12 fois.)

Fig. 46. Coupe longitudinale à travers le bouton terminal d'une branche du même sapin, le 26 août: *ac,* zone d'accroissement; *pv,* cône de végétation du bourgeon, à présent pour la jeune pousse de l'année suivante; *x,* la limite entre la jeune pousse et la branche. (Gross. 12 fois.)

---

[1] Voir le chap. III de mon *Beiträge zur Anatomie,* organogénie des bourgeons de conifères.

proviennent; à l'aide d'une coupe transversale, on apprend, au contraire, les rapports de situation des feuilles dans le bourgeon.

Fait-on des coupes transversales immédiatement au-dessous du cône de végétation d'une jeune branche, alors, dans beaucoup de dicotylédones, on n'aperçoit qu'une zone de cellules, à parois minces, qui sépare la moelle de l'écorce; cette zone que j'appellerai zone de cambium ou d'accroissement existe déjà dans l'embryon des dicotylédones. Un peu plus bas on y voit apparaître plusieurs faisceaux vasculaires séparés les uns des autres, et, dans ces faisceaux, comme il a été déjà dit à la page 138, il se développe par la suite des vaisseaux spiraux qui, dans le principe, peuvent à peine se distinguer des cellules du cambium. En se développant cette zone devient plus nette et, au bout d'un certain temps, on y trouve, du côté extérieur, une couche de liber bien distincte. Les faisceaux vasculaires prenant de l'accroissement, le tissu primitif disparaît, à l'exception d'une petite portion qui constitue les rayons médullaires. C'est ainsi que se développe un anneau ligneux complétement fermé; autour de cet anneau s'en formera un grand nombre d'autres aux dépens de la couche de cambium qui, chaque année, ajoutera une nouvelle couche au bois et une nouvelle à l'écorce.

Dans les monocotylédones où le cambium des faisceaux vasculaires n'est pas en rapport avec la zone de cambium (p. 119), la tige ne s'en accroît pas moins en largeur, mais ses faisceaux vasculaires ne s'accroissent pas; ils se ramifient, au contraire, dans la couche d'accroissement, et produisent, en se multipliant ainsi, l'épaississement de la tige (ex. draconnier et beaucoup de palmiers). Quand l'activité de la zone d'accroissement cesse, alors l'élargissement de la tige est aussi terminé.

Si l'on veut suivre la formation du jeune bois, il faut faire, au printemps et à l'été, des coupes transversales et des coupes longitudinales suivant deux directions. Ces coupes doivent être très-minces, et surtout l'on doit couper très-nettement le cambium. Il est quelquefois avantageux de placer quelques minutes les coupes fraîches dans une dissolution étendue de potasse, ce qui rend plus claires les cellules du cambium; on pourrait encore se servir de glycérine. On pourra ainsi, dans les jeunes cellules ligneuses de *Pinus* et de *Picea,* observer une spirale très-nette et assister, en quelque sorte, à la formation des canaux poreux.

Une coupe longitudinale, très-mince, faite par la pointe d'une

jeune branche, peut fournir quelques éclaircissements au sujet de
la naissance des faisceaux vasculaires. On voit ainsi comment les
faisceaux de cambium se forment aux dépens d'un tissu primitif à
petites cellules, (Urparenchym), au-dessous du cône de végétation,
et comment, de ces cellules de cambium, naissent plus tard, les
cellules vasculaires et ligneuses, les tubes grillagés, et les cellules
du liber; en descendant à partir du cône de végétation, on peut
suivre, avec des coupes très-bien réussies, l'achèvement ultérieur de
ces cellules. On voit en outre chez les dicotylédones, que l'accroissement de la tige, à son extrémité, se fait par une multiplication
des cellules situées immédiatement au-dessous de la pointe, et de
celles du cambium, tandis que l'accroissement des parties éloignées
du cône de végétation est une conséquence de l'augmentation de
grosseur des cellules, et particulièrement de leur extension en longueur. La multiplication des cellules et leur extension sont, généralement, deux choses essentiellement différentes, que l'on doit bien
distinguer dans l'étude du développement des végétaux.

Les bourgeons terminaux et les bourgeons axillaires se développent à peu près de la même manière, comme on peut le constater sur les conifères. Mais de plus, dans ces mêmes arbres,
les bourgeons et les boutons à fleurs sont peu différents à l'origine,
et ne peuvent être distingués que par leur position tout à fait déterminée; les boutons des fleurs mâles sont généralement axillaires
et poussent ensemble au sommet d'une branche, au côté inférieur
de celle-ci; les boutons à cônes, au contraire, sont presque toujours isolés et paraissent au côté supérieur de la branche près de
son extrémité; enfin les bourgeons à branches sont souvent réunis
au nombre de trois, s'ils sont terminaux, et au nombre de deux,
s'ils sont axillaires.

Quant aux bourgeons adventifs, ils n'occupent pas, en général,
de position déterminée; ils naissent le plus souvent sur les tiges
ou les racines, mais quelquefois aussi sur le tissu des feuilles, au
voisinage immédiat des faisceaux vasculaires. Dans le *Begonia
Mœhringii* et le *Begonia phyllomaniaca,* on les a vus se développer
indépendamment de tout faisceau vasculaire, mais ce sont les seuls
exemples de ce fait: sur la zone de cambium de la tige ou de la
racine se montre d'abord, du côté de l'écorce, une petite éminence
consistant en cellules remplies de protoplasma granuleux, qui grossit
de plus en plus en forme de cône, presse l'écorce, et la traverse

bientôt en la brisant. Souvent un tel bourgeon peut développer ses premières feuilles, même avant d'être sorti de l'écorce. — Les premiers vaisseaux, dans la zone de cambium du bourgeon adventif, paraissent toujours dans le voisinage immédiat du faisceau vasculaire sur lequel il se développe.

Les racines latérales qui se développent sur une racine principale, ainsi que les racines adventives qui naissent çà et là sur une tige, se forment exactement comme les bourgeons adventifs de la tige; mais elles s'en distinguent par la formation prompte de la piléorhize au-dessous de leur cône de végétation. Quand elles traversent l'écorce, la piléorhize est déjà formée. La formation des racines latérales ou adventives est plus facile à suivre que celle des bourgeons adventifs, qui, d'ailleurs, se présentent beaucoup plus rarement; il faut pour cela s'adresser aux racines dont la végétation est le plus luxuriante, et qui ont conservé leur épiderme, comme les racines fraîches d'*Abies*, d'*Alnus*, de *Phœnix*, etc.; par des coupes longitudinales faites dans la racine principale on peut arriver

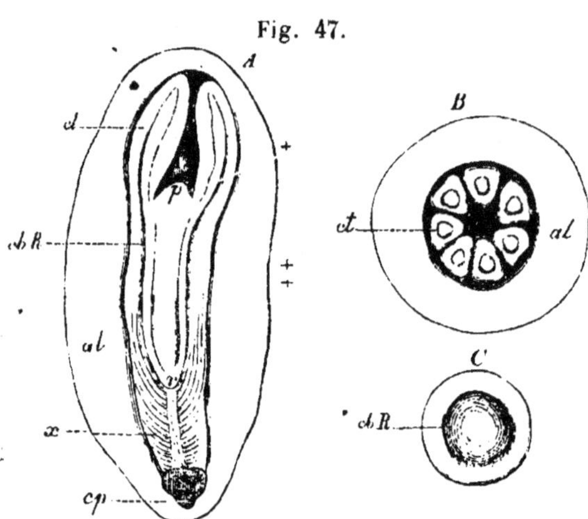

à suivre le développement de la petite racine latérale jusqu'à ce qu'elle ait traversé l'écorce.

L'*organogénie des racines principales*, ou pivotantes, au contraire se suit au mieux dans le développement de l'embryon des dicotylédones,

Fig. 47. L'amande de la graine mûre du *Pinus sylvestris*. *A*, coupe longitudinale par le milieu; *al*, le périsperme; *cbR*, la zone d'accroissement; *ct*, un cotylédon; *cp*, reste du corpuscule; *r*, cône de végétation de l'ébauche de racine; *p*, cône de végétation du bourgeon caulinaire. *B*, coupe transversale dans l'amande à la hauteur de *A+*; *al* et *ct*, comme ci-dessus. *C*, coupe transversale à travers l'embryon à la hauteur de *A‡*; *cbR*, zone d'accroissement. — (Gross. 30 fois.)

surtout chez les conifères. Leur tigelle cylindrique se termine d'un côté par la plumule, ou bourgeon caulinaire, et de l'autre par la radicule, ou bourgeon radiculaire. En faisant des coupes longitudinales très-minces par le milieu de la tigelle, on voit le cône de végétation du bourgeon radiculaire recouvert d'une piléorhize très-développée qui est reliée au parenchyme primordial du cône de végétation par un cordon central qui traverse toute la coiffe. (Fig. 47).

On peut voir de la même manière la piléorhize qui se développe sur le cône de végétation des racines adventives, que celles-ci soient nées sur la tige ou sur la racine. Seulement, son degré de développement varie avec les plantes que l'on considère. A la pointe de racines très-tendres, on la reconnaît, à la loupe, à sa couleur brunâtre; on peut même l'apercevoir à l'œil nu dans les espèces du genre *Lemna*. Dans les *Pandanus* et quelques *Draconniers* on peut constater qu'il se forme, à l'intérieur, des couches nouvelles à mesure que les couches extérieures se détruisent. — Quand la coupe n'est pas faite exactement par le milieu de la piléorhize, il est impossible de voir le cordon cellulaire central qui la relie au parenchyme primordial de la pointe de la racine (Fig. 48),

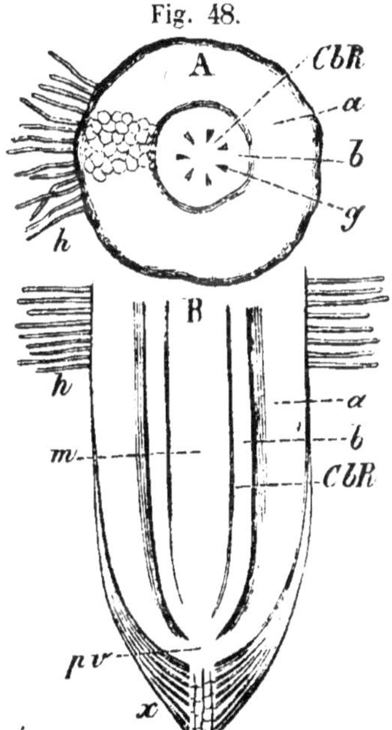

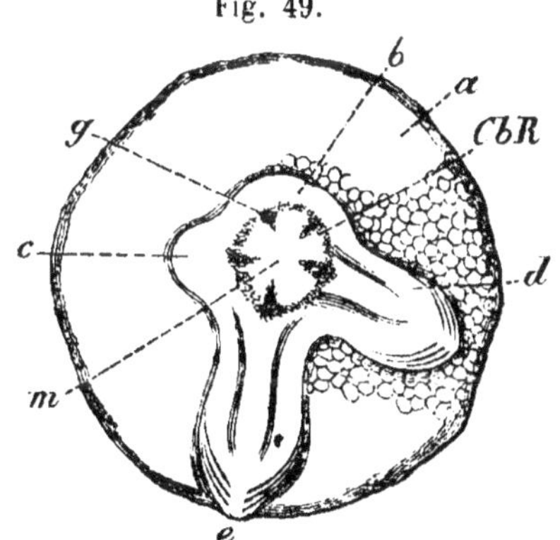

Fig. 48. *Alnus glutinosa.* A, coupe transversale d'une jeune racine latérale: *a*, partie extérieure de l'écorce primaire; *b*, sa partie intérieure; *cbR*, zone de cambium; *g*, faisceaux vasculaires; *h*, poils radicellaires. — B, coupe longitudinale à travers la même racine; *m*, la moelle; *pv*, cône de végétation; *x*, la piléorhize. — (Gross. 20 fois.)

Fig. 49. Coupe transversale à travers une jeune racine d'*Alnus gluti-*

et cela explique les descriptions inexactes qui ont été données quelquefois[1]). Toutes les pointes de racines que j'ai examinées avec soin m'ont présenté cette colonne centrale qui est formée de cellules à parois minces renfermant souvent de l'amidon (dans le *Limodorum)*.

La tige, comme on sait, se ramifie, avant tout, par les bourgeons axillaires, et très-rarement par les bourgeons adventifs; la racine au contraire se ramifie le plus souvent par les bourgeons radicellaires adventifs qui naissent sur la racine principale (Fig. 49); d'autres fois, comme dans les bulbes d'orchidées, sa pointe se divise de manière à former plusieurs ramifications. La position des bourgeons radicellaires adventifs est donnée par la position même des faisceaux vasculaires, car leur développement n'est possible que dans le voisinage immédiat de ceux-ci.

Tandis que la position des branches qui naissent, sur la tige, de bourgeons axillaires, est fixée par celle des feuilles, la position des racines latérales sur la racine dépend donc de la course des faisceaux vasculaires; ce dernier fait devient évident sur l'embryon de *Juglans* ou de *Beta vulgaris* où il existe, au centre, deux faisceaux vasculaires, de sorte que les racines latérales forment deux rangées longitudinales opposées. Sur la coupe transversale d'une racine âgée on peut, excepté dans la betterave, reconnaître l'âge· des racines latérales d'après leur origine dans la zone ligneuse; plus elles naissent près du centre, et plus elles sont âgées; elles sont d'autant plus jeunes qu'elles naissent plus près de la zone de cambium; c'est la même chose pour les branches nées de bourgeons adventifs.

La disposition anatomique des racines a été indiquée à la page 142.

G. ETUDE DE LA FEUILLE.

Pour étudier une feuille, il faut y faire des coupes longitudinales et des coupes transversales, entre deux morceaux de moelle de

nosa: a, la partie extérieure de l'écorce primaire; *b,* la partie intérieure; *CbR,* la zone de cambium; *c, d* et *e* jeunes racines latérales qui naissent seulement là où il y a un faisceau vasculaire *g.* (Gross. 400 fois.)

---

[1]) CASPARY, *Hydrilla verticillata.* Journal de Pringsheim (Tome 1er, tableau 26) Fig. 30.

sureau (p. 42), et choisir pour cela des feuilles qui ne soient pas trop charnues. Ce procédé peut aussi servir pour étudier l'épiderme des feuilles juteuses et épaisses; il suffit de l'arracher et de le placer dans l'étau, au milieu de la moelle de sureau. Quant aux feuilles épaisses et coriaces, on peut y faire de bonnes coupes à main libre.

Il faut d'abord observer l'épiderme, savoir s'il a la même structure sur les deux faces de la feuille, rechercher les stomates. On reconnaît la structure de ces derniers, lorsqu'ils sont placés régulièrement, en faisant une coupe transversale, ou en observant l'épiderme arraché. Dans le cas où l'épiderme n'est pas lié avec les nervures, comme sur la face inférieure des feuilles de fougères, et sur les plantes grasses, il se laisse facilement arracher au moyen des petites pinces; mais, dans le cas contraire, il faut employer le scalpel. — Pour les stomates, il y a, en outre, à observer leur position et leur arrangement, à chercher s'ils existent sur toute la surface, ou seulement sur certaines parties de l'épiderme, s'ils ont tous la même direction ou s'ils se présentent sans régularité, s'ils sont au niveau de l'épiderme ou beaucoup au-dessous.

En faisant des coupes transversales très-minces, on peut observer quels sont les effets produits sur la cuticule par la dissolution iodée de chlorure de zinc, l'acide sulfurique concentré, la potasse, et le procédé de macération de SCHULZ. On reconnaît alors que la prétendue cuticule de la plupart des auteurs comprend deux

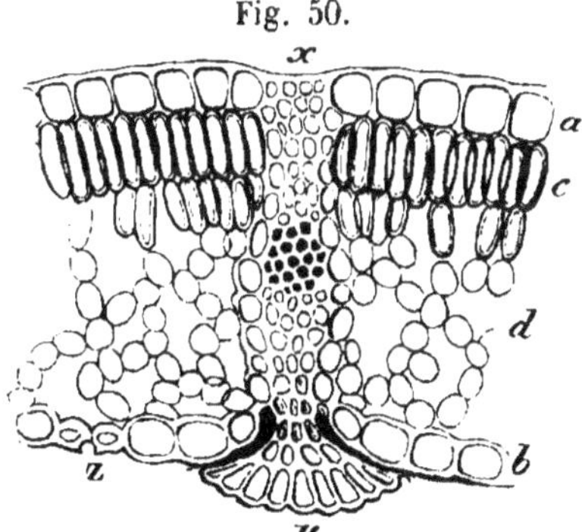

sortes de choses: une partie extérieure, sans structure, consistant en une excrétion des cellules épidermiques, et une partie intérieure formée, au contraire, par les couches les plus externes de l'épiderme, qui se sont modifiées dans leur nature chimique. Ces deux couches sont, le plus souvent, si intimement liées qu'elles ne

Fig. 50. Fragment d'une coupe transversale dans la feuille de *Betula alba. a,* épiderme de la partie supérieure, sans stomates; *b,* épiderme du côté inférieur, avec stomates (*z*); *c,* le parenchyme serré, en forme de palissade; *d,* le parenchyme lâche et spongieux; *x,* un faisceau vasculaire, nervure latérale secondaire; *y,* partie squammeuse, de nature glanduleuse. (Gross. 200 fois.)

sont pas séparées par l'acide sulfurique concentré. Par la cuisson avec la potasse, les cellules appartenant à l'épiderme se détachent les unes des autres *(Gasteria obliqua, Phormium tenax, Viscum album)*, tandis que la sécrétion de l'épiderme, la cuticule proprement dite, se dissout en granulations. (Ici il serait bon de comparer ce qui se passe dans les jeunes et dans les vieilles feuilles) (p. 112).

De plus, on doit observer s'il existe des poils sur l'épiderme, quel est leur mode d'insertion et leur structure. On doit examiner la disposition du parenchyme et la distribution des faisceaux vasculaires dans son intérieur. Il est très-rare que le parenchyme de la face supérieure présente la même disposition que celui de la face inférieure; ordinairement, le parenchyme correspondant au côté des feuilles qui ne présente pas de stomates, est serré, en forme de palissade, tandis que celui de

Fig. 51.

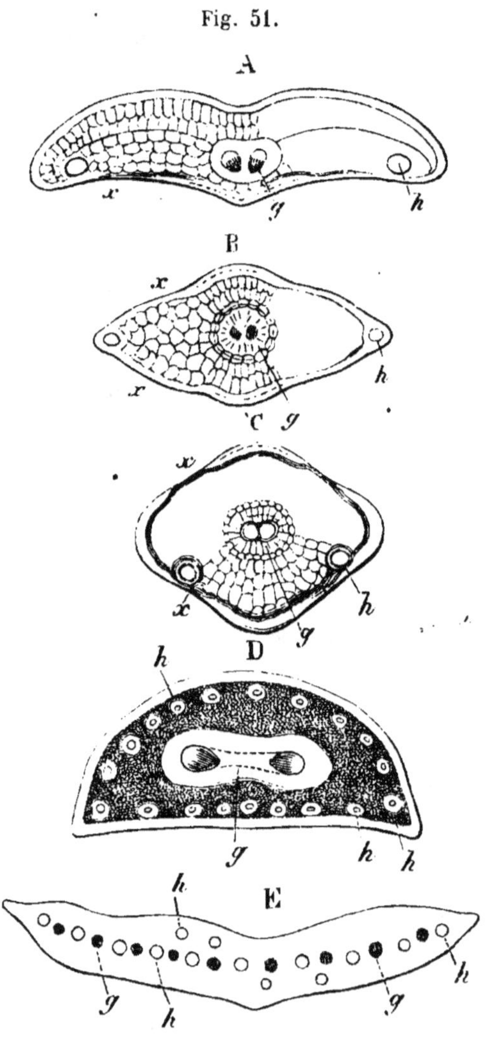

Fig. 51. Coupes transversales à travers les feuilles de conifères. *A, Abies pectinata;* g, faisceau vasculaire; h, canal résinifère; x, région où sont placés les stomates. *B, Larix Europæa. C, Picea vulgaris. D, Pinus sylvestris. E, Araucaria brasiliensis.* (Gross. 20 fois.)

l'autre côté laisse souvent, au dedans de lui-même, des lacunes grandes et pleines d'air (Fig. 50).

Le contenu des cellules du parenchyme et de l'épiderme mérite aussi d'être étudié. Quant au pétiole, on peut l'étudier par les procédés connus: en faisant une série de coupes transversales, on reconnaît le nombre et la position des faisceaux vasculaires qui passent de la tige dans la feuille, ainsi que leur mode de division ultérieure pour la formation des nervures.

Pour les feuilles de conifères, il faudra, au moyen de coupes longitudinales et transversales découvrir la présence, la structure, le nombre et la position des réservoirs résinifères, qui sont surtout développés dans le sapin. (Fig. 51.)

Dans beaucoup d'urticées (*Urtica*, *Ficus*), on voit apparaître, dans des cellules spéciales de la feuille, des corps en forme de grappes, portés sur un pédoncule (Fig. 52 et 53) consistant en

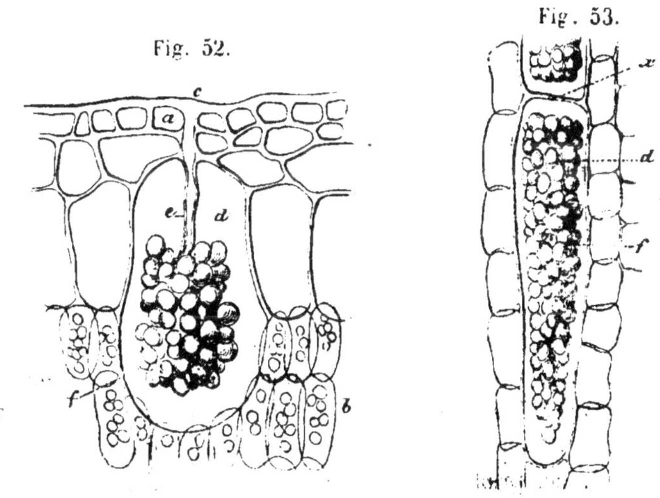

Fig. 52.

Fig. 53.

Fig. 52. Coupe transversale dans une feuille de *Ficus elastica*: *a*, les cellules de l'épiderme; *b*, cellules du milieu de la feuille, pleines de grains de chlorophylle; *c*, point où la petite tige *e* prend naissance; *d*, la grande cellule à laquelle celle-ci appartient; *f*, le corps en forme de grappe. (Gross. 300 fois.)

Fig. 53. Coupe longitudinale à travers la tige de *Justicia sanguinea*. *f*, le corps en forme de fulgurite; *d*, la cellule à laquelle il appartient; *x*, la paroi cellulaire à laquelle il était préalablement attaché par une petite tige. (Gross. 100 fois.)

couches de cellulose renfermant une grande quantité de carbonate
de chaux. On les étudie à l'aide de coupes transversales et longitudinales, et l'on peut faire disparaître le carbonate de chaux au
moyen d'acide chlorhydrique étendu. Dans les acanthacées, on
trouve souvent dans les feuilles et dans la tige, des corps semblables en forme de fulgurites. [1])

Les feuilles d'hépatiques consistent seulement en une couche de
cellules, ainsi que celles des *Sphagnum*. Cependant, dans ces dernières plantes, on trouve une disposition un peu différente consistant
dans la présence de grandes cellules pourvues d'une bande en spirale et percées de véritables trous produits par résorption, enchâs-
sées très-régulièrement dans des cellules étroites mais très-épaisses.
(La feuille de *Sphagnum* est des plus curieuses à voir). Les feuilles
de mousses présentent une nervure moyenne qui se compose de
plusieurs couches de cellules; avec quelque habitude, et en se servant de moelle de sureau, on peut faire dans ces feuilles des coupes
transversales qui laissent voir la cuticule, après avoir traité par l'a-
cide sulfurique concentré (p. 112).

Pour étudier l'organogénie des feuilles il faut, avant tout, faire
une coupe longitudinale par le milieu d'un bourgeon terminal; toutes
les plantes qui ne sont pas pourvues de poils peuvent servir à montrer
les petites éminences que forme la première ébauche des feuilles au-
dessous du cône de végétation (p. 151). Mais, s'il s'agit d'étudier
le développement ultérieur des feuilles au point de vue morphologique ou anatomique, on doit choisir des bourgeons qui se développent d'une manière continue. Dans les arbres dont les jeunes
pousses passent l'hiver sous la protection d'écailles, les feuilles qui
doivent s'ouvrir l'année suivante sont déjà ébauchées en automne,
et présentent, à peu près toutes, le même degré de développement.
Alors quand, au printemps, le bourgeon s'épanouit, les feuilles se
développent en très-peu de temps, et presque simultanément. Dans
l'aune et le bouleau, au contraire, qui produisent en été de nouvelles feuilles, on peut suivre très-bien le développement de celles-ci,
parce que, sur une même branche, on en trouve à divers degrés
de formation   On commence naturellement par observer l'apparition
de la plus jeune feuille au-dessous du cône, puis, chez les dicotylédones, celle de la nervure moyenne, de la partie plane de la feuille

---

[1]) SCHACHT. Des corps en forme de grappes (cystolithes) des Urticées, etc.

Fig. 54.

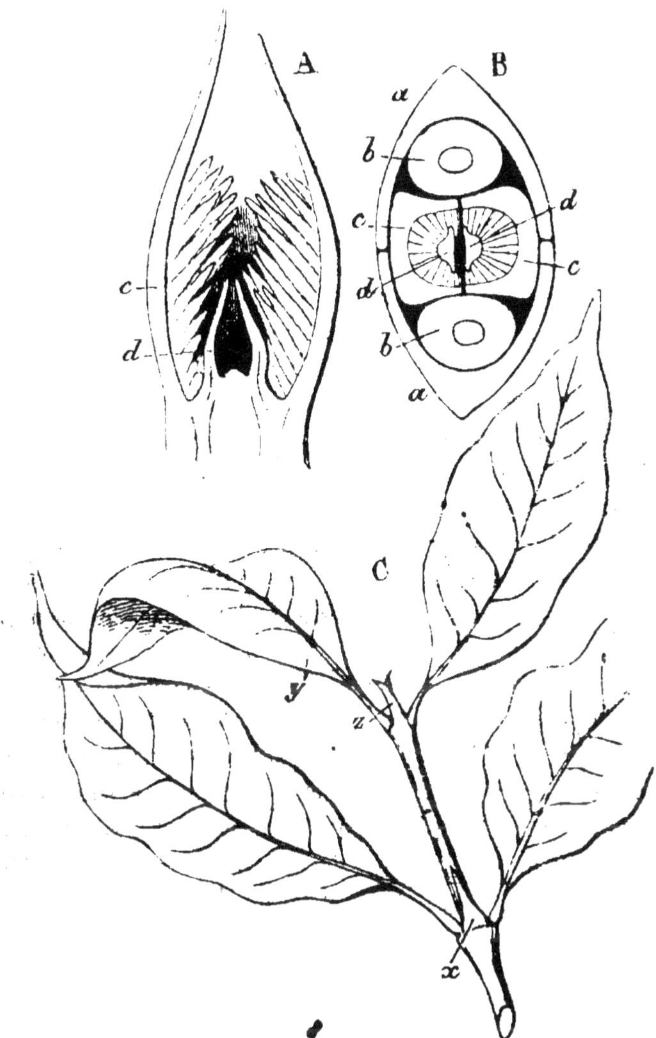

Fig. 54. *Coffea arabica.* *A*, coupe longitudinale à travers le bourgeon terminal d'une branche; *d*, la plus jeune feuille; *c*, la feuille protectrice, garnie d'une longue glande qui produit de la résine. — *B*, coupe transversale d'un autre bourgeon; *a*, feuille protectrice; *b*, feuille véritable; les glandes de la feuille protectrice sont déjà tombées; *d* et *c*, comme dans *A*. — (Gross. 40 fois). — *C*, une jeune branche; *x*, l'ancienne feuille protectrice de *y*; *z*, la feuille protectrice du mérithalle futur. — Par une rotation du mérithalle, les feuilles au lieu d'alterner comme l'indiquerait la préfoliation, sont disposées seulement sur deux rangées.

11*

de chaque côté de celle-ci, des nervures latérales; on reconnaît ensuite la liaison qui existe entre la position des dents sur le bord de la feuille et les nervures latérales, etc. — Les coupes longitudinales ne suffisent pas ici; on doit, surtout dans les états un peu plus avancés, arracher les jeunes feuilles sous le microscope simple et en observer la surface en les regardant de face. Les feuilles garnies de poils, sont, à cause de l'air contenu entre ces poils, peu propres pour des recherches de cette nature: pour les feuilles composées digitées, je puis recommander le marronnier d'Inde, et pour les feuilles pennées, le rosier; pour voir des feuilles simples très-profondément divisées, on pourra choisir l'érable et la vigne sauvage. Si l'on emploie dans ce but les seconds bourgeons ou bourgeons d'août, on aura souvent l'occasion de reconnaître le passage tout à fait insensible des écailles protectrices aux feuilles proprement dites. Enfin, dans les feuilles à stipules, on voit naître ceux-ci immédiatement après l'ébauche de la partie centrale de la feuille, mais ils restent longtemps en arrière de celle-ci, complétement séparés d'elle.

Le développement morphologique de la feuille composée des monocotylédones peut être suivi, même à l'œil nu, dans les palmiers.[1])

En faisant des coupes transversales, à différentes hauteurs, dans les bourgeons caulinaires, avant leur épanouissement, on se forme une idée très-nette de la disposition des jeunes feuilles autour de l'axe, disposition qui se retrouvera sur la tige. Pour voir des feuilles opposées, je conseillerai surtout de choisir le marronnier d'Inde, le seringat ou le café (Fig. 54); pour la disposition $\frac{1}{2}$, la vigne et l'*Ampelopsis*; pour la disposition $\frac{1}{3}$, l'aune et le bouleau, et pour la disposition $\frac{2}{5}$, (quinconciale), le chêne (Fig. 55). — Les bourgeons des graminées offrent des feuilles embrassantes, avec la disp. $\frac{1}{2}$, et des spirales s'enroulant alternativement à gauche et à droite (Fig. 56). — Lorsque l'on veut observer au microscope la direction d'une spirale il faut songer à tenir compte de ce que l'image est renversée par l'instrument; avec le prisme à dessiner cet inconvénient ne subsiste plus.

---

[1]) Voir mon *Traité*, 2ᵉ vol. p. 104. — De même, mon livre *des Arbres*, p. 140. — A. W. EICHLER, histoire du développement de la feuille, avec un examen particulier de la formation des stipules. Marbourg, 1861.

Fig. 55.

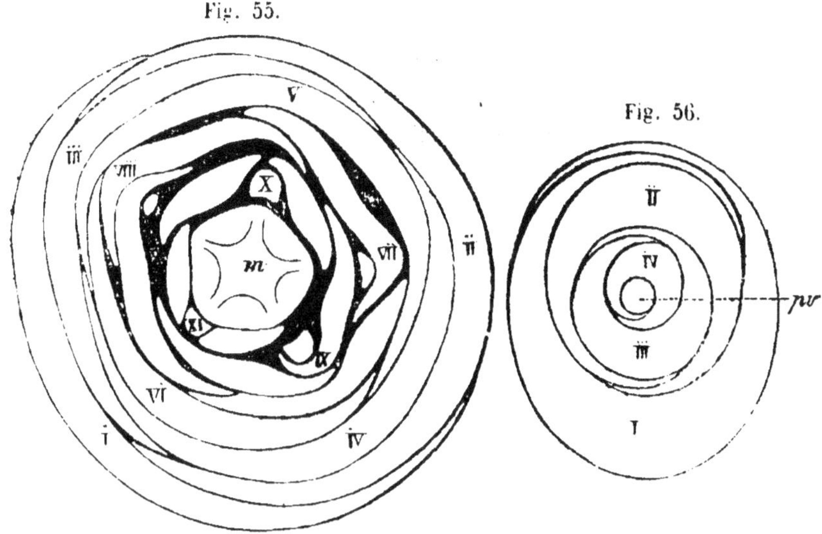

Fig. 56.

H. ETUDE DES CRYPTOGAMES DEPOURVUS DE TIGES.

Dans les *Champignons* inférieurs dont le mycelium se compose d'un entrelacement irrégulier de fils cellulaires ramifiés, il suffira, pour l'étudier, de débrouiller ces fils avec l'aiguille. Dans les champignons parasites, au contraire, dont les assemblages filamenteux se logent dans les tissus vivants d'une autre plante, on doit faire, dans la substance de celle-ci, des coupes transversales très-minces, par le procédé indiqué à la page **41**, et observer si les fils du champignon percent les parois des cellules de la plante nourricière, ou s'ils passent seulement dans les espaces intercellulaires. Si c'est ce dernier cas qui se présente, il sera souvent nécessaire de faire disparaître la substance intercellulaire, en chauffant la coupe transversale avec de la potasse; après cela, il est facile, avec l'aiguille, de

Fig. 55. Coupe transversale à travers le bourgeon foliacé du *Quercus*. I—VI, écailles; VII—XI, feuilles avec deux stipules. — La disposition spirale ²/₅ demeure la même dans les deux sortes d'organes; *m*, la moelle à 5 cornes. (Gross. 30 fois.)

Fig. 56. Coupe transversale à travers le bourgeon terminal de *Saccharum* officinarum. I—IV, feuilles succédant à la plus âgée; *pv*, cône de végétation. (Gross. 10 fois).

séparer les cellules du parenchyme sous le microscope simple, et l'on peut ainsi dégager le mycelium de la cavité intercellulaire dans laquelle il était logé *(Uredo Betœ,* et feuilles de betterave). Quand, au contraire, la paroi des cellules est traversée par le fil du champignon, on peut observer, par l'emploi d'une dissolution de carmin, comment se fait cette pénétration: l'extrémité de ces filaments, qui s'applique sur la paroi cellulaire montre en effet une couleur bien plus intense et est ordinairement très-gonflée; il se développe plus tard une pointe amincie qui traverse complétement la paroi. Dans les tissus lignifiés, les fils de champignons passent à travers les canaux poreux; ils peuvent ne pas résorber ces parois lignifiées. Dans les feuilles de *Pellia* et de *Preissia* qui datent d'une année, dans les rhizômes âgés de *Corallorrhiza* et d'*Epipogum,* ainsi que dans les vieilles racines de *Limodorum,* on trouve régulièrement de semblables champignons; ajoutons qu'on en rencontre encore dans beaucoup de putréfactions, comme la pourriture de la pomme de terre à l'humidité, ou la décomposition semblable de la betterave.

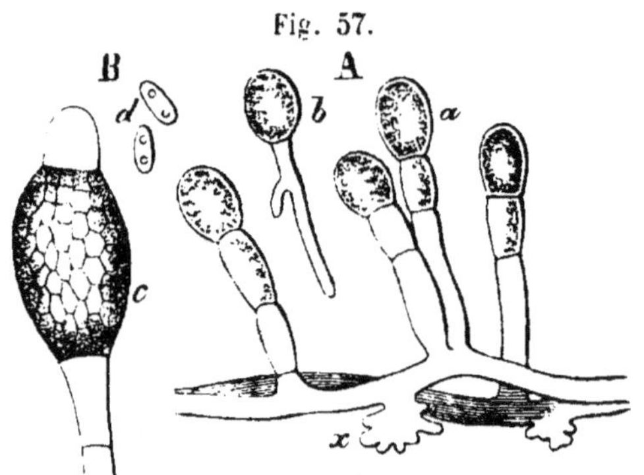

Avant d'employer la dissolution de carmin, il est nécessaire, soit de chauffer la préparation jusqu'à l'ébullition, soit d'y ajouter de l'alcool ou de l'iode en dissolution (p. 47). (Je conserve une très-belle préparation de *Beta vulgaris.)*

A propos des champignons parasites, dont le mycelium est engagé dans le tissu d'autres plantes, on doit encore chercher quelle est la forme de ces filaments. M. TULASNE a reconnu que quelquefois ils forment dans les cellules de la plante nourricière des renflements en forme de vessie, qui renferment des organes de reproduction; ceux-ci, comme l'a montré DE BARY, ressemblent assez

Fig. 57. Le champignon du raisin. *A,* forme de l'*oïdium Tuckeri,* telle que je l'ai observée à Madère; *a,* les spores d'oïdium se détachant; *x,* l'organe d'accolement du champignon; *b,* une spore d'oïdium germant. — *B, c,* le fruit du champignon du raisin, copié sur le dessin de DE MOHL; *d,* ses spores. — (*A,* gross. 400 fois; *B,* gross. 450 fois.)

aux oogonies ou organes femelles des algues, et sont fructifiés par des cellules particulières qui appartiennent au même filament. Toutefois, ce phénomène, qui a été constaté avec un *Peronospora* développé sur un *Stellaria media*, ne se présente qu'à certaine époque de l'année [1]). — Enfin on devra encore chercher dans le champignon du raisin *(Oïdium Tuckeri)* son organe d'accolement. (Fig. 57 *x*). — Dans tous ces champignons inférieurs, les cloisons transversales sont souvent difficiles à reconnaître dans les fils du mycelium, et le nucleus paraît manquer.

Il reste ensuite à étudier les réactions que présente la substance de ces champignons avec les différents corps. La plupart ne présentent pas de coloration bleue lorsqu'on les soumet à l'action simultanée de l'iode et de l'acide sulfurique, et ne sont dissous que lentement par l'acide sulfurique. La paroi des *Peronospora*, au contraire, se comporte exactement comme la matière cellulaire des végétaux.

Dans un même champignon, la grosseur des fils peut varier beaucoup; il en est de même de la forme des fructifications qui peuvent changer suivant les circonstances du développement, ou l'époque de l'année. Si l'on observe que deux champignons, présentant un mycelium semblable, se sont développés l'un à côté de l'autre, ou successivement en un même point, il faut se garder d'en conclure qu'ils soient identiques, car d'abord les myceliums se ressemblent presque tous, et de plus la dissémination des

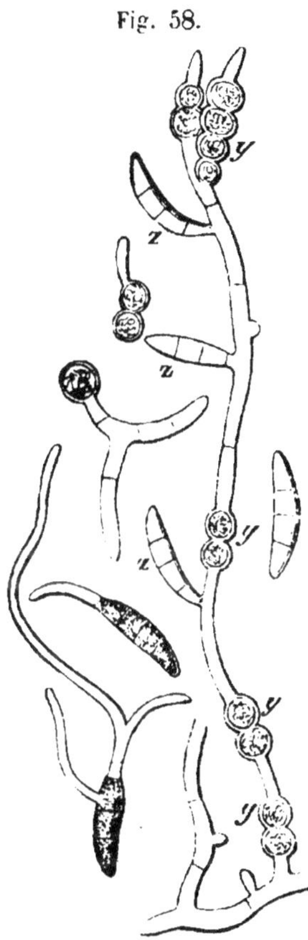

Fig. 58.

Fig. 58. Un fil du champignon de la pomme de terre; il porte aussi bien les spores unicellulaires, globuleuses, de l'*Oïdium violaceum (y)* que les spores multicellulaires du *Fusisporium solani (z)*. (Gross. 400 fois).

---

[1]) DE BARY, *sur les organes de reproduction du Peronospora*. Botan. Zeitung, 1861, p. 89. — Dans le *Pellia* et le *Preissia* on trouve des champignons présentant de pareils renflements, (Tabl. IV, Fig. 5 de mes *cellules végétales*, et Tabl. III, Fig. 8 de mon *Traité*).

spores de champignons dans l'air est très-grande. Bien plus, on a montré l'existence de deux espèces de spores différentes sur le même fil isolé (Fig. 58). Ainsi sur le même chaume, l'on voit souvent apparaître, en été, l'*Uredo linearis* qui constitue la rouille rouge du blé, et en automne le *Puccina* qui constitue la rouille noire. Au contraire, lorsqu'on examine quelques-uns des champignons qui constituent nos moisissures les plus fréquentes (*Penicillium, Ascophora*, etc.), il faut y porter une grande attention, car souvent ils sont semés sur un mycelium de champignon étranger. — Même en cherchant à se mettre à l'abri de ces moisissures au moyen d'une cloche de verre, on n'y parvient pas; d'ailleurs on ne peut songer à chauffer jusqu'à l'ébullition sous cette cloche, car en se débarrassant des spores du champignon moisissure, on tue le mycelium de celui dont on veut constater le progrès vital ultérieur.

On ne peut observer les champignons parasites que sur leur plante nourricière. Quant aux moisissures, on peut, au contraire, les cultiver sur un sol approprié, dans une atmosphère humide limitée par une cloche de verre; suivant qu'on les exposera plus ou moins à la lumière, on apercevra souvent des formes différentes dans le fil du mycelium. En mettant du blé ergoté, au printemps, sur du sable humide, on obtient très-facilement le *Claviceps* à tige. (Fig. 59).

Dans les champignons supérieurs, le mycelium prend une forme mieux déterminée, et développe des fructifications en des points pré-

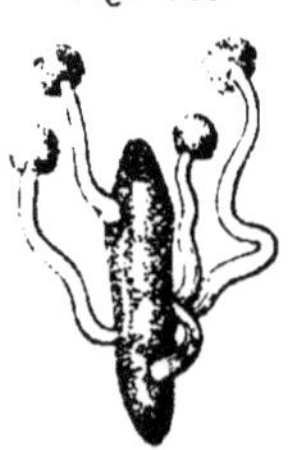

Fig. 59.

cis; on devra faire des coupes dans les différentes parties, et étudier la structure des cellules. En chauffant ces coupes avec de l'eau, on pourra, souvent, faire disparaître la substance intercellulaire, et alors, avec la pointe de l'aiguille, on réussira à débrouiller les rangées de cellules entrelacées les unes dans les autres (*Clavaria, Morchella, Tuber cibarium*). Dans les sortes de racines de ces champignons supérieurs, que l'on devra d'abord laver soigneusement sous l'eau, avec le pinceau, on constatera une croissance irrégulière des fils les uns au travers des autres, ce qui leur donne quelque ressemblance avec le mycelium des champignons inférieurs.

Fig. 59. Le *Claviceps purpurea* croissant sur le blé ergoté, d'après un dessin de TULASNE.

Les spores peuvent se former de deux manières. Quelquefois elles se détachent une à une, ou plusieurs à la fois, comme une rangée de perles, du tube qui leur a donné naissance par un étranglement de celui-ci *(Penicillium, Monilia)*; ou encore sont portées sur le tube par des pédoncules qui s'étranglent plus tard, au nombre de une *(Clavara)*, de deux *(Agaricus)*, ou de quatre *(Amanita)*. (Fig. 60).

Dans le second mode de formation, il se produit dans l'intérieur d'un tube des spores qui s'échappent plus tard par une ouverture particulière *(Morchella, Peziza, Sphœria.)*

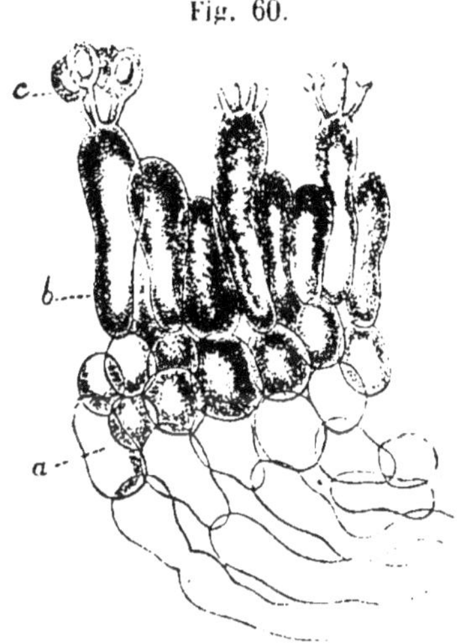

Fig. 60.

Les spores mûres se composent, dans beaucoup d'espèces, de plusieurs cellules, et sont alors dites composées *(Sphœria, Fusisporium)*; chaque cellule produit alors son tube de germination.

Dans beaucoup de champignons parasites, la fructification paraît concentrée en un seul point *(Uredo, Æcidium, Puccinia)*; dans les champignons à chapeau, elle se développe à la partie inférieure du chapeau, à la surface des lamelles en forme d'éventail; dans les *Morchella* et les *Helvella*, elle paraît au contraire à la surface extérieure du chapeau; enfin, dans le *Tuber*, le *Lycoperdon*, etc., elle se fait à l'intérieur du champignon. — Quant à la forme de ces fructifications en elle-même, elle varie beaucoup, surtout dans les champignons inférieurs [1]).

La germination des spores de champignons est, en général, facile à suivre; on les éparpille sur un verre plat, desséché, que l'on

Fig. 60. Partie d'une coupe longitudinale à travers la lamelle fructifère du Fliegenschwamm *(Amanita muscaria)*. *a,* changement du tissu filiforme du champignon en cellules rondes; *b,* un tube à spores *(Basidia)*; *c,* quatre spores, un peu avant leur détachement du tube à spores. (Gross. 400 fois.)

---

[1]) BONORDEN. Manuel de Mycologie générale. (Stuttgart, 1851.)

pose, dans un lieu modérément chaud, sur un support de feutre imbibé d'eau, et l'on recouvre le tout d'une cloche de verre. Mais il vaut mieux se servir de l'appareil à germination recommandé par Hoffmann [1]); il se compose de deux verres plats, d'égale grandeur, et d'une troisième plaque en carton, modérément épaisse, au centre de laquelle on pratique une découpure en forme de fenêtre. On place le carton pendant une demi-heure environ dans l'eau froide de manière qu'il s'imbibe complétement; puis on l'applique sur une des plaques de verre tandis que l'on a semé les spores sur le milieu de l'autre. On retourne alors avec soin la seconde plaque et l'applique sur le carton mouillé. Pour retrouver facilement le milieu, Hoffmann a tracé avec le diamant, sur le verre supérieur, deux diagonales qui se coupent au centre. On place ensuite cet appareil sur deux baguettes, au-dessus d'une couche d'eau contenue dans un plat, et l'on recouvre le tout d'une cloche de verre. La germination commence souvent au bout de 5 ou 6 heures; quelquefois, au contraire, elle ne se fait qu'après plusieurs jours. Si le carton se desséchait, on ajouterait de l'eau par le côté, avec un pinceau. Pour les observations quotidiennes, on enlève le verre supérieur qui porte les graines, et le remet immédiatement en place.

On peut étudier le développement des spores de champignons sur les feuilles, en les semant sur des plantes en pot, maintenues humides par un fréquent arrosage, et renfermées sous une cloche de verre.

DE BARY a découvert dans le *Cystopus* et quelques *Peronospora* des spores mobiles germant dans l'eau.[2])

Le mode de reproduction des champignons n'est pas encore complétement connu. Seulement, d'après les recherches de Hofmeister sur la truffe [3]) où il a vu, outre les tubes à spores globuleux connus depuis longtemps, des fils cellulaires s'enlaçant avec ceux-ci; d'après les observations faites par DE BARY sur le *Peronospora* où il a vu de pareils fils cellulaires entourer un gonflement en forme de vessie du mycelium, il semble probable que le mode de reproduction est

---

[1]) A peu près 2 pouces de long et 1 pouce de large; le trou en forme de fenêtre a ³/₄ de pouce de long et ¹/₄ de pouce de large. H. HOFF-MANN, dans les annales de Pringsheim.

[2]) DE BARY, formation de spores mobiles chez quelques champignons. Fribourg, 1860.

[3]) Annales de PRINGSHEIM.

ici le même que celui que Pringsheim avait signalé dans les algues
et surtout dans les *Saprolegnia* (p. 189). Cependant, on n'a jamais observé jusqu'à présent les spermatozoïdes mobiles. D'un autre
côté, on voit reparaître chez les *Syzygites* le mode de copulation
connue dans les algues, et particulièrement dans les *Spirogyres* et
les *Zygnema*. Des observations ultérieures décideront au sujet des
prétendues spermaties qui ont été trouvées dans beaucoup de champignons, soit dans des points particuliers, soit entre les autres fructifications, et qui se composent de très-petites cellules, se détachant
du mycelium, mais dont la germination n'a jamais été observée.

Il reste encore beaucoup d'observations à faire sur la présence
du nucleus dans les cellules des champignons; Hoffmann prétend
qu'il n'en existe pas, mais je me permettrai de mettre en doute ce
fait, au moins pour les spores d'*Helvella*, tout en reconnaissant que
dans ces plantes le nucleus est beaucoup moins achevé que dans
les plantes plus élevées, et ne renferme plus aucun corpuscule.
D'ailleurs, tout dépend de la manière de définir le nucleus. Le contenu des cellules est ordinairement coloré en rose rouge par le sucre
et l'acide sulfurique, c'est donc une matière azotée; mais outre ce
réactif il faut encore appliquer la dissolution d'iode, puisqu'il s'y
trouve souvent de l'amidon sans forme (amyloïde). La chlorophylle

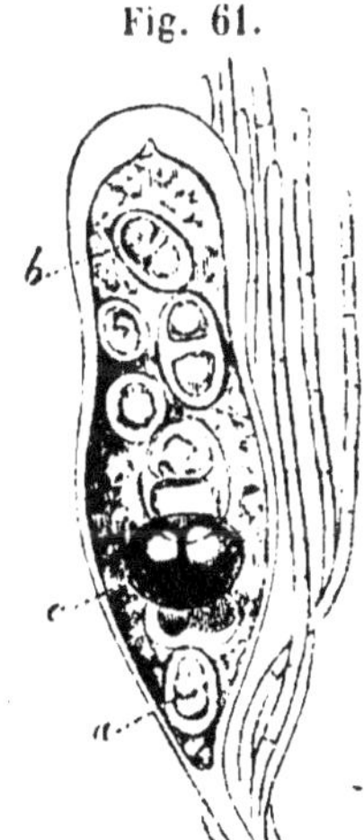

Fig. 61.

n'y a jamais été trouvée jusqu'à présent. Le
tissu des champignons de l'espèce *Polyporus* est
lignifié, et par suite très-résistant; mais, en général, les champignons, à cause de leur richesse
en matières azotées tombent facilement en pourriture. Il faut donc les étudier lorsqu'ils sont
frais.

On étudie les *lichens* de la même manière
que les champignons; cependant, quelquefois, des
échantillons desséchés pourront servir à l'observation, après un séjour de plusieurs heures dans
l'eau froide. Les coupes transversales doivent se
faire entre la moelle de sureau. On n'y connaît
qu'une forme de fructifications, la formation de
spores dans des tubes (Fig. 61). Ces fruits

Fig. 61. Le tube à spores d'un lichen *(Hagenia ciliaris)*, entouré de
filaments juteux; *a*, *b*, *c*, spores inégalement développées dans l'intérieur
du tube à spores. (Gross. 400 fois).

semblent rassemblés souvent dans des sortes de cuvettes qui naissent au dessous de la couche corticale et la transpercent.

Le mycelium ou le thallus des lichens se compose de fils cellulaires ramifiés et entrelacés les uns dans les autres, comme dans les champignons supérieurs; on peut débrouiller ces fils avec l'aiguille, mais seulement après les avoir chauffés longtemps dans l'eau pour éloigner la substance intercellulaire. Les tubes à spores sont, comme les tubes à fructifications des champignons, les cellules terminales de ces fils.

Le tissu cortical des champignons se distingue de la partie inférieure du thallus en ce que les fils y sont plus serrés et sont d'une nature ligneuse. C'est dans la couche médiane que l'on trouve de petites cellules globuleuses pleines de chlorophylle, les gonidies, qui, d'après SPERSCHNEIDER naissent par l'étranglement des fils cellulaires, et sont capables de se développer spontanément en nouvelles plantes; en outre. on y trouve encore les spermogonies ou anthéridies que l'on aperçoit même à l'œil nu, comme petits points noirs, *(Hagenia ciliaris)*, et qui, au lieu de tubes à spores, ne renferment que de très-minces fils cellulaires dont les articles, en forme de cellules rondes ou de baguettes, se détachent, et constituent les spermaties des champignons, dépourvues de mouvement. — Le tissu du thallus des lichens, à l'exception des gonidies n'est pas coloré en bleu par l'iode; les spores peuvent être bicellulaires ou pluricellulaires.

Les *Algues* ont une structure simple, et vivent la plupart dans l'eau; elles se prêtent donc très-bien aux observations microscopiques. Depuis une dizaine d'années, on les a étudiées avec beaucoup de soins, et elles ont donné lieu à des découvertes très-importantes. Dans aucun autre groupe de végétaux, on ne peut suivre aussi facilement la formation des cellules, et la reproduction, par le moyen de deux sexes ou d'un seul sexe. Comme on peut faire croître des algues sur le porte-objet du microscope, on peut les voir développer leurs cellules ou en former de nouvelles, émettre des spores mobiles et s'accoupler; à condition toutefois que l'on ait affaire à des sujets frais et très-vivants.

Les algues d'eau douce filamenteuses *(Spirogyra, Zygnema, Œdogonium, Ulothrix,* etc.) sont très-répandues au printemps et en été, dans les fossés et dans les mares; lorsqu'elles ne sont pas trop petites, on les recueille et les conserve, avec la même eau, dans un vase ouvert; ou bien, si l'excursion n'est pas trop longue, on peut les envelopper dans du papier, et les mettre dans la boîte qui sert pour les plantes plus élevées. De retour à la maison, on sépare les plantes provenant des différentes localités, et les place dans des vases de verre différents, que l'on remplit à moitié d'eau fraîche, et recouvre avec une plaque de verre. On peut ainsi conserver des algues pendant plusieurs mois dans sa chambre et suivre leur développement [1]). Il est nécessaire de recouvrir le vase avec une plaque, autant pour éviter la poussière qui nuirait au développement des algues, que pour empêcher l'évaporation de l'eau. Il est d'ailleurs à peine besoin de renouveler l'eau, car elle se maintient suffisamment saine pendant le développement de la plante. Les vases doivent être soustraits à l'action du soleil; et même, lorsqu'on veut observer sur des algues fraîchement recueillies, l'émission des zoospores, il est nécessaire de les conserver dans un lieu sombre, car sans cette précaution, la plus grande partie des cellules pourrait être évacuée au moment où l'on voudrait faire l'observation. Enfin, pour conserver ces plantes pendant l'hiver, on devra les mettre dans une chambre non chauffée, mais à l'abri de la gelée.

Les espèces plus petites, et les diatomées, se trouvent en grande abondance dans les marécages couverts par le *Sphagnum*; mais on ne peut les transporter que dans de petits verres, et il est alors nécessaire d'en emporter plusieurs avec soi pour séparer les récoltes des différentes localités. Quelques-unes de ces petites algues vivent aussi en parasites sur des plantes aquatiques déterminées, par ex. le *Coleochœte* vit sur l'*Equisetum palustre*, et beaucoup de diatomées vivent sur d'autres algues. Pour pêcher ces petits végétaux, Bornet recommande de se servir d'un petit pot en fer battu, que l'on attache à un manche, de manière à pouvoir puiser l'eau à distance. Il se sert aussi d'une loupe à grossissement moyen, et d'une petite plaque de verre, sur laquelle il fait tomber quelques gouttes d'eau; il expose cette plaque au soleil et observe avec la loupe [2]). C'est au printemps surtout que l'on doit rechercher les

---

[1]) ED. BORNET donne d'excellentes instructions pour la récolte des algues, et je m'en suis servi. ED. BORNET, instructions sur la récolte, l'étude, et la préparation des algues. Cherbourg, 1856.

[2]) ZEISS a construit pour cet usage un gentil microscope de poche coûtant de 5 à 6 thal.

algues d'eau douce; cependant, pour étudier leur développement, il faut suivre les mêmes espèces pendant toute l'année.

Quant aux algues marines, il faut les recueillir à marée basse, au point même où elles végètent, car les morceaux jetés par la mer sur le rivage sont presque toujours altérés. Pour celles qui vivent profondément dans la mer, on est obligé, cependant, de se contenter de ces débris. Les algues que l'on a recueillies d'une manière ou de l'autre doivent être, suivant leur grosseur, soit transportées dans l'eau de mer, soit enveloppées dans du papier et placées dans la boîte; mais dans ce dernier cas, si on veut les conserver pendant quelques jours, il faut se hâter de les placer dans de l'eau de mer bien fraîche, que l'on a soin de renouveler fréquemment, et de placer dans un lieu frais et ombragé. Pour étudier ces algues marines au microscope, on ne doit se servir que d'eau de mer, car l'eau douce y produit des altérations. L'émission des zoospores et leur germination ne peuvent d'ailleurs être observées que dans l'eau de mer.

Les *Fucus* charnus peuvent se prêter à une étude anatomique, lors même qu'ils sont desséchés, mais à condition qu'on les plonge environ pendant une demi-heure dans l'eau froide. Au contraire, si l'on veut conserver les algues plus ténues pour les recherches microscopiques, il ne faut pas les dessécher, mais les placer fraîches dans de l'esprit de vin faible; elles s'y conserveront suffisamment bien.

Les algues plus petites, qui se composent de cellules solitaires ou de fils cellulaires, n'ont besoin d'aucune préparation. On porte les unicellulaires avec une pipette de verre, les filamenteuses avec une fine pincette, sur la table à objets, et l'on étale avec précaution ces dernières. On les recouvre d'un verre, en évitant de les comprimer (p. 68) et si on veut les conserver longtemps pour l'observation, il suffit d'entretenir l'eau qui s'évapore; on les place dans une position convenable et l'on fixe le porte-objet au moyen de deux compresseurs. Si l'on veut observer un point déterminé, comme les organes de reproduction, il sera bon de chercher d'abord bien exactement ce point et de le dégager du reste avec l'aiguille pour rendre l'étude plus facile.

Pour étudier les algues qui se composent de plusieurs couches de cellules, on pratique des coupes transversales et longitudinales,

soit à main libre, soit entre la moelle de sureau; et, dans ce dernier cas, M. Thuret recommande de mouiller d'abord la moelle
de sureau avec de l'eau de mer fraiche.   Dans quelques espèces
d'algues, *(Chondrus crispus)*, on réussit à dissoudre la substance
intercellulaire en chauffant la coupe avec de l'eau; on aperçoit alors
très-bien les fils ramifiés qui les composent.   Pour les algues qui
se chargent de matière calcaire, on ne peut y faire de coupes, qu'a-
près avoir dissous le carbonate de chaux par l'acide chlorhydrique
ou l'acide acétique étendus.   Les articulations flexibles de la *Coralline* ne sont pas calcarifiées et se laissent couper sans traitement
préalable; les fruits quadrilobés de cette même plante sont revêtus
d'une écorce calcaire, mais les parties intérieures ne sont pas in-
crustées, de sorte qu'en crevant ces fruits avec l'aiguille on peut y
étudier la formation des spores (p. 103).   Dans le *Cymopolia*, le
carbonate de chaux n'est pas répandu dans la membrane de cellulose, mais seulement interposé entre les cellules de l'écorce.   Le
Caulerpa, et le tube central du *Cymopolia*, sont intéressants au
point de vue anatomique, à cause du grand épaississement de leurs
parois; le *Caulerpa* est encore intéressant par la présence de fils,
formés de matière cellulaire, qui traversent ses cellules; une coupe
transversale dans ces deux plantes montre nettement la formation de
la membrane végétale, par couches successives [1]).

On ne doit pas oublier d'étudier la composition chimique de la
membrane et de son contenu; en général l'iode et l'acide sulfurique
produiront une coloration bleue sur la paroi (le *Cymopolia* et le
Caulerpa font exception).

Pour la formation des cellules dans les Algues, je renvoie à la
page 101; et pour l'histoire du développement de la substance intercellulaire dans les fucacées, à la page 107.   Le phénomène de la
reproduction peut se faire de trois manières, il mérite une étude
détaillée.

La multiplication peut se faire: 1° par l'émission de cellules isolées, comme dans les *Spirogyres*, dans l'*Ulothrix*, etc.; 2° par les
zoospores, comme dans le *Chlamidococcus*, le *Vaucheria*, l'*Ulothrix*,
l'*OEdogonium*, et beaucoup d'algues marines; 3° par la voie sexuelle,
soit par l'accouplement au moyen de corps fécondateurs mobiles

---

[1]) Le *Cymopolia* et le *Caulerpa* appartiennent aux mers tropicales, et leur
mode de reproduction est encore inconnu.

(spermatozoïdes), comme dans le *Vaucheria*, l'*OEdogonium*, le *Saprolegnia*, le *Coleochœte* et les fucoïdées, soit au moyen de corps fécondateurs dépourvus de mouvement, comme dans les floridées, soit par copulation comme dans le *Spirogyra*, le *Zygnema* et les desmidiacées.

La multiplication par le détachement de cellules isolées qui se développent à part, et constituent une nouvelle plante complétement indépendante de la première, s'observe très-aisément dans le *Spirogyra*; on voit en effet se former peu à peu, dans la paroi de séparation de deux cellules, des replis qui sont dus à ce que chaque paroi, qui était d'abord concave vers l'extérieur, tend de plus en plus à devenir convexe et rencontre la paroi de la cellule voisine (Fig. 62). Ce mode de reproduction se rencontre dans les *Ulothrix*, à l'époque où manquent les spores mobiles.

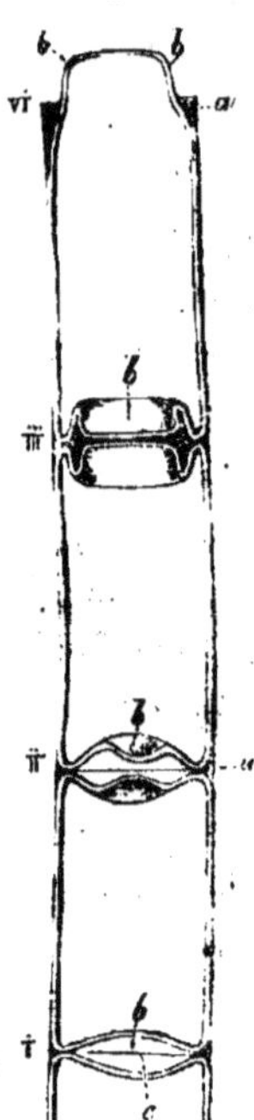

Fig. 62.

Les spores mobiles se forment à différentes époques, suivant la nature des plantes, et suivant les localités; généralement il faut les observer de bon matin, par un temps clair et chaud. Les fils d'algues doivent être recouverts avec un verre plat, et il arrive souvent alors que les zoospores sortant d'un de ces filaments se trouvent entourés par les autres fils, de sorte qu'ils sont plus faciles à observer. Les cellules qui contiennent ces zoospores sont facilement reconnaissables; elles renferment un grand nombre de petites cellules rondes ou allongées, le plus souvent colorées en vert, et, d'ordinaire, elles sont rassemblées les unes auprès des autres. Avec un peu de patience, on peut saisir le moment où l'une ou l'autre de ces cellules laisse échapper son contenu, et l'on est alors à même d'observer le progrès de l'émission, ainsi que le mouvement et la germination des zoospores, dans une seule matinée.

Fig. 62. Partie d'un fil de *spirogyre* dessiné avec la suppression du contenu des cellules: *a*, l'enveloppe extérieure (cuticule) naissant de la paroi des cellules-mères disparues; *b*, l'extrémité de chaque cellule, se prolongeant en pointe, et formant peu à peu des plis, faute d'espace (I, II, III); enfin la cuticule se brise et la cellule s'allonge en pointe IV (par erreur VI). (Gross. 200 fois).

Dans le *Vaucheria*, au contraire, une cellule ne donne naissance qu'à un zoospore unique, mais très-gros, formé par une agglomération granuleuse de matière verte.

A propos des zoospores, il faut observer leur forme et leur structure; reconnaître l'absence de membrane; constater que les uns sont munis de cils mobiles sur toute leur circonférence *(Vaucheria)*, que d'autres n'en présentent qu'en des points déterminés *(Œdogonium,* et *Bulbochæte)*, que d'autres enfin, et c'est le plus grand nombre, n'en portent que 2 ou 4, d'inégale longueur. — La durée des mouvements varie suivant l'espèce de plante, et suivant l'état atmosphérique; quelques zoospores courent pendant une journée entière, tandis que d'autres germent une demi-heure après leur émission. Quelque temps avant la germination, leur mouvement commence à se ralentir et les cils tombent; puis la cellule s'allonge, s'enveloppe d'une membrane solide et se divise.

Il faut, de plus, essayer l'action de certains réactifs, à savoir la dissolution d'iode et d'eau sucrée, l'esprit de vin étendu, l'acide prussique étendu, ainsi qu'une dissolution aqueuse d'un sel de strychnine.

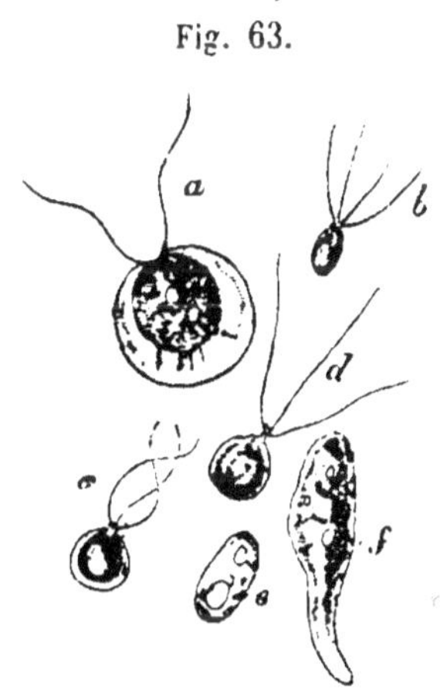

Fig. 63.

Les spores mobiles pourraient quelquefois être prises pour des infusoires, mais peu à peu on apprend à en distinguer les caractères [1]): elles contiennent une matière granuleuse verte ou rouge, se meuvent d'une manière particulière, et, par leur développement, donnent naissance à une algue immobile (Fig. 63).

Dans l'*Œdogonium*, le *Stigeoclonium*, le *Chætophora*, le *Coleochæte*, etc., il ne se développe, dans chaque cellule, qu'un seul zoospore; mais en général, il naît à la fois un

Fig. 63. Zoospores de quelques algues. *a,* spores mobiles de *Chlamidococcus pluvialis; b,* zoospores de *Stigeoclonium* (d'après des préparations desséchées); *c—f,* spores mobiles d'*Ulothrix,* suivies jusqu'à la germination. (Gross. 400 fois.)

---

[1]) L'*Euglena viridis,* qui présente un contenu vert, est regardée comme une algue par la plupart des observateurs; EHRENBERG la regarde comme un infusoire.

grand nombre de ces spores, qui s'échappent aussi en même temps.
C'est par ces zoospores que se multiplient les algues, lorsqu'ils sont
placés dans des conditions favorables; toutefois, dans ces derniers
temps, Pringsheim a reconnu l'existence de zoospores *durables*,
qui sont beaucoup plus petits que les précédents, et qui, une fois
réduits au repos, ne se développent quelquefois qu'après un temps
très-long, lorsqu'ils sont placés dans des conditions convenables; ces
zoospores durables ont été trouvés dans l'*Hydrodyction*, à côté des
autres; il reste à les chercher dans d'autres algues. [1])

Comme types de la fécondation, dans les algues, par les spermatozoïdes mobiles, je citerai le *Vaucheria*, l'*OEdogonium*, le *Saprolegnia*, les fucacées et les *Coleochœte*. Dans le *Vaucheria*,
les organes de génération apparaissent à côté l'un de l'autre, sur le
même fil; le mode de reproduction est facile à étudier sur cet
exemple; cependant il est assez difficile d'observer bien nettement
la pénétration des spermatozoïdes dans l'organe femelle (Fig. 64).
— Dans l'*OEdogonium* on voit certains filaments donner naissance
à de grosses cellules, globuleuses, qui sont les organes femelles, les
oogonies; au-dessus de ces oogonies, ordinairement sur le même
fil, on aperçoit deux cellules beaucoup plus petites, qui, dans quelques espèces produisent chacune un zoospore donnant naissance à
une plante mâle; c'est sur l'oogonie que vont se développer ces
deux zoospores, et, par leur développement, ils fournissent les spermatozoïdes nécessaires à la fécondation. Dans ce cas particulier,
il serait bien certain, d'après Pringsheim et quelques autres observateurs, que le spermatozoïde pénètre dans l'oogonie. (Fig. 65).
— Dans le *Saprolegnia*, cette algue à filaments blanchâtres qui apparaît sur les mouches qui ont séjourné longtemps dans l'eau, les
zoospores se forment dans des cellules qui ont la forme de tubes
cylindriques; les oogonies, au contraire, sont constituées par des
cellules beaucoup plus grosses dont le contenu se distingue par la
présence de globules très-nombreux. Ces oogonies présentent, dans
leur paroi, des ouvertures sur lesquelles viennent s'ajuster de petits
tubes très-déliés formés par des ramifications du fil d'algue; enfin
à l'extrémité de ces petits tubes se développent des cellules termi-

---

[1]) Pringsheim, sur les zoospores durables de l'*Hydrodyction*: Annales
mensuelles de l'Académie de Berlin (1861). — Sur les zoospores, je renvoie aux travaux de Thuret (Annales des Sc. nat.), de Pringsheim, d'Al.
Braun et de Cohn.

nales où naissent les spermatozoïdes; dès lors ceux-ci suivent le chemin tout tracé, descendent par le tube et pénètrent dans l'oogonie par l'ouverture correspondante.   Ce mode de reproduction se

Fig. 64.

Fig. 65.

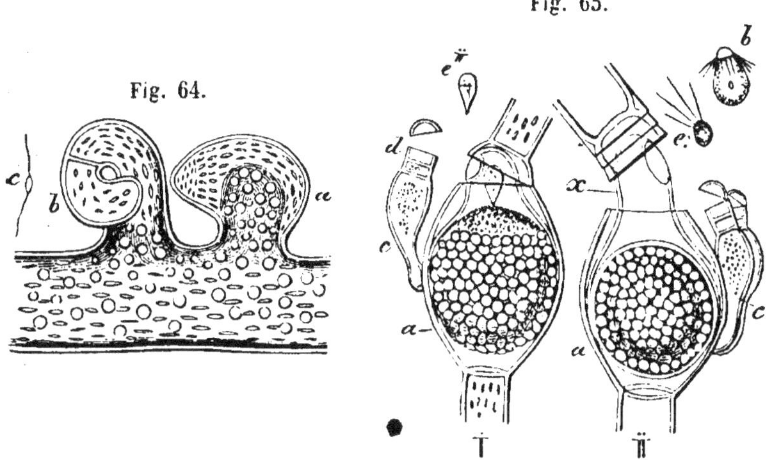

rencontre encore dans les champignons (d'après Hofmeister et de Bary il se présenterait aussi dans les truffes et les *Peronospora*) (p. 170).

Dans les fucacées, les organes mâles et femelles apparaissent, soit à côté l'un de l'autre, soit séparément, dans des cavités qui se trouvent à l'extrémité de la fronde.   On devra étudier ces organes en faisant dans la fronde des coupes transversales.   Dans l'oogonie il se développe 8 spores qui ne sont fécondées par les spermatozoïdes

Fig. 64.   *Vaucheria sessilis*, (copié d'après Pringsheim), peu avant la fécondation: *a*, la cellule-mère des spores (organe femelle); *b*, la cornicule (organe mâle); *c*, un spermatozoïde.   En *a* on voit se former la paroi de séparation qui n'est pas encore achevée. (Gross. 250 fois).

Fig. 65.   *Œdogonium ciliatum*, copié d'après Pringsheim: I, aspect de la fécondation; *a*, l'oogonie qui s'est ouverte à sa pointe, et dans laquelle, peu avant la fécondation, s'est développée l'utricule de fécondation, avec son ouverture (II, *x*); une petite plante mâle (*c*), née du zoospore *b*, s'est collée sur l'oogonie même; l'anthéridie bicellulaire (*d*) de cette petite plante a rejeté son couvercle et le corps fécondant supérieur, après avoir traversé l'ouverture circulaire de l'utricule de fécondation, a pénétré dans l'intérieur de l'oogonie, où il doit disparaître bientôt.   II, une oogonie fécondée depuis peu de temps, accompagnée de deux petites plantes mâles; *e* et *c''*, corps fécondants (spermatozoïdes). (Gross. 350 fois.)

qu'après qu'elles sont devenues libres. Dans le *Coleochæte*, qui vit en parasite sur l'*Equisetum palustre*, l'oogonie, qui a la forme d'une cellule globuleuse, présente un prolongement en forme de col s'ouvrant à sa pointe; les anthéridies émettent un seul spermatozoïde qui ne féconde qu'une spore, mais celle - ci se divise plus tard et donne naissance à un tissu dont chaque cellule émet un zoospore; alors se développent de nouvelles plantes autour de l'oogonie, qui enveloppent celle-ci et forment autour d'elle une sorte d'écorce.

Tous ces procédés diffèrent les uns des autres au point de vue morphologique, mais le principe est cependant toujours le même. La spore, ou globule de fécondation, est toujours dans le principe, dépourvue de membrane, mais dès que la fécondation a été opérée, elle se recouvre d'une membrane dont l'épaisseur va en augmentant peu à peu. Les spermatozoïdes sont toujours extrêmement petits; ils semblent également dépourvus de membrane; ils présentent deux ou plusieurs cils, sont beaucoup plus petits que les zoospores, mais se remuent comme eux, avec beaucoup d'agilité, dans l'eau.

La fécondation des floridées, à l'aide de spermatozoïdes immobiles, n'est pas encore bien connue. Enfin dans les spirogyres nous voyons une reproduction par copulation, un acte sexuel sans spermatozoïdes, qui consiste dans le mélange du protoplasma d'une cellule avec celui d'une autre; de ce mélange résulte une spore capable d'hiverner, entourée d'une membrane solide, et qui, au printemps, germera pour reproduire une nouvelle plante. On observe très-souvent la copulation dans les spirogyres: deux cellules situées vis-à-vis l'une de l'autre et appartenant à deux fils voisins, envoient des prolongements qui se rencontrent bientôt; il se forme ainsi une communication en forme de tube qui permet à la matière verte et granuleuse de l'une des cellules (mâle) d'aller s'ajouter au contenu vert de l'autre (femelle); de cette réunion des deux substances résulte la formation d'une spore en forme d'œuf, entourée d'une membrane épaisse, et capable de résister à la putréfaction qui détruit souvent les filaments d'algues; ces spores tombent au fond de l'eau et y passent l'hiver (Fig. 66). (Dans les champignons, à propos des syzygites, on rencontre un fait analogue [1]).

---

[1] Pour les modes de fécondation dans les algues, je renvoie aux travaux de PRINGSHEIM, dans les annales de l'Académie de Berlin, de 1855 à 1861, et dans le journal de PRINGSHEIM. — Pour les fucacées, voir les travaux de Mr. THURET, dans les annales des sciences naturelles (1855).

On peut conserver les zoospores des algues, ainsi que les spermatozoïdes, en les des-échant lentement sur le porte-objets, à l'abri
de la poussière; lorsqu'ils sont désséchés, ils peuvent servir ensuite
pour des comparaisons ultérieures, et c'est alors surtout qu'il est facile de voir leurs cils.

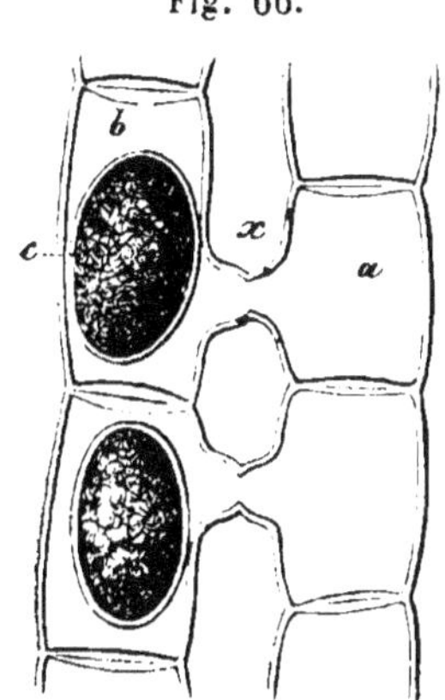

Fig. 66.

Les *Chara* vivent dans l'eau comme les algues; ils doivent être recucillis et conservés comme elles. Pour observer le courant de protoplasma, on devra choisir surtout le *Nitella* qui présente, à chaque article, une grande cellule iso-lée, c'est - à - dire non entourée, comme dans la plupart des *Chara*, d'autres pe-tites cellules. On étudiera par des coupes longitudinales et transversales la structure des tigelles ramifiées en verticille. Les organes sexuels se trouvent au-dessous ou à côté du verticille; ils ont généralement la forme de petits boutons, visibles à l'œil nu, qui, d'abord verts, changent peu à peu de couleur et finissent par prendre une couleur d'orange. Ordinairement l'organe mâle et l'organe femelle sont à côté l'un de l'autre; dans les *Nitella,* au contraire, les sexes sont sé-parés. L'anthéridie est globuleuse et a une structure très-compliquée: sa paroi se compose de 8 cellules qui, à l'époque de la maturité, se séparent l'une de l'autre; mais l'intérieur ren-ferme un nombre considérable de tubes formés de petites cellules, et de chacune de ces cel-lules s'échappe un spermatozoïde, sorte de fila-ment enroulé en spirale, tournant autour de son axe, et présentant deux longs cils mobiles (Fig. 67). L'organe femelle, au contraire, se compose d'une

Fig. 67.

Fig. 66. La copulation du *Spirogyra*; *a* et *b*, cellules opposées de deux
fils qui sont liés par un prolongement *x*. La spore *c* est née de la réunion du contenu des deux cellules. (Gross. 200 fois).

Fig. 67. *Chara fragilis*: I, le bout d'un fil d'anthéridie, avant la formation du filament mobile. II, partie d'un autre fil, avec des spermatozoïdes

cellule centrale qui est entourée de 5 cellules étroites, en forme de spirales, s'enroulant autour d'elle. La pénétration des spermatozoïdes dans l'organe femelle n'a jamais encore été observée. L'organe femelle, en germant, reproduit une jeune plante[1]). Les spermatozoïdes mobiles n'existent que dans les anthéridies mûres qui s'ouvrent spontanément.

I. ETUDE DES CRYPTOGAMES SUPÉRIEURS, C'EST-A-DIRE POURVUS D'UNE VÉRITABLE TIGE.

Les mousses et les hépatiques n'ont pas de racines proprement dites; elles puisent leur nourriture dans le sol, à l'aide de poils radicellaires qui se développent sur la tige. La tige et les feuilles, ainsi que les racines des cryptogames supérieurs ont été étudiées par un procédé spécial qui a été indiqué (p. 140 et p. 158); on doit y observer le développement, la position et le mode de ramification des faisceaux vasculaires; et, dans les racines, on doit considérer le degré de développement du chapeau radicellaire.

On peut cultiver les mousses et les hépatiques dans des chambres fraîches, en les plaçant à l'ombre, sous une cloche de verre; cependant, dans ce cas, les jeunes pousses des hépatiques deviennent le plus souvent très - luxuriantes et ne rappellent guère la plante normale. Toutefois, on pourra toujours les conserver fraîches pendant quelques semaines et observer les progrès de leur développement; en particulier, on pourra parfaitement étudier, de cette manière, leur mode de fructification.

Dans les mousses à feuilles et les hépatiques, les organes sexuels apparaissent tantôt sur le même pied, tantôt sur des pieds séparés. Les organes femelles (pistils ou archégones) sont des corps cylindriques, allongés, présentant un élargissement à leur base; ils se composent, dans le principe, d'une seule couche de cellules; dans la partie élargie se trouve le globule de fécondation (Keimbläschen) qui est formé de protoplasma et d'un noyau cellulaire central. A une certaine époque, on voit s'ouvrir le col, ou partie supérieure de

déjà formés; *a*, un spermatozoïde s'enroulant, *b*, un spermatozoïde tué par l'iode (I et II gross. 200 fois; *a* et *b* gross. 500 fois).

---

[1]) Sur les *Chara*, consultez A. BRAUN (publications mensuelles de l'Académie de Berlin).

l'organe; dès lors le spermatozoïde peut y pénétrer et opérer la fécondation. (Fig. 68).

Les organes mâles (anthéridies) sont des corps, tantôt globuleux, tantôt cylindriques, portés sur un pied plus ou moins long; ils sont

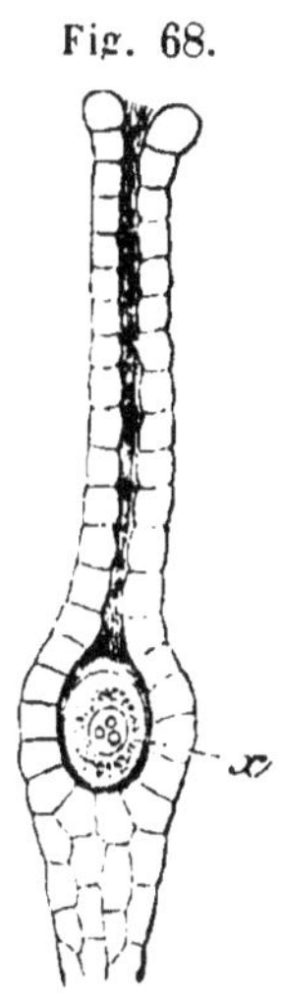

Fig. 68.

formés le plus souvent par une seule couche de cellules qui développent dans leur intérieur un très-grand nombre d'autres cellules très-petites et globuleuses; puis, l'anthéridie se rompant à sa pointe, celles-ci sont lancées au dehors, et chacune émet un spermatozoïde que l'on voit se débattre avec agilité dans l'eau du porte-objets. Quant à la vésicule germinative qui a été fécondée, elle donne naissance à un fruit pédonculé, sa partie inférieure s'allongeant en forme de tige; puis, le col du pistil se dessèche, tandis que sa base s'accroît de manière à former une enveloppe protectrice pour le jeune fruit, une sorte de coiffe. Dans les hépatiques, cette coiffe n'est déchirée qu'à l'époque de la maturité du fruit, par suite de l'allongement subit de la tige de ce fruit; dans les mousses à feuilles, au contraire, elle se détruit de bonne heure et est emportée, comme une sorte de coiffe par le fruit dont la tige s'est allongée progressivement (Fig. 69), ce qui est très-visible dans le genre *Polytrichum*.

On peut suivre facilement, au moyen de coupes longitudinales, faites à différentes époques, le développement du jeune fruit et la formation des spores dans son intérieur. Lorsque les fruits sont jeunes on peut encore les débarrasser de leur calyptre, au moyen de l'aiguille et d'une loupe. Dans les hépatiques, on observera le mode de développement des élatères, longues cellules cylindriques qui sont munies d'une spirale simple ou double, et qui, le plus souvent, sont lignifiées et colorées en brun (Fig. 70); on devra examiner la manière dont elles sont disposées dans le fruit, ainsi que la structure de la paroi capsulaire, qui présente généralement quatre valves en forme de clapets s'ouvrant brusquement; les cellules de cette paroi présentent ordinairement des bandes incomplétement enroulées. Pour cette étude il sera bon de faire des coupes très-

Fig. 68. *Phascum cuspidatum;* un pistil disposé pour la fécondation, copié sur HOFMEISTER. *x*, le globule de fécondation. (Gross. 300 fois).

minces dans le fruit, et de les traiter ensuite par l'acide sulfurique concentré.

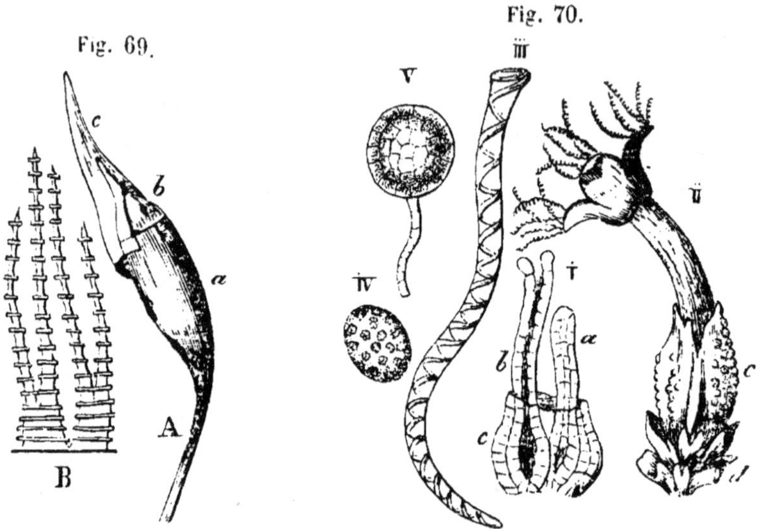

Dans les mousses à feuilles, on doit commencer par observer la disposition des cellules à spores, qui sont rangées circulairement autour d'une colonne parenchymateuse centrale (columelle), et le mode de formation de la paroi de la capsule, paroi dont l'épiderme contient des stomates. (Dans les hépatiques, l'*Anthoceros* présente aussi une columelle et des stomates sur l'épiderme). C'est d'après la forme de la capsule et de son couvercle, et d'après l'absence ou la présence d'une collerette que l'on peut distinguer les espèces; cette collerette, tantôt simple, tantôt double, se compose de cellules en forme de dents qui se dressent à l'ouverture de la capsule. Des coupes longitudinales et transversales, faites, soit à main libre, soit entre la moelle de sureau, à différentes périodes du développement

Fig. 69. *A*, le fruit du *Fissidens bryoides*, copié sur PAYER: *a*, la partie inférieure de la capsule; *b*, le couvercle; *c*, la coiffe ou calyptre. *B*, le péristome de la capsule (les deux grossis, mais à des degrés différents)

Fig. 70. *Frullania dilatata*. I, le jeune périanthe, avec deux pistils *a* et *b*, la pointe du col est déjà ouverte en *b*. — II, le fruit déjà brisé: *c*, le périanthe, *d*, les feuilles périchétiales. — III, une élatère. — IV, une spore mûre. — V, une anthéridie. (Grossissements: I et V, 50 fois; II, 10 fois; III et IV, 180 fois).

de la plante, permettent de se rendre compte de toutes les particularités anatomiques du fruit.

Dans beaucoup d'hépatiques *(Jungermannia, Liochlæna, Frullania,* etc.), lorsque le pistil a été fécondé, il se forme autour de lui une enveloppe (calice) qui provient vraisemblablement de la soudure de plusieurs feuilles. Dans les hépatiques dont la tige, de forme plate, rampe sur la terre (hépatiques à feuillage), la fronde s'élève aussi au-dessus du pistil, lorsqu'il a été fécondé, et l'enveloppe complétement *(Blasia, Pellia, Riccia);* dans les *Marchantia* les organes de reproduction se présentent sur des scutelles séparées. Les anthéridies, chez quelques-unes de ces plantes sont isolées, ou deux à deux, dans l'axe d'une feuille; souvent elles sont placées sur des branches spécialement mâles *(Frullania);* d'autres fois elles sont réparties d'une manière quelconque et portées sur une petite tige *(Haplomytrium, Fossombronia).* Lorsque les fruits des hépatiques sont entourés d'une fronde, la même disposition se retrouve pour l'organe mâle, c'est ainsi que les organes mâles du *Marchantia* sont toujours enveloppés d'une scutelle mâle. Dans ce cas, la nature ménage toujours un canal, dans l'intérieur de la feuille, au - dessus de l'anthéridie.

Dans les *Marchantia,* en comprimant latéralement les scutelles mâles, on peut se procurer des spermatozoïdes mobiles avec la plus grande facilité: il en jaillit un liquide ressemblant à du lait, dans lequel les spermatozoïdes se trouvent par milliers. Si on laisse cette substance se dessécher lentement, sur le verre du microscope, à l'abri de la poussière, on reconnaît très-aisément la présence de filaments très-déliés qui d'ailleurs peuvent très-bien se conserver. En laissant ainsi le liquide se dessécher peu à peu on verra que, parmi les spermatozoïdes, les uns s'allongent *(Pellia),* tandis que les autres s'enroulent, et, au point le plus épais de leur corps, on reconnaîtra la présence tantôt de deux cils, tantôt d'un seul. La dissolution d'iode, l'alcool, et tous les autres réactifs qui agissent sans altération sur la matière albuminoïde, arrêtent immédiatement le mouvement de tous les spermatozoïdes; au contraire, ils résistent à une dissolution d'acide prussique ou de strychnine. Dans toutes les mousses à frondes, dont les organes mâles sont à l'extrémité de petits pédoncules, on peut, en pressant ces organes avec les doigts, se procurer une grande quantité de spermatozoïdes. — Lorsque les anthéridies sont mûres, elles éclatent d'elles - mêmes au bout de 10 ou 15 minutes, dans l'eau du porte-objets, et c'est là le meilleur procédé à employer quand on veut se procurer des spermatozoïdes pour des observations minutieuses; seulement il demande plus de temps que les autres.

On peut suivre la germination des mousses à feuilles et des hépatiques en les semant sur du sable mouillé, recouvert d'une cloche, dans un lieu modérément chaud et convenablement ombragé. Dans les mousses, il sort de la spore un fil cellulaire semblable à une conferve, et sur ce fil naissent çà et là des bourgeons qui constituent de jeunes tiges. Dans les *Sphagnum,* ce proembryon est aplati; dans les hépatiques il prend différentes formes plus ou moins irrégulières. — Dans le *Blasia,* on voit se développer sur ce proembryon des organes dont la signification n'est pas connue.

On doit essayer l'action de l'acide sulfurique concentré sur les spores, et y faire des coupes transversales minces par le procédé qui a été indiqué à la page 63.

Les *innovations,* pour la multiplication non sexuelle de ces végétaux, se détachent, dans les mousses, sous forme d'un agrégat de cellules; elles naissent sur les feuilles ou sur certains poils radicellaires qui se composent de fils cellulaires avec des parois de séparation obliques. Dans les hépatiques à frondes, ces mêmes corps apparaissent dans des réservoirs particuliers (coupes à innovations), comme on le voit sur le *Blasia,* le *Marchantia* et le *Lunularia.* Les innovations sortent de ces réservoirs sous forme de corps pluricellulaires, munis d'une tige, puis se détachent et développent une nouvelle plante. Les innovations de *Blasia* ont tout à fait la forme d'une bouteille.

Dans les *Fougères,* les fruits sont placés à la face inférieure des feuilles; ils sont disposés là en amas ou en rayons, et sont recouverts par une membrane mince appelée indusie. Quelquefois, cependant, les spores se forment dans des capsules spéciales, comme dans l'*Osmunda,* le *Botrychium,* l'*Ophioglossum.* Les fruits des premières sont en amas très-nombreux qui constituent les sores. En faisant une coupe transversale dans la feuille, entre la moelle de su-

---

Pour l'histoire du développement des cryptogames supérieurs, je renvoie aux nombreux travaux de HOFMEISTER (Recherches comparées des cryptogames supérieurs, Leipzig, 1851), aux mémoires de l'Académie des sciences de Saxe, et, pour la germination des hépatiques, aux recherches de M. GRÖNLAND (annales des sc. nat. T. I, série IV).

reau, ou en les détachant avec l'aiguille, on peut étudier les fruits; on doit alors considérer leur structure, la direction de leur anneau, et le mode de rupture des capsules, car on distingue certaines espèces d'après la forme des sporanges, des sores, et de l'indusie. (Fig. 71).

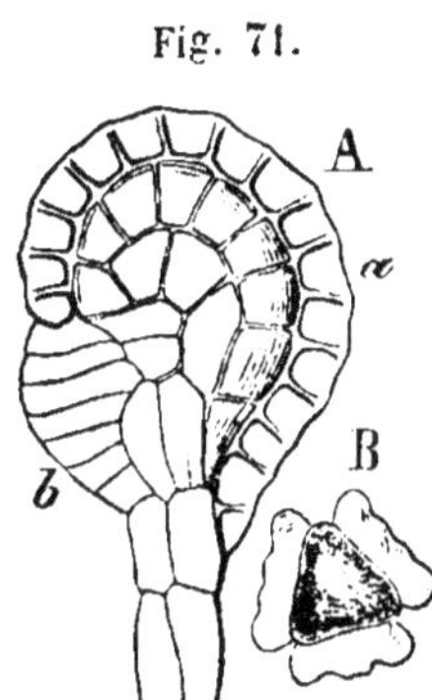

Fig. 71.

On ne connaît pas encore suffisamment le mode de formation des spores dans les sporanges, mais il est probable qu'elles se forment par une division en quatre de la matière contenue dans les cellules-mères. Il existe, relativement à l'enveloppe extérieure (exine) des spores, de grandes différences entre les diverses fougères; ces variations méritent d'être étudiées par la méthode donnée à la page 63.

Les fruits capsulaires des *Equisétacées* ont la forme d'épis, et se développent en des points déterminés; ils renferment de grosses spores globuleuses qui naissent de la cellule-mère par une division quaternaire et sont entourées d'une double spirale très-hygroscopique, formée par la membrane primaire qui, dans les cryptogames supérieurs et dans les grains de pollen, est ordinairement résorbée. Si l'on dessèche ces spores et les place sur le porte-objets, sans les recouvrir, on voit, par l'action de l'haleine seule, les deux spirales se dérouler; puis si on les laisse se dessécher de nouveau, elles reprennent leur forme primitive. — La tige des équisétacées est souvent riche en silice, comme on le démontre facilement par la combustion.

Les organes sexuels de ces deux groupes (fougères et équisétacées) se développent sur le proembryon aplati qui naît par la germination des spores; on peut suivre la germination des fougères en les semant sur de la tourbe humide que l'on met dans un plat recouvert d'une lame de verre. Si l'on a soin de maintenir ces spores dans un lieu ombragé et suffisamment frais, on les voit germer ordinairement au bout de 3 ou 4 semaines: l'apparition d'une légère couche verdâtre sur la tourbe est le premier indice de leur germi-

Fig. 71. *Pteris serrulata.* *A*, le sporange peu de temps avant qu'il s'ouvre: *a*, l'anneau. En *b*, là où, plus tard, le sporange se brise, l'anneau manque. *B* est une spore (Gross. *A*, 80 fois; *B*, 300 fois).

nation. La meilleure manière de faire cette expérience consiste à répandre sur la tourbe quelques morceaux de fronde fraîche portant des fruits; en semant des spores desséchées on s'exposerait à ne pas avoir de germination. En enlevant avec soin un petit morceau de la couche verte, et le lavant avec de l'eau sur le porte - objets, on peut étudier très-facilement les premiers degrés de la germination et constater la formation des anthéridies sur les proembryons très-jeunes (Fig. 72). Lorsque le proembryon a pris quelque développement, on aperçoit des anthéridies nombreuses, non pédiculées, puis des sortes de bourrelets qui portent à leur partie inférieure les or-

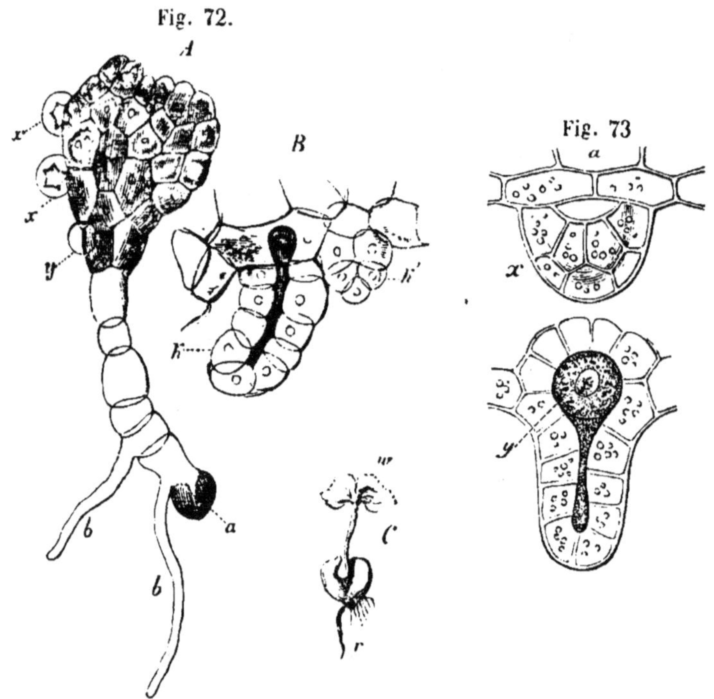

Fig. 72. Germination d'une fougère (*Pteris serrulata*). *A*, le proembryon né de la spore *a*; *b*, poils radicellaires; *x* et *y*, anthéridies. (Gross. 80 fois). *B*, partie d'une coupe longitudinale dans un proembryon plus développé; *k*, un archégone dont le col ne s'est pas encore ouvert: *k'*, un tout jeune archégone (gross. 200 fois). *C*, la jeune plante avec son proembryon, en grandeur naturelle; *w*, la première fronde, *r*, la première racine.

Fig. 73. *Pteris serrulata*. *x*, l'anthéridie; *y*, l'archégone encore fermé à sa pointe, avec le globule de fructification (gross. 300 fois).

ganes femelles (archégones); ces derniers organes ressemblent assez bien au pistil des mousses, mais ils sont plus courts (Fig. 73).

En faisant des coupes longitudinales, à main libre ou entre la moelle de sureau, au travers du proembryon, on acquiert des notions précises sur le développement de cet organe. Les anthéridies, lorsqu'elles sont mûres, éclatent souvent dans l'eau du porte-objets, et laissent échapper un à un leurs spermatozoïdes; ceux-ci présentent une structure particulière et entrainent souvent après eux la cellule dans laquelle ils sont nés. Pour les voir nettement, il est bon de les tuer, en versant une goutte d'une dissolution faible d'iode (Fig. 74). Par la dessication ils perdent leur forme primitive; cependant leurs cils sont alors plus visibles que jamais.

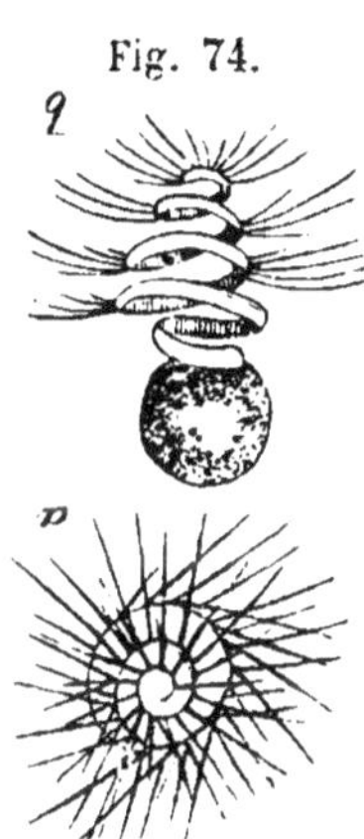

Fig. 74.

Quant au développement du germe dans l'archégone fructifié, on peut le suivre au moyen de coupes longitudinales et transversales. Le cône de végétation de l'axe du germe ne s'élève pas: il produit, au contraire, en avant, une feuille que suit bientôt après une racine; avec la deuxième feuille apparait la seconde racine, et ainsi de suite jusqu'à ce que, plus tard, le proembryon se dessèche et rende la jeune plante indépendante.

Le même procédé se répète chez les équisétacées; cependant chez ces plantes, la germination est beaucoup plus difficile à suivre jusqu'au développement complet de la jeune plante et n'a été complétement observée que par Hofmeister et Milde. Les spermatozoïdes des équisétacées ressemblent à ceux des fougères et portent encore, outre leurs cils, une membrane flottante. Le germe qui sort de l'archégone donne naissance, en haut, à un premier cercle de feuilles; à la partie inférieure se forme, en même temps, la première racine[1]. — Dans plusieurs fougères tropicales il est facile de suivre le développement d'innovations sur les feuilles.

Fig. 74. Spermatozoïdes ou filaments mobiles du *Pteris serrulata*. En *a*, le spermatozoïde est enroulé et supposé vu d'en haut; en *b*, au contraire, il est vu de côté, et est toujours enroulé. (Gross. 500 fois.)

---

[1] Pour l'histoire du développement des fougères et des équisétacées, je recommande d'étudier les travaux d'HOFMEISTER (Recherches comparées

Chez les *Licopodiacées* les spores sont contenues dans des fruits en forme de capsules qui se groupent en épis, tantôt dans l'axe des feuilles, tantôt en des points particuliers; il existe deux sortes de spores, les grandes ou mégaspores, les petites ou microspores. Dans le genre *Lycopodium*, dont le mode de développement est encore inconnu, les spores que l'on connaît ont toutes la même forme et la même grosseur. La mégaspore donne naissance au proembryon qui apparaît en un point très-visible et bien déterminé, où se trouve une sorte de pyramide; sur ce proembryon, qui est aplati, naissent les organes femelles (archégones) qui sortent de l'enveloppe de la spore par une ouverture située au-dessus du proembryon. Dans l'*Isoëtes*, le tissu du proembryon remplit plus tard toute la cavité intérieure de la spore. Dans les *Selaginella*, au contraire, il se développe au-dessous de lui un tissu parenchymateux qui nourrit le germe né par fécondation. Dans les microspores, au contraire, se forment plusieurs cellules globuleuses de chacune desquelles s'échappe un spermatozoïde semblable à ceux des fougères.

Enfin, dans les *Rhizocarpées*, nous trouvons encore des mégaspores et des microspores placées dans des sacs particuliers (sporocarpes), soit ensemble, soit séparément. La mégaspore est très-grosse et entourée d'un épiderme épais; les microspores naissent, par division de cellules, dans un organe semblable à l'anthéridie des hépatiques. Le spermatozoïde n'est pas encore bien connu; Hof-meister le décrit comme un fil spiral simple. Le proembryon et les archégones se forment comme dans les lycopodiacées. — La *Salvinia natans*, très-commune à certains endroits, qui porte des sporocarpes à l'automne, peut être conservée pendant tout l'hiver dans un vase à moitié plein d'eau que l'on maintient dans un lieu froid; au printemps on voit commencer le développement des spores. L'eau est souvent pleine de spermatozoïdes. — On devra faire, aux différentes époques du développement, des coupes longitudinales, de directions convenables, à travers les mégaspores et le proembryon.

---

sur les cryptogames supérieurs, Leipzig, 1851), (Notes pour servir à la connaissance des cryptogames supérieurs, Leipzig, 1851); les travaux de Milde (De la germination des spores d'équisetum, Vratilaw, 1800), (Développement des équisétacées et des rhizocarpées, acta academiæ L. C. XXIII., pls. II. et III.); pareillement, les travaux de Suminsky et de Met-tenius sur les fougères, et mes propres recherches sur ces dernières (Linnæa, 1849).

Dans les rhizocarpées comme dans les lycopodiacées, la jeune plante qui commence à croître, sort par l'ouverture de la mégaspore [1]).

Hofmeister a vu, chez quelques mousses et quelques fougères, le spermatozoïde pénétrer dans l'archégone; il est probable qu'il pénètre aussi dans le globule de fructification (Keimbläschen), car celui-ci ne s'entoure d'une membrane solide qu'après la fécondation, et qu'il disparaît dans son protoplasma, comme chez l'Œdogonium. Il y aurait, sur ce point, beaucoup de recherches à faire. — Naturellement, de telles observations ne peuvent être faites que sur des sujets parfaitement frais.

K. ETUDE DE LA FLEUR ET DU FRUIT.

Dans une fleur isolée, il faut, avant tout, porter son attention sur le nombre et les rapports de position des différentes parties, et étudier la structure de ces mêmes parties. Pour cela, on devra faire des coupes transversales, à différentes hauteurs, dans un bouton qui ne soit pas encore ouvert. Une telle coupe, faite par la pointe du bouton, ne montrera, en général, que les rapports de position du calice et des pétales; une coupe faite un peu plus bas fera voir de plus, dans les fleurs hermaphrodites, les anthères et leur position par rapport aux pétales, et même, dans quelques cas, le stigmate ou le style, ou même l'ovaire, lorsqu'il est supère; on fera ensuite une autre coupe, encore plus profondément, et si l'ovaire est infère, on ne devra pas négliger de l'étudier séparément. Ces coupes, qui ne doivent pas être très-minces, donnent une connaissance complète de la disposition relative des différentes parties de la fleur; on reconnaît ainsi les différents verticilles et le nombre de leurs éléments, puis la position relative des pétales et des sépales, on voit quelle est la structure des anthères avant la déhiscence et la position des loges de l'ovaire par rapport aux verticilles précédents, on reconnaît enfin si les éléments des verticilles se modifient simultanément ou les uns après les autres.

Souvent une coupe transversale, à travers un bouton, comprend aussi une coupe à travers la bractée à laquelle tient le bouton.

---

[1]) Pour l'histoire du développement des lycopodiacées, je dois renvoyer aux ouvrages cités à la page 189 et 190, de HOFMEISTER et MILDE, ainsi qu'aux travaux de METTENIUS (Documents pour la connaissance des rhizocarpées, Francfort, 1846.)

Il faut avoir soin, dans ces opérations, de ne rien déranger avec l'aiguille ou tout autre instrument de ce genre; cela est d'ailleurs facile à éviter pour les jeunes boutons. Lorsque ceux-ci sont voisins de l'épanouissement, on ne peut plus les étudier par le même procédé, car les différentes parties se sépareraient. — Lorsqu'une coupe transversale a été faite dans un jeune bouton, on doit la détacher du couteau avec un pinceau de poils très-fins, comme toutes les préparations délicates; il faut toujours rejeter les coupes qui ne seraient pas tout à fait horizontales.

Voilà ce qu'il faut faire avant tout, pour procéder à une analyse régulière de la fleur; mais, outre ces coupes, il est nécessaire encore d'en faire de longitudinales, passant exactement par le milieu du bouton, dans des directions qui sont indiquées par les coupes transversales: 1°, elles permettent de voir très-aisément l'insertion des pétales et des étamines; on pourra par elles reconnaître si les étamines sont insérées à la même hauteur que les pétales, comme cela a toujours lieu à l'origine, si elles sont portées par un disque, si, dans les fleurs qui ont les pétales soudés, les étamines sont soudées avec ceux-ci ou en sont distinctes; 2°, elles apprennent quelle est la position de l'ovaire par rapport aux autres parties de la fleur, s'il est au-dessus, au milieu, ou au-dessous, comment est constitué le style et de quelle manière son canal est en relation avec les loges de l'ovaire, question qui, dans beaucoup de cas, ne pourra être résolue que par l'étude organographique de l'ovaire et du pistil. Ces coupes longitudinales feront faire, en outre, beaucoup d'observations intéressantes: ainsi la figure 75 A représente une coupe longitudinale faite exactement à travers le milieu d'un jeune bouton de *Symphytum asperrimum,* dans laquelle on aperçoit, outre les faits signalés déjà, des pétales retroussés en forme de poches.

Les coupes transversales et longitudinales peuvent encore montrer la manière dont naissent les poils.

Pour les composées et les dipsacées, il est nécessaire de faire, d'abord, une coupe longitudinale par le milieu du bouton, puis des coupes transversales et longitudinales à travers les fleurs isolées. On aura soin de comparer la structure des fleurs du centre et de celles de la périphérie, car, dans certains genres, elle n'est pas la même.

Quand on a étudié d'une manière générale la fleur, il faut ensuite étudier séparément chacune de ses parties.

a) La *bractée* et le *calice* doivent être étudiés, relativement à leur structure, de la même manière que les feuilles. Mais dans l'analyse des fleurs, il faut encore insister sur les caractères extérieurs,

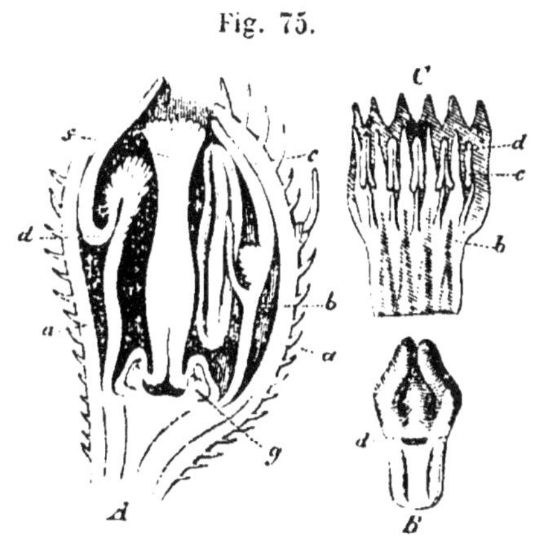

Fig. 75.

comme la forme, la coloration, la nature des tissus, la distribution des poils à leur surface, et les changements qu'ils éprouvent après la floraison.

b) Pour les *pétales*, il y a peu de chose à mentionner. On étudiera, par des coupes longitudinales et transversales, la disposition de leur tissu et de leur épiderme, et en observant de face le pétale, à la loupe, on reconnaîtra la division des faisceaux vasculaires, division qui, suivant la manière dont elle se fait, peut donner aux pétales les formes les plus variées. Le contenu liquide des cellules, qui leur donne souvent les plus belles colorations, mérite aussi d'être observé. Enfin on examinera si les pétales sont libres jusqu'à leur base (corolle polypétale), ou s'ils sont soudés jusqu'à une certaine hauteur (corolle monopétale).

c) Dans les *étamines*, on devra étudier avec soin la dispostion des loges des anthères; on fera cette étude successivement sur des boutons jeunes, puis quelque temps avant la déhiscence, et aussitôt après cette déhiscence; dans ce dernier cas, il est souvent difficile de faire des coupes transversales. Dans la plupart des boutons on trouve que les anthères présentent 4 loges. (Fig. 76). La bande de parenchyme qui sépare les deux loges situées du même côté,

Fig. 75. *A*, coupe longitudinale à travers le bouton floral de *symphitum perrimum*; *a*, feuille calicinale; *b*, verticille floral; *c*, foliole staminale; *d*, poche d'un pétale coupée suivant la longueur; *s*, le stigmate; *g*, l'ovule qui est placé auprès de la cavité dans laquelle descend le tube pollinique pour parvenir aux ovules (Gross. 16 fois). — *B*, une corolle monopétale vue de côté; *d*, la poche. — *C*, une corolle monopétale ouverte suivant sa longueur et étalée à part; *b*; partie en forme de tube; *c*, l'étamine; *d*, la poche. (Gross. 5 fois).

se résorbe plus tard, en totalité ou en partie, de sorte qu'à l'époque
de la maturité l'anthère paraît n'avoir que deux loges. Cependant
il existe des anthères qui, à l'origine, n'ont que deux loges; elles se
présentent principalement dans les abiétinées, dans quelques amaranthacées *(Gomphrena, Albersia, Alternanthera et Celosia)*, et dans
les asclépiadées. Les anthères d'*Abies*, de *Picea*, de *Pinus*, de
Larix s'ouvrent suivant deux fentes longitudinales, verticales ou
obliques, qui, longtemps avant la déhiscence, sont nettement dessinées dans l'épiderme (Fig. 77). Les anthères à deux loges des

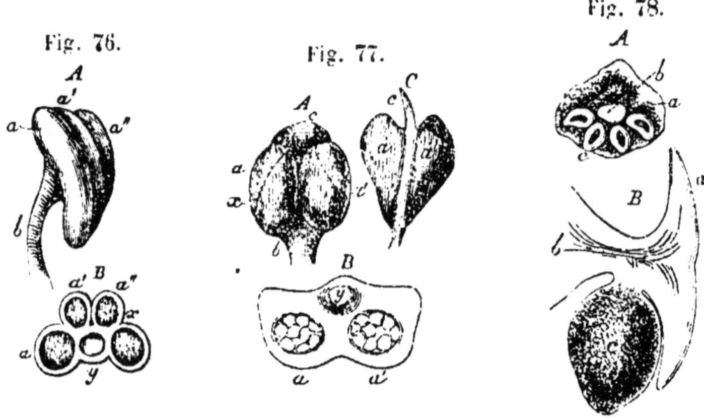

Fig. 76.   Fig. 77.   Fig. 78.

Fig. 76. *A,* étamine de l'*amygdalus*, avec anthère quadriloculaire. *B,*
coupe transversale de la même étamine; *a* et *a',* deux loges situées d'un
même côté; *a'',* loge située de l'autre côté; *b,* le filet; *x,* le sillon longitudinal dans lequel s'entr'ouvrent les deux loges du même côté; *y,* le faisceau
vasculaire du connectif.

Fig. 77. Étamine de *Larix europœa*: *A,* dans l'état de demie maturité,
a et *a',* les loges; *b,* le filet; *x,* la ligne suivant laquelle la loge s'o   a
plus tard. *B,* coupe transversale dans la même étamine; *y,* le fa   u
vasculaire. *C,* une étamine déjà ouverte vue par derrière; *e,* sa   e,
correspondant à la pointe d'une aiguille de larix. Les autres lettres   en
B et *C,* ont la même signification qu'en *A.* (Gross. *A,* 30 fois; *B,* 50
C, 6 fois.)

Fig. 78. *A,* l'étamine en forme de bouclier du *Cupressus sempervirc.*
vue de dessous: *a,* la surface plane de l'étamine; *b,* le filet; *c,* un de
sacs polliniques. *B,* coupe longitudinale à travers une étamine tout à fait
jeune: la signification des lettres est la même qu'en *A* (Gross *A,* 8 fois;
B, 25 fois.)

autres plantes s'ouvrent, le plus souvent, par une seule fente longitudinale, par suite de la résorption de la paroi qui séparait les deux loges.

On doit porter son attention sur la manière dont s'ouvrent les anthères : tantôt l'ouverture est une sorte de trou ou de fente trèscourte ; tantôt, c'est une fente très-longue ; d'autres fois, enfin, les anthères s'ouvrent par des sortes de soupapes *(Laurus* et *Berberis)*. Chez les cupressinées, l'araucaria et les cycadées, le pollen se développe dans des étamines en forme de bouclier, et en est chassé par déchirure de celles-ci. (Fig. 78). L'anthère du *Meryolix serrulata* développe son pollen, en groupes séparés, dans des cellules-mères ; mais, plus tard, le parenchyme qui séparait ces groupes disparaît, et l'anthère s'ouvre par deux fentes longitudinales, comme dans les autres onagrariées. Dans le *Viscum* les grains de pollen se disposent aussi en groupes, mais ces groupes restent toujours séparés (Fig. 79). L'*Arceuthobium Oxycedri* (*Viscum oxycedri*)

Fig. 79.

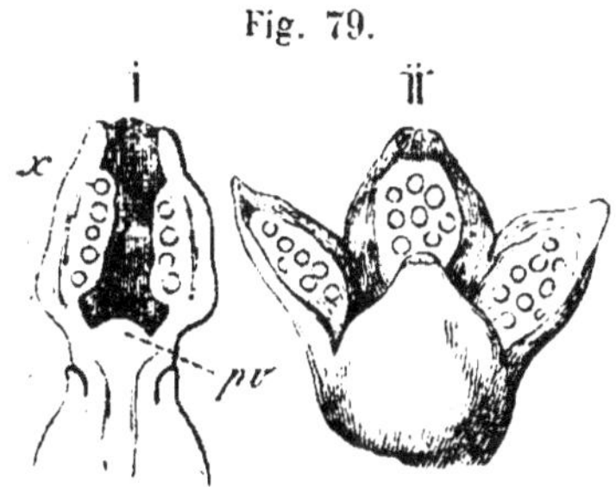

Fig. 80.

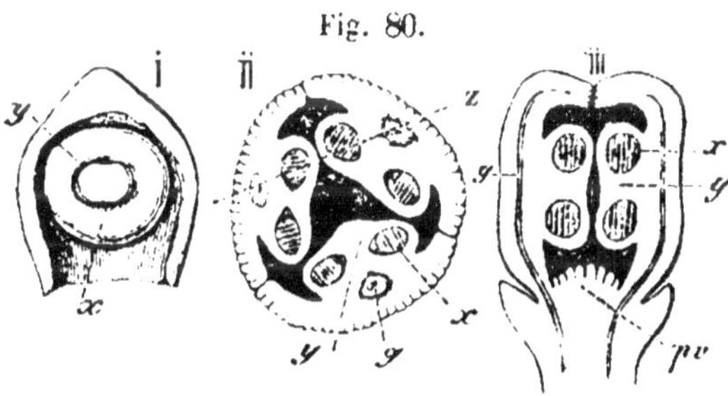

Fig. 79. *Viscum album.* I, coupe longitudinale dans un jeune bouton ; *pv*, le cône de végétation de l'axe floral ; *x*, les groupes de pollen dans le parenchyme de l'étamine. II, la fleur mâle ouverte, et vue de côté ; elle se compose de quatre feuilles staminales soudées à leur base. (Gross. I, 20 fois ; II, 10 fois.)

Fig. 80. *Arceuthorium Oxycedri.* I, une étamine, vue du côté interne ; *x*, la partie dans laquelle se forment les grains de pollen ; *y*, le milieu de la feuille staminale, composé de parenchyme. II, coupe transversale à travers une jeune fleur, où l'on voit 3 étamines : *g*, faisceau vasculaire de l'étamine ; *x* et *y*, comme dans I. III, coupe longitudinale à travers la même fleur, dans la direction de la ligne *z* (II) ; *pv*, le cône de végétation de l'axe floral. (Gross. 20 fois.)

présente une anthère de forme circulaire, formée d'une loge unique
(Fig. 80). Dans le *Cucumis* l'anthère, qui a 4 loges, est sinueuse
et repliée de chaque côté sur le filet; le même fait se présente encore à un plus haut degré dans l'*Hydnora*.

Fig. 81.

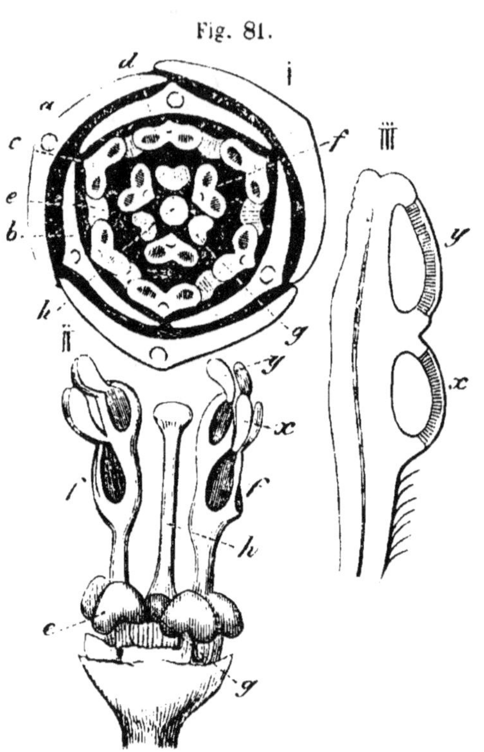

Il résulte de ce
qui vient d'être dit
que, pour avoir com-
plétement les carac-
tères d'une fleur, il
est nécessaire de faire
des coupes transver-
sales à travers les
anthères. Il faut, en
outre, observer quelle
est la position du
connectif par rapport
aux loges de l'anthère;
ce connectif est tou-
jours caractérisé par
son faisceau vasculaire.
L'examen microsco-
pique fera découvrir
dans les parois des
anthères des cellules
particulières munies
d'une bande en spirale
souvent très-remar-

Fig. 81. *Persea indica.* I, Coupe transversale à travers un jeune bouton: *a* et *b*, feuilles des deux premiers verticilles, ternaires et alternes;
c et *d*, anthères formant deux verticilles ternaires, ou, ce qui me paraît
plus vraisemblable, un verticille composé de 6 éléments, parce qu'entre
elles se trouve un cercle formé par 6 étamines avortées *(e)*; *f*, anthères
du cercle intérieur, au nombre de 3, entre lesquelles apparaissent 3 étamines avortées *(g)*; *h*, le style. Les anthères *c* et *d* s'ouvrent vers l'intérieur, tandis que les anthères *f* s'ouvrent vers l'extérieur; la position des
étamines avortées répond à celle des anthères. — II, deux étamines du
cercle intérieur, avec les étamines avortées du cercle extérieur; *x*, un des
opercules inférieurs; *y*, un des opercules supérieurs de l'anthère. — III,
coupe longitudinale à travers l'étamine. (Gross. I et II, 15 fois; III,
40 fois.)

Fig. 82.   Fig. 83.   Fig. 84.

Fig. 85.

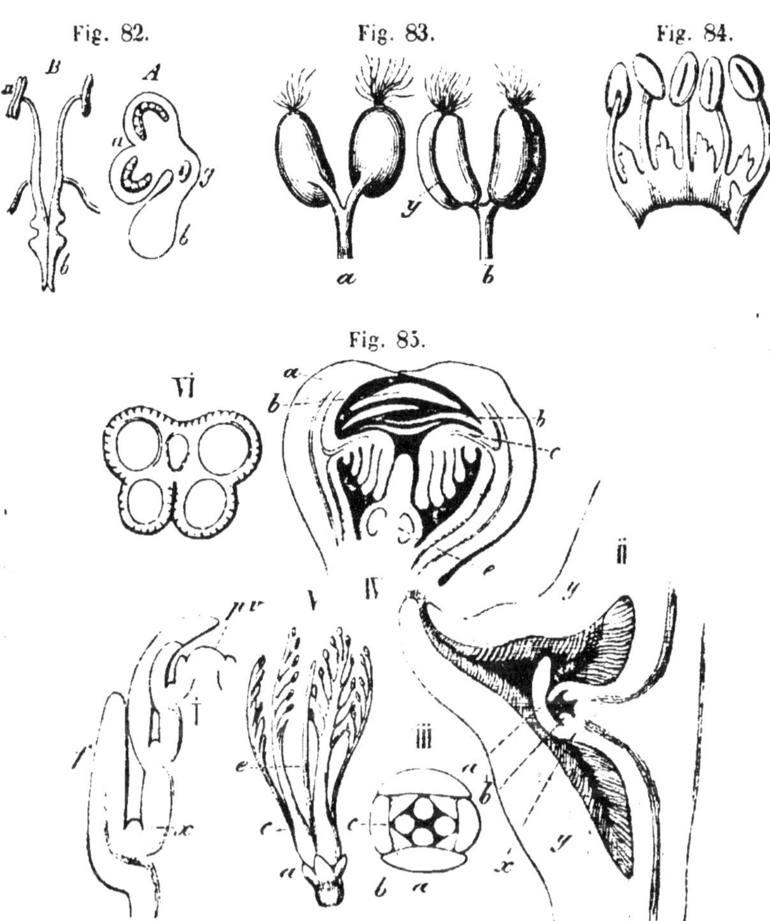

Fig. 82. *B*, les deux étamines du *Salvia nivea*: *a*, le côté de l'une, à deux loges bien développées; *b*, l'autre côté, sans loges. *A*, coupe transversale à travers une étamine très-jeune: *a* et *b*, comme ci-dessus; *g*, le faisceau vasculaire du connectif. (Gross. *A*. 50 fois; *B*, 8 fois.)

Fig. 83. Étamine de *Carpinus Betulus*: *a*, vue de dos; *b*, vue en avant; *y*, le sillon longitudinal suivant lequel l'anthère s'ouvre plus tard. (Gross. 10 fois.)

Fig. 84. Les 5 anthères de l'*Alternanthera diffusa*; elles sont étalées dans la figure, et, comme on voit, elles ne sont séparées qu'à la partie supérieure; elles sont à deux loges. (Gross. 25 fois).

Fig. 85. *Calothamnus purpurea*. I, partie d'une coupe longitudinale dans la pointe d'une branche; *pv*, le cône de végétation; *f*, une feuille; *x*, l'ébauche d'un bouton floral à l'aisselle de la feuille. II, partie d'une coupe longitudinale dans une branche âgée; *x*, le bouton floral qui dans

quable. Dans l'*Abies* et le *Picea* ces cellules à spirale forment la couche la plus extérieure des loges des anthères; dans le *Quercus*, le *Fagus*. l'*Hippuris*, etc., elles forment, au contraire, la couche la plus interne. Dans le *Monotropa* et le *Solanum tuberosum*, ces cellules manquent complétement, et dans les *Laurus*, elles n'apparaissent que sur les opercules (Fig. 81.) La paroi des anthères de *Saccharum* et celle des sacs polliniques de *Callytris* consiste en une seule couche de cellules sans spirale; la paroi des sacs polliniques d'*Araucaria* présente, au contraire, 4 ou 5 couches de cellules dont les plus externes sont larges et pourvues d'une spirale.

Quelque temps avant l'épanouissement de la fleur, il devient très-difficile de faire des coupes fines à travers les antheres.

Pour étudier les anthères des fleurs très-petites, on fait des coupes transversales très-minces dans le bouton floral, et on cherche ensuite avec l'aiguille les anthères que l'on a coupées transversalement: mais lorsqu'il s'agit de fleurs assez grandes, on ouvre le bouton, et place directement l'anthère dans la moelle de sureau. — Ces coupes faites à travers un bouton floral permettent aussi de reconnaitre si la déhiscence se fera du côté intérieur ou du côté extérieur. (Fig. 81).

On examinera comment l'anthère s'attache au filet, observera la forme de l'anthère et son mode de déhiscence, et cherchera si les loges sont également développées des deux côtés du connectif, ou si le pollen ne se forme que d'un seul côté, comme dans le *Salvia* et le *Canna* (Fig. 82). On doit examiner de plus quelle est la forme de l'organe qui porte les anthères, s'il est long ou court, droit ou courbé, simple ou muni d'appendices *(Asclepias, Borrago)*, bifurqué *Carpinus* (Fig. 83), *Corylus, Betula, Alnus)*; quel est le mode d'insertion des filets à leur origine, s'ils sont isolés, ou réunis à leur base *(Hypericum* et beaucoup de légumineuses), ou si, comme dans le *Ruscus* et beaucoup d'amaranthacées, les anthères sont por-

letait à l'aisselle d'une feuille, recouvert par l'écorce de la branche (*yy*) qui s'est soulevée en ménageant un canal tapissé de poils; *a*, le calice; *b*, la corolle du bouton. III, coupe transversale à travers le jeune bouton; *a*, un des 4 sépales; *b*, un des 4 pétales; *c*, une des 4 étamines qui ressemblera plus tard à une plume. — IV, coupe longitudinale à travers une fleur un peu plus avancée; *e*, l'ovaire supère. V, la fleur ouverte, de grandeur naturelle. VI, coupe transversale de l'anthère qui correspond à l'une des folioles (*V*, grandeur naturelle; les autres figures sont grossies).

tées sur un tube commun (Fig. 84). Dans les malvacées, le style est entouré d'un cylindre creux qui porte à sa surface externe des anthères pédiculées à quatre loges. Il existe aussi des étamines composées, pennées dans le *Calothamnus* (Fig. 85), ramifiées comme un arbre dans le *Ricinus;* dans beaucoup d'euphorbiacées, le filet est articulé en son milieu, et l'article supérieur tombe souvent avec l'anthère (Fig. 86).

Le pollen peut être étudié aussi bien sous l'huile de citron et sous l'acide sulfurique concentré que sous l'eau. Dans quelques cas, il est encore bon de le traiter avec la dissolution iodée de chlorure de zinc ou avec l'acide azotique. Les coupes transversales devront être faites par le procédé qui a été indiqué à la page 63, et, pour avoir une idée claire de la structure du pollen, on devra commencer par faire des coupes passant par son milieu; de plus il sera bon de faire des coupes superficielles pour avoir l'aspect du grain vu de face. J'ai étudié de cette manière les grains de pollen d'un grand nombre de plantes, et j'ai trouvé de grandes différences dans leur structure.

Fig. 86.

Un grain de pollen se compose, en général, de deux enveloppes, une intérieure (intine) et une extérieure (exine). L'intine présente les caractères de la cellulose: elle se colore en bleu par l'action simultanée de l'iode et de l'acide sulfurique, n'est pas dissoute par l'acide sulfurique concentré, mais est souvent colorée en rose rouge. L'exine ne présente plus les propriétés de la cellulose. Le pollen de *Zostera* a une enveloppe unique, de cellulose; celui du *Canna* a une intine très-développée; au contraire, dans le *Mirabilis*, l'intine est très-peu développée, et doit peut-être être regardée plutôt comme l'enveloppe externe du protoplasma (Fig. 11, p. 83). L'exine est tantôt simple, tantôt doublée sur elle-même, et dans ce dernier cas, elle forme quelquefois de très-jolis dessins: dans les chicoracées et le *Cobœa* elle donne des plaques hexagonales très-régulières formées par des bandes saillantes; dans les malvacées elle forme des pointes aigues

Fig. 86. Étamine d'*Euphorbia canariensis*. I, avant la déhiscence; II, après la déhiscence. (Gross 10 fois.).

disposées régulièrement; dans les nyctaginées et les convolvulacées, elle donne au contraire naissance à des cavités aboutissant à la périphérie par des canaux très - délicats. Il est très - rare de trouver une exine parfaitement unie : dans le *Viscum* et l'*Alpinia*, nous la voyons former des éminences mamelonnées; dans le *Passiflora* elle forme des bandes en réseau; l'exine de *Thunbergia* constitue une bande spirale que l'on peut détacher par l'emploi de l'acide sulfurique.

Les tubes polliniques sortent par des points déterminés de l'exine, excepté dans quelques plantes, comme le *Canna* et le *Laurus*. Dans les monocotylédones on n'aperçoit qu'un point de sortie qui correspond le plus souvent, à une fente longitudinale *(Iris, Gladiolus, Lilium, Yucca)* (Fig. 87); dans les graminées, il correspond à une ouverture circulaire de l'exine. Dans les dicotylédones, les points de sortie sont souvent au nombre de trois (onagrariées, protéacées, cupulifères, geraniacées, composées); rarement au nombre de deux *(Ficus, Justica, Beloperone)*; rarement aussi au nombre de quatre ou de six *(Impatiens, Astrapœa, Carpinus, Ulmus, Stylidium)*; mais, souvent ils sont très - nombreux (nyctaginées, convolvulacées, malvacées, alsinées, silénées, amaranthacées, opuntia).

Les points de sortie peuvent d'ailleurs avoir la forme de véri-

Fig. 87.   Fig. 88.

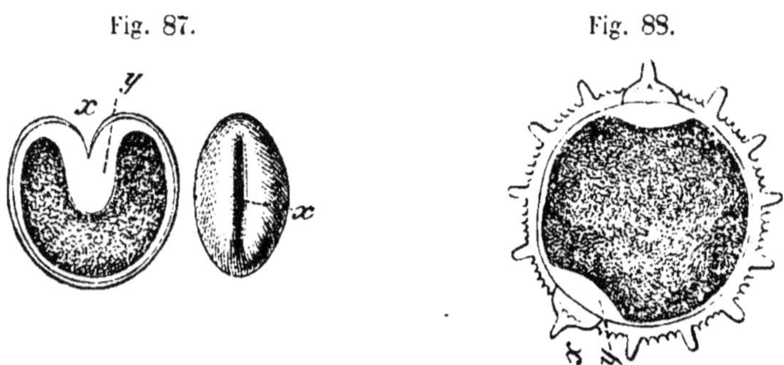

Fig. 87. *Yucca gloriosa.* A droite, un grain de pollen à l'état sec; à gauche, une coupe transversale vue dans l'eau; *x*, la fente; *y*, l'épaississement de l'épiderme du pollen, au - dessous de la fente. (Gross. 350 et 800 fois).

Fig. 88. Coupe transversale d'un grain de pollen de *Cucurbita pepo*: *x*, un couvercle, dans la couche externe, au-dessus de l'épaississement de la couche interne; *y*, qui, plus tard, se développera en tube pollinique. (Gross. 300 fois).

tables canaux fermés par une membrane délicate (nyctaginées [Fig. 11, p. 83], malvacées), ou de simples ouvertures *(Geranium,* chicoracées, *Astrapœa,* et probablement toutes les composées); ils peuvent quelquefois correspondre à un amincissement de l'exine, et ne présentent pas alors de contour bien accusé, c'est ce qui a lieu dans ces grains qui, à l'état sec, montrent une fente bien nette *(Yucca, Gladiolus);* dans le chêne et le hêtre, on voit en même temps 3 pores en forme de fentes et un autre circulaire. Dans le *Cucurbita* (Fig. 88) les pores sont munis d'un couvercle; dans le *Stellaria* on rencontre une disposition à peu près semblable. (On peut toujours, au moyen de l'acide sulfurique, séparer le couvercle du reste de l'exine).

L'intine, qui est toujours formée d'une seule couche, présente souvent, au-dessous des pores circulaires, des renflements de même forme qui se développent par la suite et constituent le boyau pollinique *(Cucurbita,* malvacées, *Astrapœa, Campanula, Carpinus);* dans tous les grains de pollen qui, à l'état sec, présentent des fentes, on trouve des renflements analogues, mais moins brusques, de l'intine, au nombre d'un seul dans le *Yucca* (Fig. 87) et le *Gladiolus,* et de plusieurs dans le *Quercus,* le *Fagus,* etc.

Dans la plupart des orchidées les grains de pollen sont réunis quatre par quatre, et ces petites masses sont elles-mêmes soudées les unes aux autres par une gomme visqueuse (lobes polliniques); la même chose a lieu dans beaucoup d'éricacées *(Rhododendron),* dans le *Typha* et l'*Anona.* Les mimosées présentent de 8 à 16 grains de pollen soudés ensemble, et, dans les asclépiadées, tous les grains d'une même loge sont réunis et entourés d'une membrane anhiste. On peut, en se servant de moelle de sureau, faire de très-bonnes coupes à travers ces masses polliniques des asclépiadées; le pollen des éricacées et des mimosées se laisse couper facilement aussi, si l'on a soin de le placer préalablement dans la gomme, comme il a été indiqué à la page 63.

Dans les grains de pollen composés, chaque cellule forme son tube pollinique.

Dans l'intérieur du pollen on trouve des substances diverses que l'on devra étudier par l'emploi des différents réactifs: il y existe de l'amidon, des granules se colorant en jaune par l'iode, des gouttes d'huile, du sucre et des matières azotées; la présence de ces deux dernières est indiquée par la coloration rouge que prend le contenu avec l'acide sulfurique. — A l'exine sont souvent suspendues des gouttes d'huile incolores ou jaunâtres qui donnent au grain de pollen sa couleur *(Mirabilis., Gossypium)*, et changent quelquefois de couleur par l'action de l'acide sulfurique (dans le *Gossypium*, elles deviennent bleues). D'autres grains de pollen *(Malva)* sont, au contraire, entourés d'une masse visqueuse, et dans les onagrariées, ces mucosités prennent la forme de filaments solides. L'origine de cette huile et de ces filaments est encore tout à fait inconnue. Le contenu granuleux des grains de pollen frais présente souvent des mouvements moléculaires lorsqu'on le mélange avec l'eau du porte-objets, mais, jusqu'ici, on y a vainement cherché des spermatozoïdes.

Pour étudier l'exine, et l'intine on peut employer de vieux grains de pollen, comme ceux qui proviennent des plantes des herbiers; mais pour observer leur contenu, ainsi que le développement de l'intine en boyau pollinique, il faut, au contraire, se procurer du pollen très-frais. Il est généralement facile de se procurer des tubes polliniques, il suffit de transporter avec un pinceau sec des grains de pollen sur le stigmate; en faisant, quelque temps après, une coupe longitudinale à travers le stigmate, on les verra suspendus aux papilles. On réussit quelquefois à isoler les grains de pollen avec leurs tubes en passant légèrement un pinceau sur le stigmate. On peut encore, et ce procédé est le meilleur, semer les grains de pollen de n'importe quelle plante (excepté les conifères) sur le stigmate de *Hoja carnosa*, qui est couvert en abondance de sucs sucrés; on peut les enlever ensuite très-facilement avec un pinceau. Au printemps on peut employer pour le même but les glandes cupuliformes de la corolle de *Fritillaria*, qui secrètent une matière sucrée; les liquides sucrés excrétés par d'autres plantes pourraient encore servir, puisqu'un sirop de sucre épais suffit pour développer le tube pollinique. Dans l'eau pure, au contraire, l'intine se brise souvent par suite de l'endosmose, et le contenu granuleux s'échappe par les pores.

Le tube pollinique peut se former avec une rapidité plus ou moins grande, suivant les plantes que l'on considère: souvent, au bout de quelques heures seulement, l'intine s'échappe par les pores de l'exine ou déchire la peau, si celle-ci est close. Dans les conifères le tube ne prend pas sa source dans l'intine elle-même, mais dans une cellule à laquelle elle donne naissance: le *Pinus*, le *Picea*, et l'*Abies* montrent nettement un petit corps formé de plusieurs cellules, qui est lié à l'intine, et dont la cellule terminale se développe pour constituer le tube pollinique. (Fig. 89). Au moyen de l'acide azotique on peut séparer l'intine de l'exine, et l'on voit alors très-nettement son petit corps cellulaire. Dans les cupressinées et les taxinées, au contraire, le contenu de l'intine se divise en deux cellules iné-gales dont la plus grosse se trans-forme en tube pollinique. (Fig. 90.)

On trouve des tubes polliniques ramifiés dans le *Fagus silvatica*, l'*Araucaria brasiliensis* et le *Thuja*, et quelquefois aussi, mais plus rare-ment, dans le *Viola tricolor*, le *Crocus*, etc.

On peut conserver dans la dis-solution de chlorure de calcium les coupes transversales faites dans les grains de pollen; cependant la pro-duction cellulaire de l'intine des co-nifères ne semble pas se conserver; du moins c'est ce que j'ai observé dans des essais nombreux faits soit avec la dissolution de chlorure de calcium, soit avec l'huile douce.

Pour l'histoire du développement du pollen je renvoie à la page 104, et pour celle du développement de l'anthère, à la page 214.

d) Le style et le stigmate peu-vent être uniques, ou au nombre de plusieurs; pour les étudier on

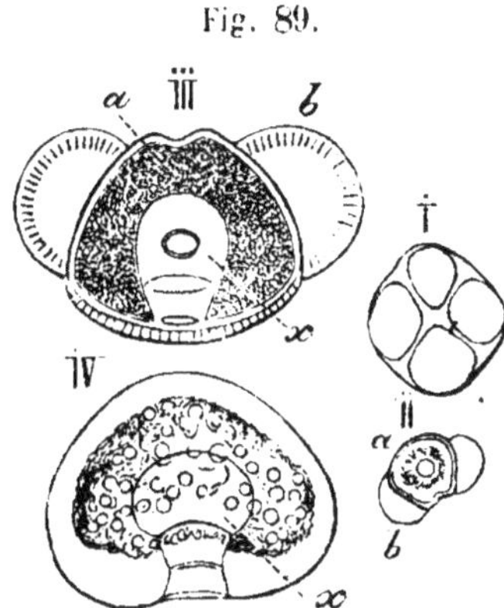

Fig. 89.

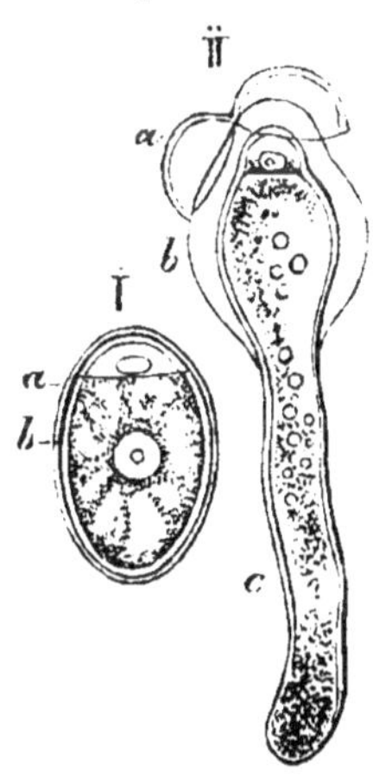

Fig. 90.

Fig. 89. Poussière fécondante du *Picea vulgaris*. I, la cellule-mère, avec les 4 cellules-mères spéciales, dont les jeunes grains de pollen sont chassés par l'absorption d'eau. II, un de ces grains de pollen, déjà pour-vu d'une partie centrale *a* et de deux appendices latéraux *(b)*. III, un grain de pollen mûr: *x*, le corps cellulaire dont la cellule terminale de-viendra plus tard le tube pollinique. IV, l'enveloppe pollinique interne, qui a été séparée de l'enveloppe extérieure par l'emploi de l'acide azo-tique (I et II grossis 200 fois; III et IV, 400 fois.)

Fig. 90. *Cupressus sempervirens*. I, un grain de pollen avec ses deux

fera des coupes longitudinales, et dans le stigmate, on observera surtout l'épiderme qui a le plus souvent la forme de papilles et secrète une matière liquide; dans le style on observera le parcours de son canal et son tissu conducteur. Une coupe mince à travers le style fait bien voir la forme du canal et la distribution des faisceaux vasculaires.

e) Pour étudier l'ovaire, il est nécessaire de faire des coupes transversales minces à diverses hauteurs. Lorsqu'il paraît pluriloculaire, on doit s'en assurer en l'examinant avec l'aiguille sous le microscope simple. Beaucoup d'ovaires qui sont donnés dans les livres comme pluriloculaires avec un placenta central, paraissent uniloculaires, au moins à la partie supérieure, avec plusieurs placentas pariétaux s'avançant jusqu'au milieu de la cavité de l'ovaire; dans la partie inférieure ils paraissent réellement pluriloculaires; je citerai les onagrariées, les pyrolacées, les monotropées, etc. Les cucurbitacées ont un ovaire pluriloculaire dans toute sa longueur, avec des placentas pariétaux. Dans les onagrariées on trouve 4 placentas pariétaux qui s'avancent en forme de cannelure vers le centre de l'ovaire et se terminent en s'élargissant de chaque côté; ils portent de chaque côté une rangée d'ovules et sont adossés l'un contre l'autre. (Fig. 91). Entre ces 4 placentas qui se touchent, il reste une cavité libre qui est, en quelque sorte, la continuation du canal du style; au contraire, dans la partie inférieure de l'ovaire, les placentas sont réunis en une seule masse. Comme exemple de placentas pariétaux peu développés, avec un ovaire uniloculaire, je citerai le genre *Viola;* dans les orchidées, on trouve des placentas bifurqués envoyant de chaque côté des prolongements longitudinaux

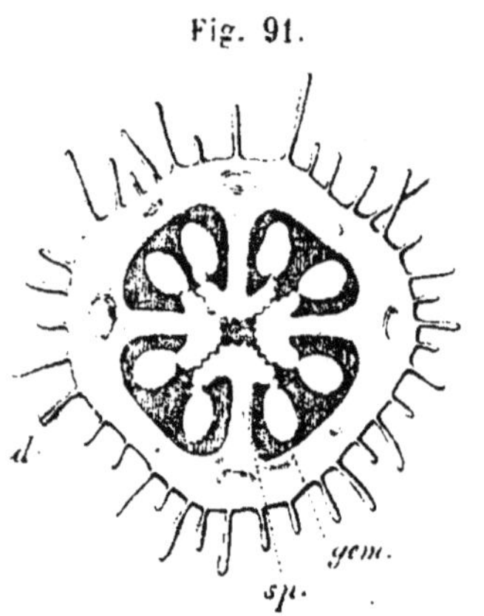

cellules; *a,* l'enveloppe externe; *b,* l'enveloppe interne. II, un autre grain qui a formé le tube pollinique avec la plus grosse de ces cellules, et rejeté son enveloppe externe. (Gross. 300 fois).

Fig. 91. Coupe transversale dans la moitié supérieure de l'ovaire de l'*Œnothera muricata; d,* sa paroi; *sp,* un des 4 placentas pariétaux; *gem,* un ovule. (Gross. 10 fois).

souvent très - développés, qui portent un grand nombre d'ovules (Fig. 92).

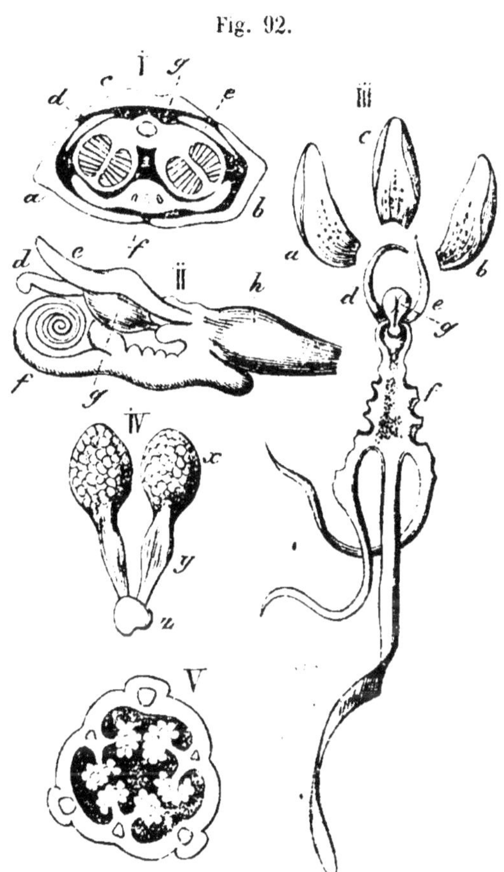

Fig. 92.

Dans une coupe transversale d'un ovaire il faut encore observer si les ovules ne forment qu'une seule rangée de chaque côté du placenta, comme dans les onagrariées (Fig. 91), ou s'ils en forment plusieurs, comme dans les éricacées. La distribution des faisceaux vasculaires dans l'ovaire et le placenta mérite aussi d'être étudiée. Dans le hêtre, la colonne centrale de l'ovaire est fortement garnie de poils.[1]

La direction suivant laquelle on doit faire des coupes longitudinales dans l'ovaire est déterminée par la position des

Fig. 92. *Himantoglossum hircinum.* I, coupe transversale à travers le bouton. II, la même, vue de côté, après qu'on a enlevé les 3 folioles du premier verticille. III, toutes les feuilles de la fleur vues de face: *a, b, c,* feuilles du 1er verticille, *d, e, f,* feuilles du second, *f,* a la forme d'une lèvre, et, dans le jeune bouton, elle paraît enroulée en spirale; c'est à cette feuille qu'appartient l'éperon. Du 3e verticille il n'y a qu'une feuille *(g),* développée en anthère à 4 loges. IV, les masses polliniques *x* de l'anthère, avec leur pied *y* et la prétendue glande ou rétinacle *z.* V, coupe transversale à travers l'ovaire. (III est de grandeur naturelle).

---

[1] Voir mes *Beiträge zur Anatomie und Physiologie der Gewächse.* Taf. III. Fig. 14).

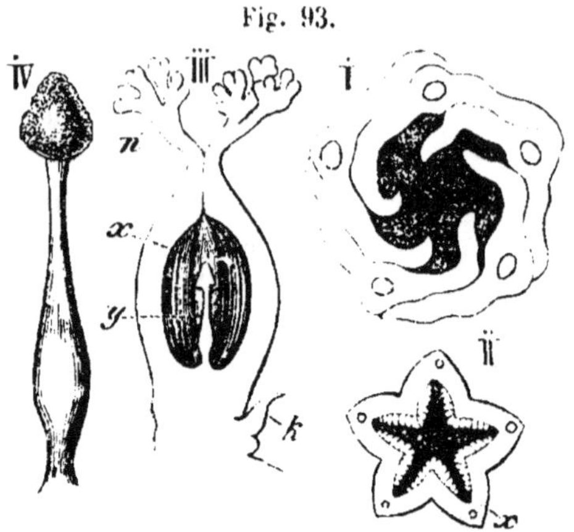

Fig. 93.

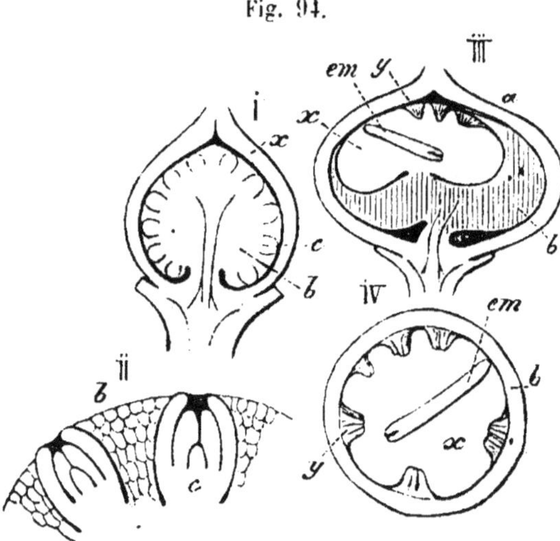

Fig. 94.

placentas, ainsi que par celle du style et du stigmate. Très-souvent on pourra faire des coupes longitudinales, dans différentes directions, par le milieu de l'ovaire, et, lorsque cela est possible, on devra poursuivre la coupe à travers le milieu du style et du stigmate; mais, le plus souvent, on sera obligé d'étudier le style et le stigmate séparément. Dans ces coupes longitudinales on aura à observer la position des ovules, à étudier les rapports qui existent entre le canal du style et la cavité centrale de l'ovaire, à suivre la distribution des faisceaux vasculaires passant

Fig. 93. *Carica cauliflora.* I, coupe transversale à travers la couronne florale, peu avant l'épanouissement du bouton. II, coupe transversale dans l'ovaire; en *x*, région qui correspond au milieu de l'ovaire, il n'existe pas d'ovules. III, coupe longitudinale à travers l'ovaire; *y*, la colonne libre; *n*, le stigmate; *k*, une feuille du calice. IV, la colonne centrale grossie plusieurs fois. (I, grossi 10 fois).

Fig. 94. *Ardisia excelsa.* I, coupe longitudinale de l'ovaire supère, à l'époque de la floraison; *a*, la paroi de l'ovaire; *b*, le placenta central libre portant des ovules orthotropes *(c)* qui sont isolés et enfoncés dans son tissu, comme on le voit dans la figure II qui est très-grossie. III, coupe longitudinale à travers le fruit mûr; *x*, le seul ovule développé en graine

de la tige dans l'ovaire, et leur ramification ultérieure dans les autres parties de la fleur. Dans le *Carica* (Fig. 93), il existe au centre de l'ovaire une colonne libre et stérile, qui est le prolongement de l'axe floral; dans les primulacées, les myrsinées et les lentibulariées (Fig. 94) nous trouvons encore dans l'ovaire une colonne centrale libre, mais elle porte des ovules (placenta central).

La partie la plus importante de l'ovaire c'est l'ovule, et l'on a déjà pu, par l'analyse de la fleur, avoir des renseignements sur les rapports de position des ovules avec les autres parties.

f) Dans un ovule, il y a quatre choses à mettre en évidence:

1º L'existence et le nombre des enveloppes.

2º La direction de l'ovule, c'est-à-dire la position du micropyle par rapport au point d'attache de l'ovule.

3º La position du sac embryonnaire par rapport au nucelle.

4º Le nombre des ovules et leur position dans l'ovaire.

Il est très-rare de pouvoir résoudre toutes ces questions par l'observation directe de l'ovule tout entier. Dans les orchidées, le *Monotropa* et le genre *Pyrola*, cela est possible, à cause de la nature molle et transparente des ovules, qui sont très-petits et que l'on ne pourrait soumettre à aucune préparation; pour les scrophularinées et les personées, on peut rendre les ovules transparents au moyen d'une dissolution de potasse. Dans la plupart des cas, on doit faire des coupes minces passant exactement par le milieu de l'ovule; quelquefois *(OEnothera, Clarkia)*, suivant la position de ce dernier, le meilleur procédé consiste à faire des coupes longitudinales minces à travers l'ovaire lui-même, car sur le grand nombre d'ovules que l'on a coupés, il en existe toujours quelques-uns qui sont convenablement préparés. Dans d'autres plantes *(Iris, Cucurbita)*, il vaut mieux faire une coupe transversale à travers l'ovaire. Dans la plupart des autres cas, il faut détacher l'ovule, le placer sur l'index, et, avec un rasoir bien aiguisé, y faire une coupe longitudinale très-mince passant par le centre; on réussira très-bien dans cette préparation en enlevant d'abord un des côtés de l'ovule, puis le retournant avec un pinceau très-fin, et enlevant ensuite l'autre côté.

---

avec son embryon *cm*; *h*, le reste du placenta; *y*, les restes desséchés des ovules qui ne sont pas parvenus à l'état de graines. IV, coupe transversale à travers un autre fruit. (Gross. I, 30 fois; II, 150 fois; III et IV 6 fois). — (Dans I lisez *a* au lieu de *x*, et dans IV, *a* au lieu de *b*).

On porte alors sous le microscope la coupe que l'on a obtenue, et
si elle semble convenable, on peut encore l'améliorer en la taillant
une 3e ou une 4e fois; seulement pour ces nouvelles opérations, il
est bon de se munir d'une loupe, afin de placer convenablement
l'ovule sur son doigt.   Les ovules de labiées, de borraginées, de
crucifères, de conifères, etc., doivent être traités de cette manière,
si l'on veut suivre chez eux les progrès de la fécondation.

Il est quelquefois très-difficile, même avec les coupes les mieux
réussies, de voir nettement les enveloppes de l'ovule; c'est ce qui
arrive, par exemple, lorsque le nucelle est très-peu développé et est
remplacé de bonne heure par le sac embryonnaire.   Il faut alors
avoir recours à l'étude organogénique.

Relativement à la direction de l'ovule, je n'indiquerai que quatre
types principaux: *a*, les ovules *orthotropes*, où le micropyle est di-

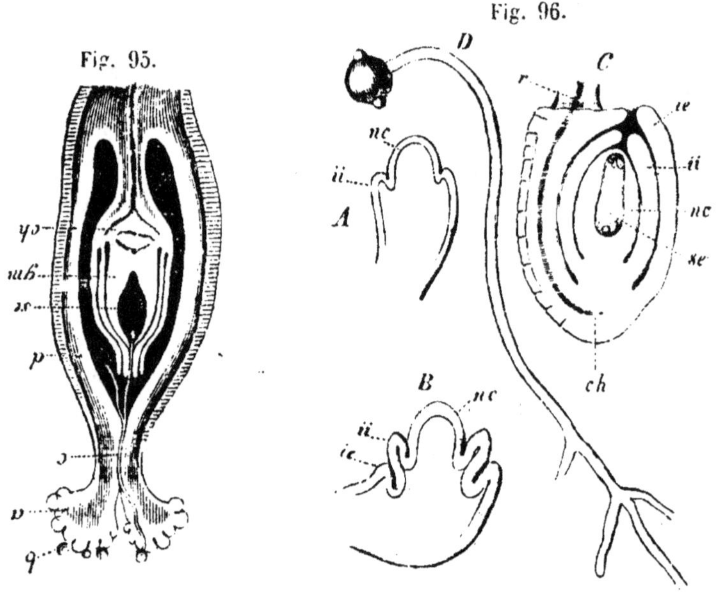

Fig. 95.   Coupe longitudinale à travers le fruit de *Polygonum convolvulus*.   On voit sur le stigmate *(a)* des grains de pollen *(b)* dont le tube
descend jusqu'à l'ovule *(gm)* à travers le tissu conducteur du style *(c)*;
l'un de ces tubes a pénétré par le micropyle dans le sac embryonnaire
(se) et a fécondé la vésicule embryonnaire. (Gross. 40 fois.)

Fig. 96.   Développement de l'ovule de *Viola tricolor*. *A*, ovule trés-
jeune; *B*, un peu plus tard (coupes longitudinales). *C*, coupe longitudinale,

rectement opposé au point d'attache (*Hydrocharis*, *Taxus*, *Juglans*, *Ardisia*, [Fig. 94, II], *Polygonum* [Fig. 95]); *b*, les ovules *ana-tropes*, où le micropyle est voisin du hile et où les faisceaux vas-culaires du placenta (raphé) longent un côté de l'ovule (cucurbita-cées, iridées, liliacées, *Impatiens*, *Podocarpus*, *Viola*) (Fig. 96). Dans les deux cas précédents la chalaze (point où se terminent les faisceaux vasculaires du placenta) est opposée au micropyle, et la nucelle, ainsi que le sac embryonnaire ne sont pas recourbés; *c*, les

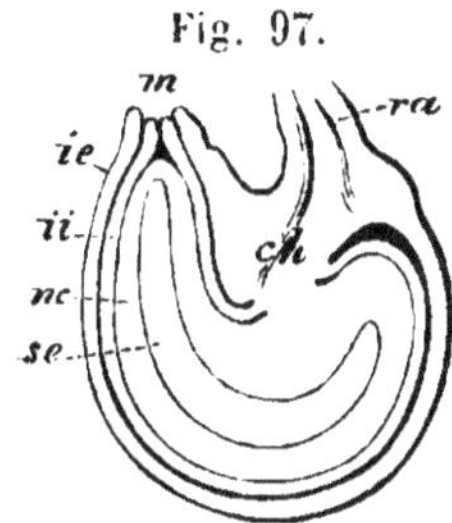

Fig. 97.

ovules *campulitropes*, dans lesquels le dé-veloppement de toutes les parties ne se fait que d'un côté; le micropyle est voisin du hile, le raphé est très - court, et le sac em-bryonnaire est courbé (crucifères, chénopo-diacées) (Fig. 97). *d*, les ovules *lycotropes* où la nucelle et ses téguments sont courbés en forme de croissant, ou en forme de fer à cheval, ainsi que le sac embryonnaire (alis-macées et *Potamogeton*). Je passerai sous silence les formes inter-médiaires de ces types, qui sont très-nombreuses et ont reçu, pour la plupart, des noms particuliers, parce qu'il est très-difficile de les caractériser suffisamment.

Quant au sac embryonnaire, on doit surtout observer sa position dans la nucelle. Dans les orchidées et les personées, la nucelle est de bonne heure repoussée par lui. Dans les rhinanthacées, les orobanchées, les acanthacées et dans les labiées, le sac embryon-naire forme souvent, après la fécondation, des excroissances qui, résorbant le parenchyme du tégument, le traversent et s'avancent librement dans la cavité de l'ovaire; ce fait ne peut être constaté qu'en faisant des coupes longitudinales très-minces par le milieu de l'ovule.

Relativement à la position des ovules dans la cavité de l'ovaire,

---

à l'époque de la floraison. *D*, un grain de pollen portant un tube à plu-sieurs ramifications; *nc*, la nucelle; *ie*, l'enveloppe externe de l'ovule; *ii*, l'enveloppe interne; *se*, le sac embryonnaire; *r*, le raphé, ou faisceau vas-culaire allant jusqu'en *ch* où se trouve la chalaze. (Gross. 150 fois).

Fig. 97. Ovule de *Beta vulgaris*: *ch*, la chalaze; *ie*, l'enveloppe exté-rieure; *ii*, l'enveloppe interne; *nc*, la nucelle; *se*, le sac embryonnaire; *m*, le micropyle; *ra*, le raphé. (Gross. 30 fois).

on distingue: *a*, des ovules basilaires qui se dressent sur le fond de l'ovaire *(Polygonum, Juglans)* (Fig. 95); *b*, des ovules suspendus, dont le hile est placé dans la cavité ovarienne plus haut que la base de l'ovule *(Quercus, Fagus, Fraxinus, Tropœolum, Laurus)*. — Lorsque, parmi les nombreux ovules contenus dans l'ovaire, aucune direction ne semble prédominer, on dit qu'ils ont une direction indéterminée. — On observera en outre si le micropyle est tourné vers le bas, c'est-à-dire vers le fond de l'ovaire, ou vers le haut, c'est-à-dire vers le style; dans les borraginées il est tourné vers le haut (p. 193), et vers le bas dans les labiées. Enfin il faut considérer le nombre des ovules d'un ovaire ou d'une loge; dans les ovaires qui sont devenus pluriloculaires par la croissance centripète de placentas pariétaux, on trouve le plus souvent, soit deux ovules, soit deux rangées longitudinales d'ovules dans chaque loge (onagrariées [Fig. 91], liliacées, iridées, cupulifères, etc.)

Je ne parlerai pas d'une manière spéciale des organes accessoires des fleurs, comme les collerettes, les étamines adventives, les nectaires, etc. Celui qui suit avec précision le mode de recherches que j'indique, ne pourra jamais méconnaître un organe de cette nature, lorsqu'il existe.

g) Le fruit mûr devra, généralement, être étudié de la même manière que l'ovaire. Au point de vue anatomique, on observera les changements qui se sont produits dans la constitution des tissus, et les résorptions qui se sont opérées, etc. Au point de vue morphologique, il est important d'étudier la forme et la nature de la déhiscence du fruit; on doit encore observer les changements produits dans les autres parties de la fleur, savoir si elles tombent immédiatement après la floraison ou si elles persistent, et de quelle manière elles participent à la formation du fruit ou de l'axe fructifère.

h) Les graines mûres seront étudiées comme les ovules. Au point de vue morphologique, on doit examiner leur forme et la nature de leur surface. Par des coupes transversales et longitudinales, faites délicatement, on s'instruit, sur les changements du tégument simple ou double pour la formation de l'enveloppe de la graine, sur la présence ou l'absence de l'ancienne nucelle dont le tissu, quand il persiste dans le fruit, reçoit le nom de périsperme (cannées), sur la présence ou l'absence de l'albumen ou endosperme, parenchyme développé dans l'intérieur du sac embryonnaire (euphorbiacées, rhinanthacées), et enfin sur la nature des cellules de l'embryon lui-même. Dans les nymphéacées, on trouve à la fois un périsperme et un endosperme, et, dans l'*Amaryllis* le tégument unique occupe la position de l'albumen. Dans ces recherches on doit essayer le contenu des cellules avec l'iode et la dissolution iodée de chlorure de zinc. Il est généralement impossible de reconnaître sur une graine mûre, le nombre des enveloppes qui existaient à l'époque de la floraison. Les coupes transversales minces des téguments de certaines graines poisseuses (*Cydonia, Psyllium*) montrent dans l'eau des phénomènes de gonflement très-intéressants. [1])

Pour étudier l'embryon lui-même et sa position dans la graine, il est bon de séparer celle-ci en deux moitiés égales, et de faire aussi une coupe transversale pas trop mince. Il est quelquefois utile de ramollir préalablement les graines dures en les faisant séjourner pendant 24 heures dans l'eau. Souvent aussi il est utile de faire une préparation spéciale de l'embryon, après l'avoir séparé de la graine, de l'observer de différents côtés, avec un faible grossissement, sous la lumière directe, puis de l'éclairer de diverses manières. L'embryon des dicotylédones ne présente pas de difficultés; on y distingue son axe, c'est-à-dire le corps non divisé qui se termine en radicule du côté du micropyle, et en plumule au bout opposé, entre les deux cotylédons, puis les deux cotylédons qui naissent de cet axe. Les abiétinées possèdent de 5 à 11 cotylédons; les deux cotylédons du tilleul sont profondément divisés; les orobanches, monotropes, et parmi les monocotylédones, les orchidées n'ont pas de cotylédons. La plumule de l'embryon est quelquefois très-développée (dans le *Tropæolum*, on y voit déjà deux petites feuilles blanches); dans les autres plantes, au contraire, ces feuilles forment simplement de petites côtes entre les cotylédons *(Pedicularis, Impatiens, Hippuris)*; l'embryon du noyer, outre deux feuilles pennées présente encore deux rangées de bourgeons axillaires. La radicule de tous les embryons de plantes dicotylédonées que j'ai étudiées est pourvue d'une piléorhize (ex. les Conifères); dans tous la moelle et l'écorce sont séparés par la zone génératrice (Fig. 47), et même, dans quelques cas (chêne, noyer, etc. p. 139), il existe déjà dans l'embryon des vaisseaux bien distincts. L'embryon des monocotylé-

---

[1]) HOFMEISTER. Bericht der Sächsischen Gesellschaft, 1858.

dones présente ordinairement, dans son étude, des difficultés plus grandes qui ne peuvent être aplanies que par l'étude organogénique. Il est important ici de faire de très-bonnes coupes longitudinales;

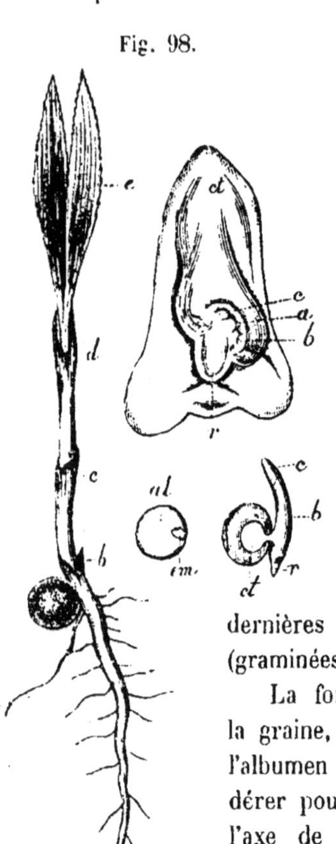

Fig. 98.

dans les graminées, elles permettront de suivre facilement le développement des racines adventives. Le bout de la radicule, dans l'embryon des monocotylédones, ne se termine jamais directement en racine; elles n'ont donc jamais de racine pivotante proprement dite. La première feuille forme un étui d'où s'échappe la jeune plante; dans les palmiers on voit jusqu'à 2 ou 3 feuilles formant ainsi une sorte d'étui (Fig. 98, *b*, *c*, *d*).

Il existe chez les monocotylédones, au-dessous de la plumule, un tissu primordial (Urparenchym), appelé hypoblaste, duquel naissent les premiers faisceaux vasculaires, ainsi que les dernières racines adventives (Fig. 99, *C*, *x*); (graminées et palmiers).

La forme et la position de l'embryon dans la graine, ainsi que la présence ou l'absence de l'albumen sont des choses importantes à considérer pour la botanique systématique. D'ailleurs, l'axe de l'embryon est toujours placé de telle sorte que son extrémité radiculaire soit tournée du côté du micropyle; lors donc que l'on connaît la forme de l'ovule, on connaît par cela même la position de l'embryon dans la graine, et il ne reste plus à étudier que la grandeur,

Fig. 98. La graine conique de *Chamœdorea* coupée transversalement, avant et au commencement de la germination; de plus, coupe longitudinale à travers le milieu de l'embryon avant la germination (grossie 25 fois), et enfin, embryon qui a déjà développé sa 4e feuille *(e)*; *a*, le cône de végétation du bourgeon terminal; *b*, la première feuille; *c*, la seconde; *d*, la troisième; *e*, la quatrième; *al*, l'albumen; *ct*, le cotylédon; *em*, l'embryon.

la forme, et la position des cotylédons l'un par rapport à l'autre et par rapport à l'axe de l'embryon (Fig. 100). Le genre *Cuscuta* présente un axe embryonnaire enroulé en forme de ressort de montre, sans cotylédons, ou au moins, avec des cotylédons rudimentaires.

L'étude organogénique des fleurs offre de plus grandes difficultés que l'histoire de la formation de la tige, de la racine, et des feuilles, car, à cause de la petitesse de l'objet, il est impossible de se servir de la loupe, et dès lors, on est obligé de faire un grand nombre de coupes pour en trouver une qui soit faite dans une direction convenable. Pour les fleurs irrégulières, la chose est encore plus

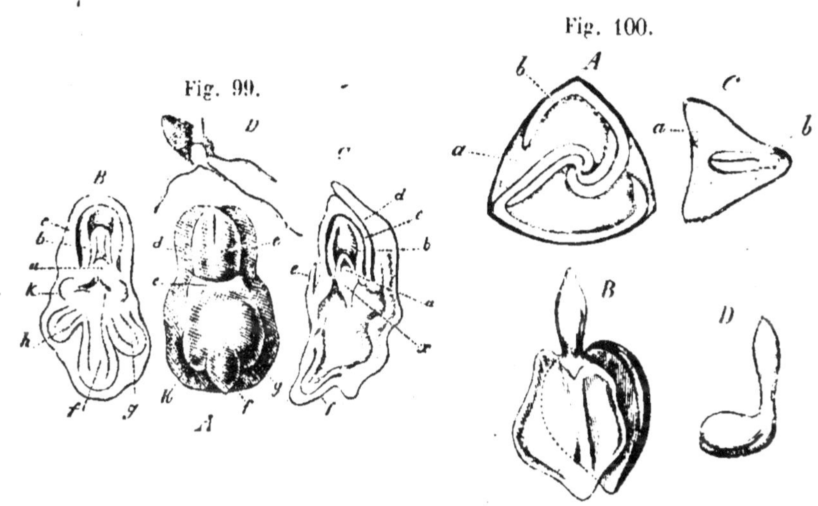

Fig. 99. Fig. 100.

Fig. 99. *A*, embryon d'une graminée *(Agropyrum fastuosum)*, vu d'en haut. *B*, coupe longitudinale vue d'en haut. *C*, coupe longitudinale de côté. *a*, le cône de végétation de la plumule, au-dessous duquel trois feuilles ont déjà paru; *c*, la première de ces feuilles (qui, dans une coupe transversale, ne montre que deux faisceaux vasculaires), formant une sorte de fourreau; *b*, la seconde feuille, se formant de la même manière que les suivantes; *d*, le cotylédon; *e*, une partie de celui-ci, au-dessous de laquelle paraît la première feuille *c*; *f*, *g*, *h*, *k*, radicules; *x*, l'hypoblaste, au-dessous du cône de végétation (grossi 10 fois). *D*, une graine germant; les jeunes radicules *f*, *g*, *h*, sont déjà sorties.

Fig. 100. *A* et *B*, *Polygonum Fagopyrum*; *C* et *D*, *Polygonum Convolvulus*. *A* et *C*, coupes transversales à travers la graine mûre; *a*, l'albumen (endosperme); *b*, l'embryon. *B* et *D*, l'embryon enlevé avec précaution de l'albumen. (Gross. 8 fois).

difficile. En outre, la croissance des différents verticilles floraux ne se fait pas toujours avec la même rapidité; par exemple, les calices et les corolles, bien qu'ils soient toujours formés avant les étamines, sont souvent, par la suite, en retard sur celles-ci, si bien qu'ils peuvent même quelquefois échapper à l'observation.

Avant de s'occuper de l'organogénie de fleurs irrégulières, il faut donc s'exercer longtemps sur des fleurs régulières, et je recommanderai particulièrement pour les commençants les genres *OEnothera*, *Clarkia* et *Epilobium*. On choisit généralement, pour plus de commodité, des plantes présentant des axes floraux en forme d'épis et sans poils, car, en faisant une coupe longitudinale par le milieu d'un épi floral, on voit au-dessous du cône de végétation, à l'aisselle des bractées, une série complète de fleurs à différents degrés de développements; de plus, chez les plantes non velues, l'observation est beaucoup plus facile, car on évite ainsi les bulles d'air qui se logent entre les poils et que l'on ne peut enlever que par l'emploi de l'alcool qui détériore souvent les jeunes tissus.

On peut faire cette étude de deux manières: 1° observer directement, sous le microscope, les états successifs de la fleur; 2° faire à travers tout l'axe floral des coupes longitudinales et transversales extrêmement délicates, dans diverses directions. Je dois dire un mot à l'avantage de ce second procédé: il conduit, comme je le sais par ma propre expérience, plus rapidement et plus sûrement au but; il donne une vue beaucoup plus précise sur les rapports intérieurs des différentes parties de la fleur, et enfin, il demande beaucoup moins d'exercice pour être pratiqué convenablement. Dans le premier procédé, on n'est jamais sûr de n'avoir pas produit quelques lésions avec l'aiguille, lors même que l'on est très-habile à la manier; de plus, l'observation est rendue difficile, car on étudie des corps en relief qui exigent que l'on place successivement le foyer de l'instrument à des distances différentes. Dans la plupart des cas, cependant, il sera bon d'appliquer les deux méthodes afin de ne rien laisser échapper d'essentiel.

On choisit les rameaux floraux les plus jeunes et l'on y fait, à main libre, des coupes longitudinales; la coupe doit être suffisamment mince et montrer la lamelle moyenne de l'axe floral; on doit y apercevoir aussi le bouton terminal et, au-dessous, les feuilles futures. Dans les feuilles situées un peu plus bas (nommées bractées) on reconnaîtra la première ébauche des fleurs axillaires, formant un corpuscule cellulaire rond semblable au jeune bourgeon à feuilles ; ce corpuscule cellulaire est l'axe de la fleur. A l'aisselle des feuilles placées au-dessous, on verra déjà apparaître, tout autour de ce corpuscule cellulaire, les sépales, sous forme de mamelons arrondis ; la coupe ayant partagé en deux ces ébauches de fleurs on verra alors la pointe de l'axe former un mamelon arrondi entre les rudiments du calice. Encore plus bas, sur la même coupe on reconnaitra l'apparition dn second verticille floral, puis du troisième, etc. (Planche II, Fig. 14 – 20.)

Quand on s'est orienté par des coupes longitudinales à travers l'axe floral sur le rapport des différents verticilles avec le cône de végétation, ou pointe de l'axe, on fait alors des coupes transversales minces à différentes hauteurs. Comme la jeune fleur fait avec l'axe principal (support commun des fleurs) un angle plus ou moins aigu, je recommanderai de faire des coupes un peu obliques par rapport à cet axe : on fera un grand nombre de coupes, et, pour chaque degré de développement des fleurs, on choisira celles qui paraissent faites dans des directions convenables.

Pour avoir une succession continue des différents états de développement, il est bon de dessiner, à la chambre claire, toutes les coupes transversales et longitudinales que l'on obtient. Il est alors facile de constater les rapports qui existent entre les coupes transversale et longitudinale correspondant au même degré de développement. Les quelques exemples que j'ai donnés dans la planche II feront comprendre mieux qu'une longue description, les résultats que l'on obtient dans ce genre de recherches.

Je ferai encore remarquer qu'il est bon de se servir de la loupe pour dégager les coupes longitudinales de toutes les parties inutiles ou nuisibles. On peut encore améliorer ces coupes en les taillant à plusieurs reprises avec le rasoir. Pour les coupes transversales, si on voulait prendre les mêmes précautions, on pourrait déranger les diverses parties ou les détacher les unes des autres.

Pour l'étude organogénique d'une fleur on a, avant tout, à observer dans une coupe transversale :

1° La succession des verticilles floraux et leur nombre.

2° La position des différentes parties d'un verticille par rapport à celles du verticille précédent. Un verticille peut paraître manquer mais il ne faut pas en conclure pour cela qu'il soit avorté ou atrophié. [1])

3° Le nombre des parties de chaque verticille. Quand un verticille contient moins d'éléments que le précédent, on peut juger d'après la position des éléments qui existent par rapport à ceux du verticille voisin, si ceux-ci sont avortés; on doit alors en chercher avec soin les rudiments qui se présentent souvent sous forme de mamelons invisibles tout d'abord. Ainsi dans la sauge *(Salvia)* où le troisième verticille (androcée) n'est pas complet, de 5 mamelons qui apparaissent dans le jeune âge, deux seulement se développent en anthères, tandis que, dans les autres labiées, une seule étamine sur cinq est avortée. Si au contraire, ce qui est très-rare, un verticille possède plus de parties que le précédent, on observera si ce verticille précédent est complet, et si les éléments que l'on a rapportés à un verticille n'appartiendraient pas à l'autre. Dans le

Fig. 101.

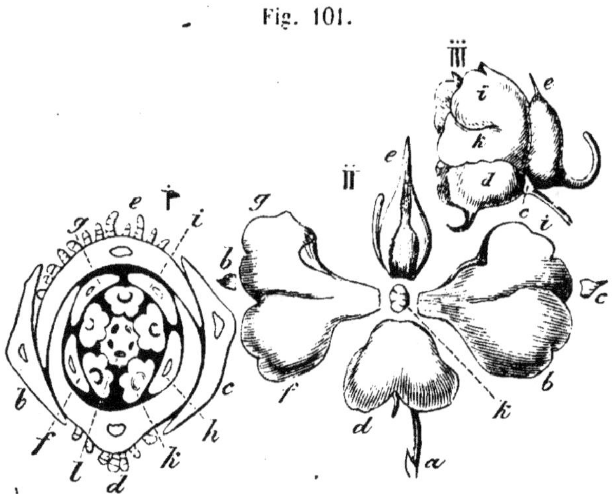

Fig. 101. *Balsamina hortensis.* I, coupe transversale à travers le jeune bouton, (gross. 40 fois). II, la fleur ouverte, avec ses parties séparées. III, la fleur ouverte, vue de côté. *a,* la bractée; *b, c, d, e,* appartiennent

---

[1]) Après de nombreuses recherches, je dois modifier ici l'opinion que j'ai émise dans la 1re édition de cet ouvrage. Je ne puis aujourd'hui regarder une partie comme atrophiée que lorsque, par l'étude organogénique on en peut découvrir les rudiments, ou au moins on aperçoit des lacunes aux points où elle aurait dû paraître.

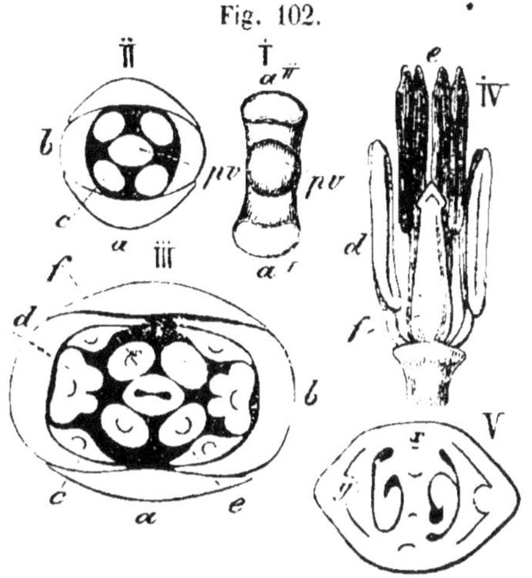

Fig. 102.

Cleome, le 3e verticille (androcée) compte deux éléments de plus que les deux verticilles précédents qui ont chacun 4 parties. Dans la *Balsamine,* l'androcée a un élément de plus que les deux premiers verticilles qui ont encore ici 4 parties chacun (Fig. 101). Dans les *Crucifères,* on voit se former des verticilles de 2 et de 4 parties (Fig. 102), et, dans les *Laurinées,* de 3 et de 6 parties (Fig. 81), en succession bien déterminée.

4° L'adhésion de parties qui d'abord étaient séparées. Pour cela il faut comparer des coupes transversales faites à divers degrés de développement (Fig. 103). On constatera qu'il est très-rare qu'il

au premier verticille à 4 parties; *b* et *c* restent petits et verts, *d* forme la feuille colorée inférieure avec le prolongement en épine, *e,* au contraire, la feuille colorée supérieure avec l'éperon; *f, g, h, i,* sont les quatre feuilles du deuxième verticille; *f* et *g,* aussi bien que *h* et *i* restent liés dans la partie inférieure, *k* représente une des cinq anthères et *l,* une des cinq loges de l'ovaire.

(Dans la fig. II, on devra changer, à droite, *b* en *h,* et dans III, changer *k* en *h*).

Fig. 102. *Matthiola madeirensis.* I, le premier aspect de la fleur. Sur le cône central de végétation de l'axe floral sont nées deux feuilles *a'* et *a''.* II, un état plus avancé; après qu'un verticille de 2 parties a encore paru *(b),* un autre de 4 parties s'est formé, duquel sortent les 4 pétales *(c),* tandis que *a* et *b* constituent le calice. III, un état encore plus avancé de la fleur; après le verticille floral à 4 parties a paru le premier verticille d'étamines à 2 parties *(d),* que suit un verticille *(e)* à 4 parties, jusqu'à ce qu'enfin un verticille à 2 parties de feuilles carpellaires vienne fermer le cycle des développements. Dans cette fleur, il y a alternance des verticilles à 2 et à 4. IV, la partie interne de la fleur, vue de côté; deux des étamines *e* ont été enlevées; le sens des lettres est là le même que ci-dessus. V, coupe transversale de l'ovaire à l'époque de la floraison; *x,* le milieu de la feuille carpellaire, sur lequel s'est formé le placenta; *y,* la partie de l'ovaire qui correspond au bord des feuilles carpellaires. (Gross. I et II, 60 fois; III, 30 fois; IV, 6 fois et V, 40 fois.) Comparez Pl. II, Fig. 14—26).

se produise une véritable soudure; tandis que, au contraire, on voit
des parties d'un ou plusieurs verticilles, qui étaient primitivement

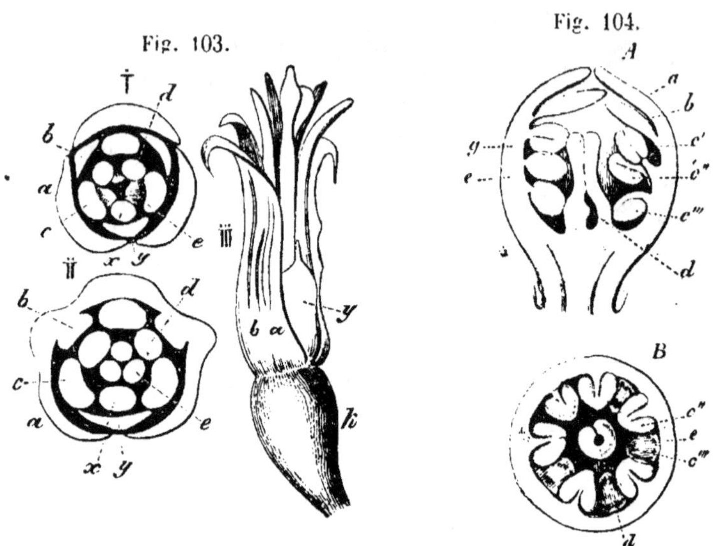

Fig. 103.   *Musa sapientum.*   I, coupe transversale à travers un jeune
bouton; *a*, une feuille du verticille extérieur à 3 parties; *b*, une feuille du
second verticille à 3 parties; *c*, une feuille du premier verticille de l'androcée; *d*, une feuille du second; *e*, l'une des trois feuilles stigmatiques.
Tous les verticilles sont à 3 parties et alternent l'un avec l'autre. II, coupe
transversale dans un bouton un peu plus développé; les 3 feuilles du premier verticille sont réunies entre elles et avec 2 feuilles du deuxième verticille; la 3e feuille seule est restée libre. L'étamine *x* qui lui est opposée
s'atrophie ensuite, de sorte que la fleur complète III possède une enveloppe florale (*a* et *b*) composée de 5 feuilles unies, avec une ouverture
longitudinale près de laquelle se trouve une petite feuille *y*, puis 5 étamines, un pistil composé de 3 organes foliacés, dont le stigmate globuleux montre encore 3 rudiments de feuilles. L'ovaire, qui est infère, ne
se développe plus dans les fleurs tardives, dites mâles, de sorte que les
fleurs des premières bractées donnent seules des fruits. (Gross. I et II,
50 fois; III, grandeur naturelle).

Fig. 104.   A, coupe longitudinale d'une fleur très-jeune de *Prunus Cera-*
sus.   *a*, sépale; *b*, pétale; *c*, *c'*, *c''*, étamines dépendant de trois verticilles
différents; *d*, l'ovaire formé d'une seule feuille capellaire; *e*, le réceptacle
qui porte les étamines, les pétales et les sépales. — B, coupe transversale au travers d'un bouton présentant le même degré de développement,
à la hauteur de *g* dans la figure A. Le sens des lettres est d'ailleurs le
même dans les deux figures. (Gross. 40 fois).

réunies, se séparer à partir d'un certain point. Ainsi les prétendues corolles soudées (gamopétales), les calices soudés (gamosépales), les tubes à anthères, comme ceux de l'*Alternanthera* (Fig. 84), et les ovaires de beaucoup de plantes proviennent de feuilles carpellaires non séparées à l'origine. De même les organes foliacés d'un verticille peuvent paraître séparés à leur pointe et soudés à leur base (*Balsamina*, Fig. 101), ou bien des parties de plusieurs verticilles paraître réunies en un même tout (*Musa*, Fig. 103).[1]

5° La structure des anthères. On doit chercher le nombre de loges qu'elles présentent, et voir si ce nombre varie d'une époque à l'autre; observer si elles s'ouvrent vers l'intérieur ou l'extérieur, ce qui est facile à voir en faisant une coupe transversale dans un jeune bouton.

6° Les parties qui constituent l'ovaire. L'ovaire supère peut se présenter, dès le principe, sous la forme d'un tube fermé; mais il peut aussi être formé par une véritable soudure de feuilles carpellaires primitivement séparées. Dans ce dernier cas, il peut provenir d'une seule (Fig. 101) ou de plusieurs feuilles: il provient de deux feuilles dans les asclépiadées où il n'y a réellement que les deux stigmates qui soient soudés, et de trois feuilles dans les tropéolées et les euphorbiacées. Le nombre de ces parties offre rarement quelque rapport avec celui des parties qui composent les verticilles précédents.

Quant à l'ovaire supère, qui se présente sous la forme d'un tube fermé, (cléome, crucifères), on peut même le considérer comme une formation foliacée analogue à la corolle tubuleuse des monopétales, et compter le nombre de feuilles d'après le nombre de stigmates, de même que l'on compte le nombre de feuilles d'une corolle tubuleuse d'après le nombre des échancrures.

L'ovaire infère doit être considéré comme une cavité creusée dans le pédoncule. Cependant la présence de placentas pariétaux qui se continuent jusque dans les anthères empêche de méconnaître là l'intervention d'une formation foliacée. La question de savoir si l'ovaire est formé par des feuilles ou par l'axe a donc dès lors peu de signification.

7° La naissance des placentas et des ovules dans l'ovaire. On

---

[1] Comparez avec le chap. VI de mon livre: *Beiträge zur Anatomie und Physiologie der Gewächse* — sur l'organogénie de l'ovaire.

apprend par cette recherche quelle est l'origine des parois de séparation d'un ovaire pluriloculaire; chacune de ces parois peut provenir de la soudure des bords de deux feuilles carpellaires primitivement séparées *(Nigella, Tropæolum, Euphorbia)*, mais, le plus souvent, ces séparations sont formées par des placentas pariétaux qui s'avancent jusqu'au centre de la cavité ovarienne. Dans ce dernier cas, la partie supérieure de l'ovaire peut être uniloculaire, avec des placentas pariétaux ne s'avançant que jusqu'en son milieu, tandis que la partie inférieure paraît pluriloculaire (onagrariées, éricacées, cupulifères); cela tient sans doute à ce que la colonne centrale, qui s'élève à une certaine hauteur dans l'ovaire, s'est soudée avec les placentas pariétaux. Ces placentas pariétaux sont généralement trèslarges; restent-ils courts, alors l'ovaire est uniloculaire, malgré la présence de colonne centrale. (Fig. 92 et 93). S'ils ne se soudent pas entre eux, lors même qu'ils s'avancent plus tard vers l'intérieur, l'ovaire reste également uniloculaire (cucurbitacées). On constatera facilement que les placentas pariétaux correspondent tous aux points où se touchent les feuilles stigmatiques, et que le nombre des stigmates correspond toujours au nombre des placentas pariétaux; les ovaires infères ne font pas exception à cette règle. Les fleurs dans lesquelles le nombre des stigmates n'est pas constant sont un bon exemple à donner de ce fait *(Opuntia, Quercus)*. Dans les crucifères, au contraire, la cloison s'avance du milieu de deux feuilles carpellaires opposées (Pl. II, Fig. 19—21); dans les caprinées, les bétulinées, ainsi que dans le *Coffea*, de deux placentas pariétaux, l'un est toujours stérile. [1])

Une coupe transversale à travers le stigmate et le style est peu utile dans ce cas. Cependant elle montre la forme et la grandeur du canal du style, ainsi que la disposition du tissu conducteur.

Dans les coupes longitudinales, on a à remarquer:

1° L'insertion primitive des parties d'un ou de plusieurs verticilles, et leur position ultérieure; on examinera si elles demeurent invariables ou si les unes ou les autres sont repoussées vers le haut. Dans le principe, tous les verticilles floraux se tiennent, d'après l'ordre de leur apparition, serrés au-dessous du cône de végétation; mais plus tard, par suite du développement de l'axe floral sur lequel ils sont insérés, un ou plusieurs verticilles peuvent être soulevés

---

[1]) Voir mon livre *Des arbres* (Pl. IV, Fig. 14, 15 et 41).

en même temps. C'est ce que l'on voit sur l'*Œnothera* qui présente un long tube calicinal (Fig. 105), ainsi que sur l'*Arachis*. On observe encore, par ces coupes, la formation d'un disque, ou la formation d'organes appendiculaires,

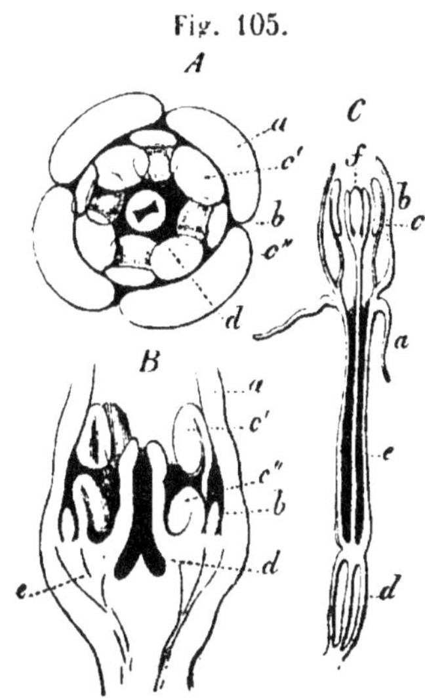

Fig. 105.

comme les excroissances colorées du fond interne des *Passiflora,* ainsi que le développement des poils, etc. La cupule du chêne et du hêtre se développe au moyen d'un disque qui, après que les autres parties de la fleur sont tombées, s'élève en forme de calice et forme au-dessous de son bord des feuilles qui, dans nos chênes conservent la forme d'écailles, mais qui, dans le hêtre, prennent un plus grand développement.

2° Le développement de l'ovaire : à savoir si, dans l'intérieur de sa cavité, la pointe du bouton transformé en fleur est encore reconnaissable ; ou bien si celle-ci, quand elle s'élève, devient un placenta central libre, comme dans les primulacées, lentibulariées, santalacées, myrsinées (Fig. 94); ou encore si cette pointe, en se soudant avec les placentas pariétaux déjà existants, rend à plusieurs loges la partie inférieure de l'ovaire, tandis que la partie supérieure, à laquelle la petite colonne n'est pas parvenue, reste uniloculaire, comme dans l'*Œnothera* (p. 204) et les éricacées; ou enfin si cette colonne se soude avec de véritables feuilles carpellaires, comme dans le *Nymphœa*, le *Tropœolum*, et les vraies euphorbiacées à loges uniovulées où la seule graine de chaque loge naît sur la colonne centrale; dans le buis, où chaque loge porte deux ovules, les cloisons sont

Fig. 105. *A*, coupe transversale à travers un très-jeune bouton d'*Œnothera muricata*. *a*, sépales; *b*, pétales; *c'* et *c''* étamines du premier et du second verticille staminal; *d*, ébauche de l'ovaire. *B*, coupe longitudinale correspondant au même degré de développement; *d*, la cavité de l'ovaire; *e*, la partie qui, plus tard, forme le tube calicinal (gross. 40 fois). *C*, coupe longitudinale d'une fleur (grandeur naturelle); *f*, les stigmates; les autres lettres comme ci-dessus.

probablement formées par des placentas pariétaux soudés avec la colonne centrale. Le *Carica cauliflora*, avec de courts placentas pariétaux, possède une colonne centrale libre et stérile (Fig. 93). Il est intéressant encore, au sujet de la formation de l'ovaire, d'observer s'il croît par la pointe ou par la base, et comment se forment les stigmates et le style.

3° La relation qui existe entre le canal du style et la cavité de l'ovaire. On reconnaîtra souvent son mode de formation en étudiant le développement de la fleur; la comparaison de bonnes coupes longitudinales, faites à divers états, ne laissera aucun doute sur ce point (Fig. 106). Le style est simple dans tous les cas où les feuilles carpellaires ne se séparent qu'à la pointe; il est multiple, au contraire, lorsque cette séparation se prolonge plus bas, ou jusqu'à la base.

(A l'article du développement de l'ovule, il est parlé d'une manière détaillée du développement de l'embryon).

La dénomination de soudure appliquée aux parties florales qui sont réunies, comme les pétales des gamopétales, prête souvent à une fausse interprétation. Les pointes des pétales ou des sépales se sont tout d'abord présentées comme parties distinctes; mais les bases ne se sont pas soudées; il est plus vrai de dire qu'à partir d'un certain point la séparation a cessé dans le cours du développement, qui se fait par la base; on devrait donc dire pétales non distincts (p. 217). On trouve, au contraire, une soudure véritable dans les apocynées et les asclépiadées, où les stigmates de chaque ovaire, complétement séparés d'abord, se soudent plus tard en un même tout. (Voir l'organogénie de l'*Asclepias syriaca*, dans la seconde édition de cet ouvrage). Dans l'*Anona*, aussi, les ovaires uniovulés se soudent de manière à former un fruit à beaucoup de graines.

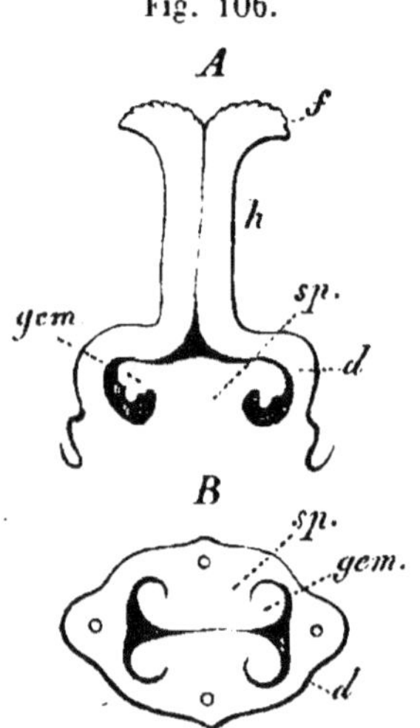

Fig. 106. *A.* coupe longitudinale à travers un très-jeune ovaire de sauge *(Salvia nivea)*; *d*, la paroi de la cavité ovarienne; *f*, le stigmate; *gem*, l'ovule; *h*, le style; *sp*, le placenta. *B*, coupe transversale de la cavité ovarienne; sens des lettres, comme ci-dessus. (Gross. 40 fois).

A l'aide de coupes longitudinales et transversales faites à travers un bouton présentant un certain degré de développement, on obtiendra des éclaircissements sur la disposition des organes de la fleur dans le bouton (préfloraison); on y trouvera souvent des rapports avec la disposition des feuilles sur les parties végétatives (Fig. 107), mais souvent aussi, on trouvera des rapports tout autres. (Dans l'*Arceuthobium*, les feuilles sont opposées par deux sur la tige, tandis que dans la fleur mâle, il y a trois feuilles au même verticille) (p. 195).

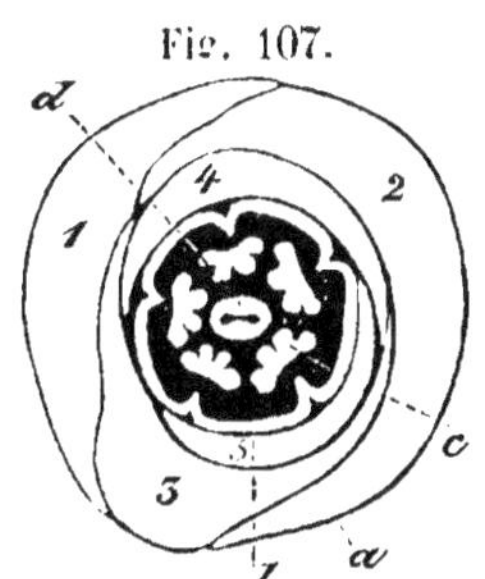

Fig. 107.

Pour ne pas déranger les différentes parties, il est bon de ne pas faire les coupes trop minces; et même, à l'approche de la floraison, c'est à peine si, avec cette précaution, on peut obtenir quelque chose de convenable.

Pour étudier l'organogénie du pollen, il faut choisir de très-jeunes boutons, présentant des anthères à peine ébauchées, car déjà les cellules-mères du pollen se distinguent nettement du parenchyme; c'est même dans le jeune âge de l'étamine que se développent les cellules polliniques. On a alors à considérer un tissu qui entoure les cellules-mères et les nourrit, mais qui disparaît peu à peu avec le développement du pollen. On doit examiner de plus la résorption des cellules-mères et de la première paroi des cellules polliniques, que NÄGELI a nommée cellule-mère spéciale. Les malvacées, les onagrariées, et le *Viscum*, doivent surtout être choisis pour ces études.

Quant à la formation du fruit, après la fécondation de l'ovaire, on observera les changements morphologiques et anatomiques qui se passent dans le tissu de l'ovaire, et les modifications chimiques qui s'opèrent dans l'intérieur des cellules (p. 104 et 210).

Fig. 107. *Convolvulus Batatas.* Coupe transversale à travers un jeune bouton. *a*, le verticille des sépales, présentant une préfloraison quinconciale (1—5); *b*, le verticille des pétales, avec une préfloraison induspliquée; *c*, le verticille des étamines; *d*, l'ébauche de l'ovaire. (Gross. 16 fois).

L. ETUDE DU DÉVELOPPEMENT DE L'EMBRYON.

Pour poursuivre avec succès cette étude, qui est la plus difficile de toutes les études anatomicophysiologiques, il faut avant tout se familiariser, par l'organogénie, avec la structure de l'ovaire, du style et du stigmate des plantes que l'on veut étudier, et aussi avec le développement de leurs ovules. Il faut, en outre, étudier à fond, dans quelques plantes, le canal du style, sur des fleurs non saupoudrées par le pollen, puis sur des fleurs saupoudrées. Pour connaître le chemin suivi par les tubes polliniques, ainsi que les changements qu'ils déterminent dans le canal du style, on doit étudier avec soin l'état de l'ovule et du sac embryonnaire au temps de la floraison, avant qu'un tube pollinique ne soit parvenu jusqu'à ce dernier; c'est surtout sur le contenu du sac embryonnaire qu'il faut porter son attention, car c'est de cette manière seulement qu'il est possible de se faire une idée exacte des changements déterminés plus tard par le tube pollinique.

Pour suivre la course du tube pollinique depuis le stigmate jusque dans l'ovaire, le meilleur moyen consiste à saupoudrer soi-même les fleurs. On étudie alors chaque jour une ou plusieurs d'entre elles en faisant des coupes longitudinales minces par le milieu de l'ovaire et du style, et l'on se rend compte ainsi du temps que met le pollen pour se développer en tube et parvenir jusque dans la cavité de l'ovaire. Celui qui pourra se procurer le *Limodorum abortivum* aura la plante la plus convenable pour suivre le développement et la marche du tube pollinique. On peut se convaincre facilement que ces tubes n'ont pas une structure uniforme, et qu'elle change de l'un à l'autre, suivant la manière dont la nourriture leur arrive. Les grains de pollen de *Limodorum* et de *Strelitzia* développent déjà leur tube dans la loge de l'anthère; chez les conifères la même chose arrive quelquefois dans le *Cupressus*. Le stigmate de *Hoya carnosa* convient très-bien pour favoriser l'émission du tube; avec l'eau sucrée ce phénomène se réalise beaucoup plus difficilement (p. 203). Lorsqu'on a préparé de bonnes coupes longitudinales, il est souvent utile d'écarter un peu avec l'aiguille, en s'aidant d'une loupe, les parois du canal du style; il existe souvent, en effet, des faisceaux de tubes polliniques mélangés avec les cellules du tissu conducteur, et l'on pourra ainsi les suivre, à la loupe, jusque dans la cavité de l'ovaire. Dans les plantes à style long, mince, se fanant promptement, j'ai rarement réussi à suivre, sans interruption, la course du tube pollinique; cela est, au contraire, très-facile avec les plantes qui présentent un style court et charnu, comme les orchidées et les *Viola tricolor*. Quand on examine, par ce procédé, le style d'une fleur d'*Epipactis*, huit jours après l'avoir saupoudrée, on est surpris du nombre prodigieux de tubes polliniques, et l'on peut suivre facilement les faisceaux qu'ils forment, jusque dans les ovules. Pour le *Viola*, en prenant des fleurs flétries, on y trouve souvent des tubes polliniques ramifiés; le même fait se présente quelquefois dans le *Fagus sylvatica* et l'*OEnothera muricata* (p. 204).

Relativement à l'histoire du développement de l'ovule, je ne recommanderai aucune méthode particulière; la méthode à choisir dépend du nombre et de l'agencement des ovules dans l'ovaire; tantôt on devra faire des coupes transversales, et tantôt des coupes longitudinales. On doit observer l'apparition de la nucelle sur le tissu du placenta, puis le développement des enveloppes qui forment des sortes de bourrelets circulaires autour de lui; on remarquera de plus la déformation de l'ovule qui se courbe, et l'apparition du sac embryonnaire dans la nucelle (Fig. 96). Comme exemples d'ovules sans téguments, je citerai l'*Hippuris* et le *Myriophyllum;* dans ces plantes, l'ovule est anatrope et pourvu d'un faisceau vasculaire dans la nucelle qui est nue; dans le *Thesium* la nucelle est encore nue, mais ne présente plus de faisceau vasculaire. On trouve des ovules avec une seule enveloppe dans le *Juglans*, le *Taxus*, (orthotrope), l'*Impatiens* et les *Rhinanthacées* (anatrope); dans ces dernières, ainsi que dans les labiées, le sac embryonnaire forme, après la fécondation, des cavités dépourvues de cellules qui sont logées dans le parenchyme de l'enveloppe. On trouve des ovules à deux enveloppes bien nettes dans l'*Hydrocharis,* le *Polygonum* (orthotrope) (Fig. 95), le *Viola* (Fig. 96), l'*OEnothera*, les orchidées (anatrope). Pour étudier le développement des ovules anatropes à deux enveloppes, on devra choisir le *Passiflora*, dont l'ovaire est uniloculaire et présente trois placentas pariétaux; on fera des coupes minces à travers des ovaires de plus en plus développés, depuis l'apparition d'un très-petit bouton jusqu'au moment de l'épanouissement de la fleur et l'on pourra ainsi suivre le développement de l'ovule jusqu'au moment de sa fécondation. D'ailleurs ces préparations se conservent très-bien dans une dissolution de chlorure de calcium.

15

Beaucoup d'ovules sont assez gros, à l'époque de la floraison, pour qu'on puisse les placer sur le doigt et y faire des coupes transversales; mais on devra prendre soin de faire cette coupe dans une direction convenable. On enlève d'abord rapidement un des côtés de l'ovule avec un rasoir extrêmement tranchant; puis on le retourne avec un pinceau fin, et l'on répète la même opération de l'autre côté: de tout l'ovule il ne reste ainsi que la lamelle centrale qui n'a pas été attaquée. Pour empêcher que la préparation se dessèche pendant que l'on opère, il faut avoir soin de maintenir toujours le doigt humide. On porte aussitôt la préparation, sans verre à couvrir, sous le microscope, et l'on reconnaît s'il est utile de la tailler encore; on arrive quelquefois, en voulant améliorer successivement la préparation, à la détruire complétement, mais souvent aussi, surtout si l'on s'aide de l'aiguille et de la loupe, on réussit à avoir une coupe utile permettant de faire des observations nettes.

On devra essayer d'isoler complétement le sac embryonnaire des fleurs non saupoudrées, lorsque cela est possible. Il semble alors constitué par une cellule simple. Dans la plupart des cas il est si délicat, qu'en cherchant à l'isoler, on le détruit, ou au moins les cellules qui y sont renfermées; il vaut mieux alors se contenter de coupes longitudinales, aussi minces que possibles, et étudier à fond le contenu du sac embryonnaire, voir s'il existe des cellules à son intérieur, et dans ce cas, examiner quelle est leur position. Lorsqu'on ne peut isoler le sac embryonnaire, ou lorsqu'il n'est pas possible d'étudier l'ovule en le coupant avec le rasoir, on pourra recourir à l'action de la potasse qui permet de reconnaître la disposition et la structure des enveloppes de la nucelle, et de distinguer le contour du sac embryonnaire.

On ne doit pas, dans ces recherches, se contenter d'une seule préparation, quelque bien réussie qu'elle soit; il est indispensable d'en faire plusieurs, aussi complètes que possible, et de les comparer les unes aux autres. Dans le *Gladiolus*, le *Crocus*, le *Phormium*, le *Zea*, le *Cheiranthus*, l'*Euphrasia*, etc., la membrane du sac embryonnaire, avant la fécondation, est déjà assez solide pour qu'on puisse l'isoler, au moins à sa pointe.

Les vésicules embryonnaires se trouvent à la pointe du sac embryonnaire, au-dessous du micropyle, tandis qu'à l'autre extrémité apparaissent une ou plusieurs cellules, les *antipodes* des vésicules embryonnaires. Sur une préparation habilement faite on reconnaît que ces dernières cellules sont pourvues d'une membrane solide de cellulose, tandis que le globule de protoplasma des vésicules embryonnaires (globule de fécondation), qui n'est entouré que par la couche externe du plasma, s'écoule très-facilement dans l'eau du porte-objets. Dans les fleurs qui n'ont pas été saupoudrées, bien que le temps normal de la fécondation fût passé, le globule de protoplasma se coagule et se laisse séparer, même dans l'eau, avec le sac embryonnaire; on arrive au même résultat en plongeant des fleurs fraîches dans l'esprit de vin pendant 24 heures *(Crocus, Gladiolus)*. Par ces deux procédés, on reconnaît qu'il existe au-dessus du globe de protoplasma, une masse brillante, striée, qui se colore en bleu avec la dissolution iodée de chlorure de zinc, et est, par suite, formée par de la cellulose; et comme, ordinairement, deux vésicules embryonnaires apparaissent l'une à côté de l'autre, il existe aussi deux pareilles masses distinctes l'une de l'autre, et placées chacune au-dessus de son protoplasma. Dans le *Gladiolus* et le *Crocus*, la structure striée de cette masse de cellulose que j'ai appelée *Fadenapparat* est très-nette; elle semble se composer, après la dissolution du globule de protoplasma, d'une touffe de fils fins; on reconnaît facilement que ces fils appartiennent au globule de protoplasma et forment, conjointement avec lui, la vésicule embryonnaire. Dans le *Phormium tenax*, le rapport de ces filaments avec le globule de protoplasma est encore plus évident.

Pour voir les vésicules embryonnaires intactes, il faut chercher à obtenir des coupes longitudinales, par le milieu d'ovules non fécondés, le plus rapidement possible, afin qu'elles n'éprouvent aucun trouble. Dans les premières secondes de l'observation, sur une coupe fraîche, le protoplasma se présente sous la forme d'une cellule globuleuse, avec un nucleus central qui est lui-même, quelquefois, recouvert par un protoplasma granuleux; mais, au bout de quelques instants, il s'écoule sous les yeux de l'observateur, sans laisser l'apparence d'aucune membrane déchirée (de $\frac{1}{2}$ à 5 minutes). Le plus souvent, la seule partie qu'il soit possible de voir nettement, est la partie inférieure du globule de protoplasma, qui se dresse librement dans la cavité du sac embryonnaire; l'autre partie est enfoncée dans la pointe du sac embryonnaire et recouverte par le *Fadenapparat* qui en dépend. Il semble généralement qu'il n'existe aucune séparation entre le *Fadenapparat* et le globule de protoplasma.

15*

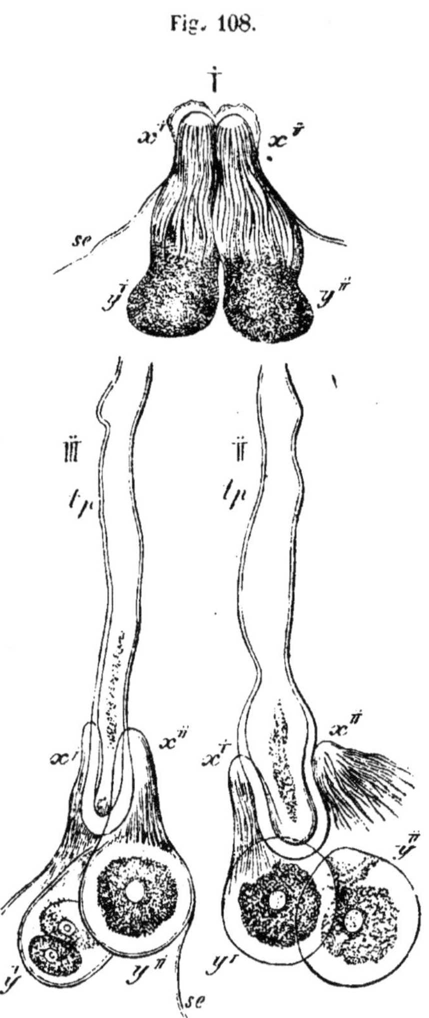

Fig. 108.

On peut étudier facilement le *Fadenapparat* en dégageant complétement le sac embryonnaire, surtout dans le *Gladiolus segetum*, le *Crocus* et le *Zea Maïs*. On verra sa pointe arrondie et d'un éclat gras, s'avancer au-dessus de la membrane du sac embryonnaire (Fig. 108 et Pl. I, Fig. 1 et 2); dans le *Watsonia* où les filaments sont très-développés, on les verra sortir loin du micropyle de l'ovule. (Je regarde ces filaments qui, dans le *Watsonia* sont remplis de protoplasma granuleux, comme des canaux poreux mettant en communication la partie cellulosique de la vésicule avec le globule de protoplasma.)

Dans le *Phormium tenax*, l'appareil filigère forme une petite couronne brillante sur le globule de protoplasma fécondé, et est lié organiquement avec sa membrane (Pl. I, Fig. 4). Comme il

Fig. 108. Mode de fécondation du *Gladiolus segetum*. I, les deux vésicules embryonnaires, non fécondées, à la pointe du sac embryonnaire; *x*, l'appareil filigère; *y*, le globule de protoplasma; *se*, la membrane du sac embryonnaire qui, dans la résorption, est étendue au-dessus des pointes brillantes des appareils filigères. II, un tube pollinique qui a récemment fécondé les deux vésicules; la membrane développée autour de ces deux dernières présente un contour simple. III, état un peu ultérieur; le globule de protoplasma fécondé de la vésicule *y*, a déjà, par la division de son contenu, formé deux cellules dont l'inférieure sera la première cellule

est, dans beaucoup de plantes, d'une nature très-molle et que, le plus souvent il disparaît peu à peu après la fécondation, il est quelquefois difficile de le mettre en évidence, mais son existence a été encore constatée par HENFREY dans le *Santalum*, et appelé par lui *Coagulum*[1]), puis dans le *Sarcophyte sanguinea* et l'*Iris* par HOFMEISTER[2]), dans le *Scilla sibirica* et le *Stachys arenaria* par SCHENK[3]), et enfin, par moi, dans le *Yucca gloriosa*, le *Sechium edule*, le *Campanula medium*, l'*Euphrasia Odontites* et le *Torenia asiatica;* dans ces derniers temps aussi, LETZERICH a clairement montré son existence dans l'*Agrimonia Eupatoria* (Bot. Zeit. 1862). Il reste encore à reconnaître: 1° si l'appareil filigère se présente

de l'embryon, et la supérieure, le suspenseur.   La membrane du protoplasma montre maintenant un double contour.   L'extrémité du tube pollinique (II et III), gonflée d'une sorte de gelée. (Gross. 400 fois).

---

[1]) Etude faite sur des fleurs conservées dans l'esprit de vin.

[2]) HOFMEISTER a pris d'abord l'appareil filigère du *Crocus* pour une production cellulosique au côté extérieur du sac embryonnaire; aujourd'hui il le rapporte à la couche cuticulaire de ce sac. Les deux opinions sont également fausses, comme le démontrent toutes les recherches faites sur le *Crocus*, le *Gladiolus* et le *Zea*; chaque appareil filigère se présente là comme une formation particulière appartenant au globule de protoplasma. Il regarde, d'un autre côté, l'appareil filigère du *Watsonia* comme un prolongement de la vésicule embryonnaire au-dessus de son sac; la même observation a été faite pour l'*Ixia*. Il compare les stries cellulosiques au réseau cellulosique qui naît des couches protoplasmiques dans l'évidement antérieur du sac embryonnaire de *Pedicularis sylvatica* (p. 96). Il n'est pas sans intérêt de comparer les différentes assertions d'HOFMEISTER sur l'appareil filigère; c'est pourquoi je citerai les publications où elles se trouvent. (Bonplandia, 1856. PRINGSHEIM'S Jahrbücher I, S. 165. HOFMEISTER, nouvelles recherches sur la formation de l'embryon des Phanérogames, I. p. 582, et, nouvelles recherches, II, p. 675 et 678). La saillie formée par la pointe à éclat gras de l'appareil filifère sur la membrane du sac embryonnaire dans le *Crocus*, le *Gladiolus* et le *Zea*, la sortie du suspenseur, et le concours nécessaire du tube pollinique avec l'appareil filigère, concours qui a été contredit par Hofmeister (Neue Beiträge, II) suffiront pour convaincre quiconque voudra se donner la peine de recommencer mes recherches.

[3]) Je dois faire savoir ici que SCHENK partage complétement mon opinion à ce sujet.

partout [1]); 2° quelles modifications il peut offrir; 3° quel rôle on doit lui faire jouer dans la fécondation.

Lorsqu'on a étudié avec soin le sac embryonnaire avant la fécondation, et les vésicules embryonnaires qui y sont contenues, vésicules qui, généralement au nombre de deux, sont pressées l'une contre l'autre et situées à la même hauteur, quand la pointe du sac embryonnaire n'est pas trop étroite, *(Gladiolus, Crocus, Yucca, Zea, Watsonia, Torenia)*; lorsqu'on a de plus étudié par des réactifs le contenu granuleux, et observé les antipodes au point de vue de leur nombre, de leur disposition, et de leur essence, alors on peut s'occuper de l'étude des ovaires fécondés et appliquer encore ici la même méthode.

Je rappellerai qu'il est bon de saupoudrer soi-même les fleurs en transportant du pollen, au moyen d'un pinceau sec, sur le stigmate; on peut ainsi reconnaître quel est le temps qu'il faut au tube pollinique pour pénétrer à travers le canal du style jusqu'au micropyle de l'ovule, temps qui varie suivant la nature des plantes, et qui est complétement indépendant de la longueur du chemin à parcourir. Si on saupoudre à la même époque plusieurs fleurs, et qu'on ait soin de les marquer avec un petit ruban, on peut suivre, sans se tromper, le développement du tube jusqu'au moment de son entrée dans le micropyle et même de la fructification.

Les fleurs d'orchidées permettent d'observer très-aisément, sans aucune préparation, l'entrée du tube pollinique dans l'ovule; si l'on n'a pas saupoudré soi-même les fleurs, on peut d'ailleurs reconnaître l'état de fécondation au développement de l'ovaire. Si la fécondation a eu lieu, il existe un ou plusieurs tubes polliniques dans le micropyle de chaque ovule, et l'on peut alors enlever ces derniers avec l'aiguille, après avoir fendu l'ovaire. Dans le *Veronica serpyllifolia,* et dans le *Torenia asiatica,* l'observation est tellement facile qu'elle n'exige aucune préparation ultérieure. Avec les ovules plus gros, pour lesquels il est nécessaire de faire une coupe transversale, il est plus rare de trouver l'entrée du tube pollinique, parce que le rasoir le traverse très-facilement. Quand on fait au contraire, comme il a été recommandé plus haut, de minces coupes longitudinales à

---

[1]) Dans le *Canna* où le tube pollinique pénètre lui-même dans le sac embryonnaire, ainsi que dans le *Citrus,* où se trouvent de nombreux embryons, l'appareil filigère paraît manquer complétement.

travers l'ovule jusqu'à rencontrer le globule de protoplasma des deux
vésicules embryonnaires qui s'est entouré d'une membrane solide
résistant à l'action de l'eau, alors, en enlevant avec soin les enveloppes avec l'aiguille, et à l'aide d'une loupe, on ne manque jamais
d'apercevoir le tube pollinique dans le micropyle; et, en isolant plus
complétement encore le sac embryonnaire, on constate que ce tube
pollinique est en liaison étroite avec l'appareil filigère. Cette liaison
est si intime que, le plus souvent, il n'est pas possible de séparer
les deux parties sans les briser (cela ne m'est arrivé qu'une fois,
avec le *Phormium*). On constate que la paroi du tube pollinique
est ramollie et gonflée, soit sur une grande longueur, soit seulement
au point de contact avec l'appareil filigère *(Gladiolus, Crocus)*, et
que son contenu granuleux est plus ou moins détruit.

Les globules de protoplasma, au-dessous de l'appareil filigère
des deux vésicules embryonnaires, sont alors pourvus d'une membrane, très-mince d'abord, qui va en grossissant peu à peu, et les
sépare de l'appareil filigère (Fig. 108, II). On reconnaît facilement
la présence de cette membrane autour du globule de protoplasma
en faisant contracter dans l'eau le contenu de la cellule; on constate ainsi qu'il existe, le plus souvent, des différences remarquables
dans l'épaisseur des membranes correspondant aux deux globules de
protoplasma. Bientôt, l'un des deux globules s'allonge et descend
dans le sac embryonnaire, probablement par suite d'un ramollissement successif de l'appareil filigère; son contenu se divise en même
temps suivant une direction transversale de manière à constituer
deux jeunes cellules (Fig. 108, III); la cellule supérieure servira de
support à l'embryon, et l'inférieure, au contraire, constituera une
nouvelle cellule-mère. [1]

Le phénomène que nous avons signalé dans le *Crocus*, le *Gladiolus*, se retrouve avec les mêmes caractères dans le *Phormium*,
le *Zea*, le *Watsonia;* mais pour l'observer dans ces dernières plantes
il faut plus de persévérance et d'habileté. On reconnaît que le tube

---

[1] Hofmeister affirme (Neue Beiträge, II) qu'il existe toujours une vésicule embryonnaire supérieure, et une autre inférieure, et que toujours
cette dernière est la seule qui soit fructifiée; mais, en général, cela n'est
pas exact. Dans le *Crocus*, le *Gladiolus* et le *Zea*, les vésicules embryonnaires
sont situées, à l'origine, à une même hauteur; mais, plus tard, celle qui
se transforme en embryon se sépare de son appareil filigère et s'enfonce
plus profondément.

pollinique ne pénètre pas dans le sac embryonnaire, qu'il vient seulement toucher l'appareil filigère des vésicules; après que l'attouchement a eu lieu, le contenu granuleux du tube pollinique disparait peu à peu, et une membrane solide naît autour des globules fécondés.

En ouvrant avec précaution le tube pollinique, au moyen d'une aiguille, après son entrée dans le micropyle, mais avant qu'il ait perdu son contenu granuleux, on n'y trouve pas de spermatozoïdes. De plus, ce tube, après avoir été en contact avec l'appareil filigère pour opérer la fécondation, ne paraît pas transpercé. Mais je présume néanmoins que la fovilla, contenu granuleux du tube pollinique, se fait jour à travers la membrane ramollie de ce tube pour se mêler au globule de protoplasma en passant par les canaux poreux de l'appareil filigère; ces canaux étant très-petits, il se passe probablement là un phénomène d'attraction capillaire. HOFMEISTER croit qu'il se produit un phénomène d'endosmose. D'ailleurs ces deux opinions n'ont pas été démontrées directement.

Chez le *Canna*, le tube pollinique pénètre dans l'intérieur du sac embryonnaire et se gonfle là de manière à former une sorte de gelée; puis il se soude, sans appareil filiforme visible, avec la vésicule embryonnaire qu'il féconde; cette soudure est si intime que la vésicule reste quelquefois suspendue au tube, à tel point que si l'on ne faisait attention, on pourrait le prendre pour une jeune cellule engendrée par le tube pollinique. Dans les personées, les labiées, les campanulacées, les crucifères et les haloragées, après la fécondation, un des deux globules de protoplasma s'accroît dans l'intérieur du sac embryonnaire et forme un tube ressemblant beaucoup au tube pollinique qui se trouve à l'extérieur du sac embryonnaire; ce tube s'avance peu à peu jusqu'au milieu du sac, le dépasse même quelquefois, et c'est alors seulement qu'une division commence à s'opérer en lui. Sur ces exemples, le support ou suspenseur de l'embryon est long et tubuleux; en s'accroissant, il sort de la membrane du sac embryonnaire et je l'ai même pour cela confondu longtemps avec le tube pollinique. J'ai conservé plusieurs préparations excellentes de *Pedicularis sylvatica* et de *Lathræa squamaria* dans lesquelles le porte-embryon tubuleux s'avance de $\frac{16\text{ à }24}{400}$ de millimètre au-dessus de la membrane du sac embryonnaire qui porte d'ailleurs une ouverture évidente. Comme l'appareil filigère *(Crocus, Gladiolus, Zea, Torenia)* s'avance librement au-dessus de la pointe du sac embryonnaire, par suite de la résorption de la membrane de ce sac, on comprend que, par suite de l'allongement du globule de protoplasma fécondé, le suspenseur, passant par l'ouverture produite dans la membrane, puisse s'élever à une certaine hauteur au-dessus d'elle; ce fait est facile à constater sur le *Zea* (Pl. I, Fig. 2), le *Pedicularis*, le *Lathræa* et le *Stachys*. Dans le *Pedicularis* et le *Lathræa* il est fort difficile d'isoler le sac embryonnaire avant la fécondation; dans l'*Euphrasia Odontites,* que *Radlkoffer* recommande pour cela, la chose réussit quelquefois, mais plutôt par hasard que par l'habileté de l'observateur; au contraire, les états ultérieurs sont faciles à observer. (Dans quelques crucifères [*Capsella, Cheiranthus Cheiri*] on trouve assez souvent plusieurs sacs embryonnaires dans un même ovule). Si l'on réussit à isoler les sacs embryonnaires de ces plantes, avant la fécondation, on détruit presque toujours, par l'opération même, les deux vésicules, et l'on ne voit plus, à la pointe du sac, que leurs deux points d'insertion que j'ai pris autrefois pour des ouvertures.

Lorsque deux vésicules embryonnaires se développent, il se forme deux embryons dans le même sac, mais ce cas est assez rare. Dans le *Citrus*, il se forme d'abord, à la pointe, deux vésicules embryonnaires à côté l'une de l'autre; puis au-dessous d'elles, sur les côtés du sac embryonnaire, il s'en forme beaucoup d'autres (sans appareil filigère?); ces vésicules semblent être fécondées par de petits corpuscules immobiles nageant dans une couche gommeuse qui est versée par le tube pollinique à l'entrée du sac embryonnaire; ils se transforment ainsi en embryons attachés à la membrane de ce sac, et dont le nombre dépasse quelquefois cinquante; mais, le plus souvent, il n'y a que deux de ces embryons à se développer complétement. Dans le genre *Citrus,* la fécondation ne se produit que lorsque les jeunes fruits ont déjà la grosseur d'une balle de fusil; il est donc difficile de faire de bonnes observations.[1])

Quand la fécondation est accomplie, et que la cellule-mère de l'embryon est formée, il se produit dans le sac embryonnaire de la plupart des plantes une formation de cellules constituant l'albumen ou endosperme. Par la multiplication des premières cellules-mères de cet albumen, il se développe ainsi un tissu serré qui enveloppe la jeune plante. Dans le *Canna* et le *Tropæolum* il ne se forme

---

[1]) Pringsheim's Jahrbücher I, S. 209—216.

pas d'albumen, et dans le *Cheiranthus*, il ne se développe qu'une seule couche de cellules, sur le pourtour interne du sac embryonnaire. Dans les personées, les labiées, et beaucoup d'autres plantes, la partie supérieure et la partie inférieure du sac embryonnaire ne présentent pas d'endosperme; il existe donc là deux cavités, mais la cavité inférieure n'apparaît qu'après la destruction des antipodes.

Tandis que la jeune plante se développe, le tissu cellulaire croît aussi dans l'intérieur du sac embryonnaire; mais plus tard ce tissu, qui sert à la nourriture de la plante, peut disparaître en totalité ou en partie seulement. Aussi distinguons-nous les graines mûres en périspermées et apérispermées. La jeune plante, qui est soutenue par un suspenseur en forme de tube plus ou moins long, la mettant en rapport avec la membrane du sac embryonnaire, ressemble d'abord à une sphère formée de petites cellules; à l'extrémité libre de cette sphère apparaissent bientôt les premières feuilles (cotylédons), formant des éminences en forme de mamelons, tandis que l'extrémité radiculaire se détache et, chez les dicotylédones, se recouvre d'une coiffe; de plus un anneau de cambium apparaît dans l'axe de l'embryon, entre la moelle et l'écorce. L'embryon globuleux des orobanches, orchidées, *Monotropa*, *Hydnora* et autres, montre, pour ainsi dire, une persistance dans un état de développement peu avancé.

L'extrémité radiculaire de l'embryon est toujours tournée vers le micropyle; dans le *Citrus* et les autres graines qui ont plusieurs embryons, cette extrémité est constamment encore tournée vers la périphérie. Aussi peut-on sûrement, d'après la forme de l'ovule à l'époque de la floraison, deviner quelle est la position de l'embryon dans la graine mûre (p. 213).

Arrivons enfin aux conifères, dans lesquelles le mode de fécondation n'est pas aussi compliqué qu'il semble au premier abord. En quelques mots, cet acte se distingue de ce que l'on voit dans les autres phanérogames: 1° par la formation du tube pollinique aux dépens d'une production cellulaire du grain de pollen (p. 203); 2° par la production de l'endosperme longtemps avant la fructification. Dans les conifères et les cycadées qui, les unes comme les autres, sont dépourvues d'ovaires, la participation du grain de pollen et du sac embryonnaire est *indirecte*, d'une double manière, tandis qu'elle est *directe* dans toutes les autres phanérogames.

La fleur femelle des conifères est très-simple; elle se compose, dans les abiétinées, d'un cône portant des feuilles sur un axe central; à l'aisselle de ces feuilles naissent des bourgeons au fond desquels se développent deux ovules dont le micropyle est dirigé vers le bas. On doit étudier le développement de ces ovules sur des cônes tout à fait jeunes, sortant à peine de leur involucre de bourgeons. Le cône des *Araucaria* se compose d'un axe et des feuilles qui développent chacune un ovule unique; mais cet ovule est le plus souvent stérile. Dans les cupressinées, les ovules sont dressés à la base des feuilles. Dans les taxinées, enfin, ils apparaissent sur des branches particulières, formant des bourgeons terminaux| ou axillaires.

Les graines des genres *Pinus* et *Juniperus* mettent deux ou trois années à mûrir: leurs ovules se développent au printemps, avec le cône, et sont saupoudrés à la même époque, puis ils s'arrêtent; au printemps suivant, il se forme dans le sac embryonnaire un endosperme, et des corpuscules à la partie supérieure; vers le milieu de ce deuxième été (juin) la fructification commence et à l'automne l'embryon est formé, la graine mûrit. (Dans le *Pinus pinea* et le *Juniperus*, ce dernier phénomène s'accomplit seulement à l'automne de la troisième année). L'*Abies*, le *Picea*, le *Larix*, le *Thuja*, le *Taxus*, le *Salisburia* et l'*Araucaria* n'emploient, au contraire, qu'une année pour développer complétement leurs graines.

Ces différences biologiques doivent être naturellement prises en considération lorsque l'on fait des recherches. Il est bon de remarquer que, même chez les conifères dont les graines mûrissent en un•an, il s'écoule un temps assez long entre le moment où elles sont saupoudrées et le moment où elles sont fécondées; d'ailleurs, le même fait se retrouve chez quelques phanérogames angiospermes, qui émettent leur poussière blanche avant que les fleurs femelles soient préparées pour la fécondation, alors qu'elles possèdent à peine une cavité ovarienne et n'ont pas encore d'ovules (*Corylus, Alnus, Betula*). Dans ces phanérogames angiospermes, les tubes polliniques séjournent longtemps dans le tissu conducteur du style; chez les conifères, ils s'arrêtent dans le tissu de la nucelle qu'ils traversent en formant des échancrures latérales, et souvent même des excroissances considérables (*Taxus*). Dans le *Thuja* et le *Juniperus* on voit, sur des coupes longitudinales à travers l'ovule, les tubes polliniques apparaître au-dessus du tissu de la nucelle, et on peut même les suivre souvent jusqu'au sac embryonnaire; dans le *Taxus*, ils se couchent au-dessus de ce sac et y forment des sortes de grosses ampoules.

Les premières cellules-mères de l'endosperme des conifères apparaissent sur la périphérie du sac embryonnaire; celles qui sont situées près de la pointe continuent à s'accroître, mais ne se multiplient pas; les autres se divisent ultérieurement pour former l'endosperme. Les grandes cellules qui ne se divisent pas constituent les *corpuscula;* elles ont été découvertes et ainsi nommées par R. Brown. Ces corpuscules sont tantôt réunis (cupressinées), tantôt isolés et séparés les uns des autres par les cellules de l'endosperme *(Taxus)*, d'autres fois isolés et recouverts d'une couche simple de petites cellules en forme d'épithélium (abiétinées et *Araucaria*). La pointe des corpuscules est toujours libre et surmontée d'un canal ménagé par l'endosperme, au-dessous de la nucelle. Mais, de plus, on observe, avant la fécondation, qu'il se forme à la pointe du corpusculum une division horizontale donnant naissance à une jeune cellule; cette cellule se divise elle-même deux fois suivant une direction verticale, et il se forme ainsi quatre petites cellules qui se remplissent d'un protoplasma granuleux et possèdent un nucleus très-net et très-brillant. Ces cellules ont été observées pour la première fois par Hofmeister qui les a appelées *Deckelrosette*, et j'ai réussi à suivre leur développement dans l'*Abies pectinata*, le *Pinus pinea* et le *Pinus pinaster*. Ces cellules, que j'ai déjà désignées sous le nom de cellules de clôture, naissent du corpusculum lui-même et constituent les vésicules embryonnaires proprement dites des conifères. Dans les corpuscules même, on trouve un nucleus central et un protoplasma granuleux assez épais; le nucleus est souvent recouvert soit de grandes vacuoles isolées *(Thuja, Juniperus)*, soit de petites vacuoles en nombre considérable *(Pinus, Abies)*.

En faisant des coupes longitudinales par le milieu de l'ovule, pour divers états de développement, on suit les faits qui viennent d'être énoncés, et l'on peut, par des coupes transversales à la pointe de l'endosperme, se rendre compte du nombre des corpuscules; ce nombre varie d'une espèce à l'autre, et souvent aussi dans une même espèce. Si l'on veut étudier le contenu des corpuscules chez les abiétinées, il faut que les coupes longitudinales ne soient pas trop minces; pour observer les cellules du *Deckelrosette*, on doit faire des coupes passant exactement par le milieu des corpuscules. Dans les cupressinées il est nécessaire, de plus, d'isoler les corpuscules avec l'aiguille.

L'entrée du tube pollinique dans le corpuscule ne se fait guère, dans nos conifères, avant le mois de juin; ordinairement elle se fait au milieu de ce mois et c'est à cette époque surtout que l'observateur doit se hâter de faire les études nécessaires, parce que les phénomènes importants de la fécondation se passent très-rapidement; c'est même pour cela que ces phénomènes ne sont pas encore complétement connus.   Il est surtout important d'étudier l'action du tube pollinique sur le *Deckelrosette*.   Dans les cupressinées, comme on le sait à présent, avant qu'aucun embryon ne se montre dans le corpuscule, la paroi du *Deckelrosette*, sur laquelle est appliqué le tube pollinique, se résorbe; la rosette disparaît même tout entière au moindre attouchement.   Dans les abiétinées, au contraire, les parois de ces cellules persistent, et leur contenu seul disparaît; mais dès que le contact avec le tube pollinique a eu lieu, les cellules vides s'affaissent les unes sur les autres.   En même temps, le tube pollinique qui, dans le genre *Pinus* ne pénètre pas au delà de la pointe du corpuscule, se recouvre à son extrémité d'une masse protoplasmique granuleuse, le plus souvent globuleuse, et ne présentant aucune membrane.   Cette masse se transporte bientôt, d'une manière qui n'est pas suffisamment connue, à la pointe opposée du corpuscule, reçoit là une membrane, et se divise avec la plus grande régularité en 16 cellules formant quatre couches horizontales superposées.   La couche supérieure se résorbe bientôt, tandis que la seconde, dont les cellules sont pourvues d'un protoplasma granuleux et d'un nucleus brillant, demeure sans altération et constitue la rosette inférieure des conifères; les cellules de la troisième, qui contiennent une substance limpide, s'allongent en tubes; la dernière couche, enfin, qui contient un protoplasma granuleux et des nucleus très-nets, devient l'embryon; cet embryon, par le développement des tubes, sort du corpusculum et est porté au milieu de l'albumen, dont le tissu est, à ce moment, très-ramolli.   (Fig. 109 et 110).

Les tubes embryonnaires sont en relation par la rosette avec le corpuscule qui, bientôt, se dessèche.

Avec de la patience, et en choisissant l'époque convenable, il est possible, dans le *Pinus sylvestris,* de voir le globule de fécondation, à l'état de protoplasma granuleux dépourvu de membrane, suspendu d'abord au tube pollinique, occuper différentes positions jusqu'à ce qu'il soit arrivé à l'extrémité opposée du corpuscule; la même observation peut être faite sur le *Thuja* et le *Juniperus* où il semble composé de quatre cellules à nucleus brillants, probablement par suite d'une transformation plus rapide, mais est toujours très-mince et délicat. Il arrive quelquefois aussi, mais rarement, que le globule

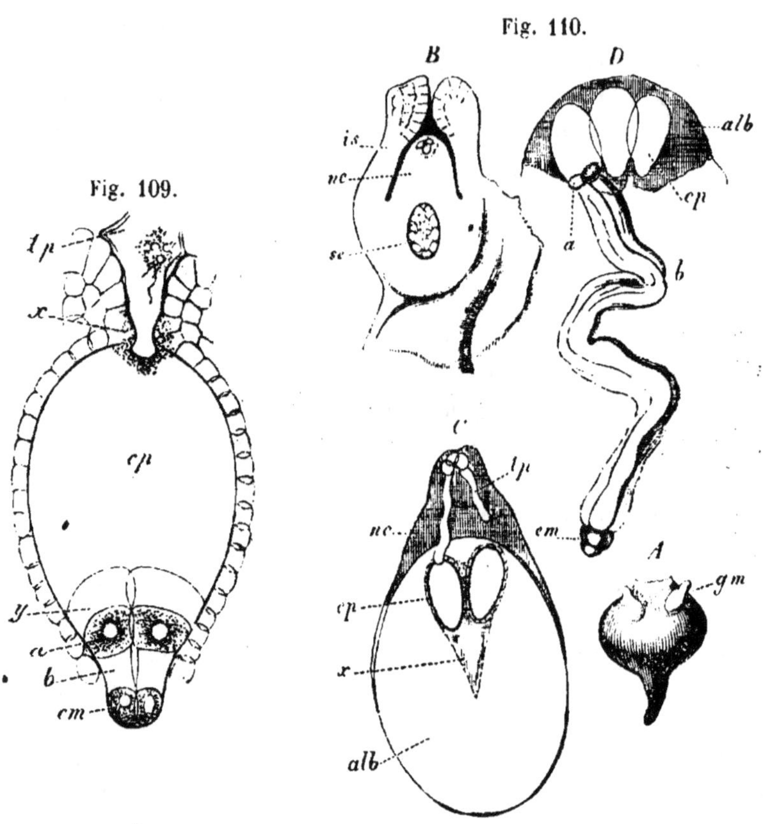

Fig. 109. Un corpuscule de *Pinus sylvestris*, récemment fécondé; coupe longitudinale. *cp*, le corpuscule: *tp*, le tube pollinique arrivé jusque dans le corpuscule à travers les cellules de clôture *(x)* devenues ici presque méconnaissables; *y*, la couche cellulaire supérieure du corps embryonnaire; *a*, la seconde couche, formant la rosette inférieure; *b*, la troisième couche qui formera le tube embryonnaire; *em*, la quatrième couche, qui forme l'embryon. (Gross. 100 fois.)

Fig. 110. L'acte de la fécondation dans le *Pinus sylvestris*. *A*, une jeune écaille séminale, détachée, peu après sa naissance, de l'axe qui supporte les fleurs femelles; les deux ovules *(gm)* sont déjà ébauchés (Gross. 10 fois). *B*, coupe longitudinale à travers un ovule qui est déjà saupoudré. Sur la pointe de sa nucelle *(nc)* sont placés des grains de pollen; *is*, l'enveloppe unique de la nucelle; *se*, le sac embryonnaire dans lequel s'est déjà

suspendu au tube pollinique, dans le *Pinus pinea* et le *Pinus pi-naster*, soit déjà recouvert d'une membrane solide et partagé en quatre cellules; il arrive encore que l'on aperçoit plusieurs nucleus brillants dans un globule dépourvu de membrane et qui n'a pas commencé sa course. Je présume alors que ce globule se compose toujours de quatre cellules qui, dans le principe, sont dépourvues de membrane, et correspondent au contenu des quatre cellules du *Deckelrosette*. La naissance du *Deckelrosette* au dépens du corpusculum, sa destruction complète après la fécondation dans les cupressinées, la destruction complète de son contenu après la fécondation dans les abiétinées, et enfin l'apparition du globule de protoplasma sur le tube pollinique, sont des faits irréfutables qui,. à mes yeux, viennent à l'appui de l'interprétation que j'ai donnée du phéno-mène.

HOFMEISTER regardait comme une vésicule embryonnaire l'une des vacuoles qui se trouvent dans le corpuscule, mais il est main-tenant d'accord avec moi pour reconnaître que le globule de fécon-dation apparaît d'abord à l'extrémité du tube pollinique; il faisait naître ce globule au point où se fait son développement ultérieur. [1]

La rosette de clôture, dont l'existence est admise depuis long-temps par HOFMEISTER, n'est donc pas une dépendance du tube pollinique, comme je le croyais autrefois, d'après des observations

opérée une formation cellulaire. (Gross. 35 fois). Jusqu'au printemps sui-vant l'ovule demeure à peu près sans changement; alors naissent, avec le réveil de la nature, les corpuscules dans le tissu cellulaire du sac em-bryonnaire. *C,* donne une coupe transversale à travers la nucelle de l'o-vule, dans le second printemps (l'enveloppe de l'ovule ayant été enlevée): *nc,* la nucelle, dans le tissu delaquelle les tubes polliniques sont descendus *(tp),* pour se rendre jusqu'au corpuscule *(cp); alb,* l'endosperme; *x,* la par-tie de l'endosperme qui se ramollit et dans laquelle circulent plus tard les tubes embryonnaires. *D,* la partie supérieure de l'albumen *(alb)* d'un ovule fécondé (coupe longitudinale faite quelques semaines plus tard); *cp,* corpuscule; *a,* les cellules de la rosette qui restent au fond du corpus-cule, tandis que les tubes embryonnaires *(b)* et l'embryon *(em)* descendent plus tard dans l'intérieur de l'endosperme *(C, x).* C'est là aussi que se développe ultérieurement l'embryon des conifères, nourri par l'endosperme. *(C et D,* gross. 100 fois.)

---

[1] METTENIUS et A. BRAUN regardent le corpuscule lui-même comme la vésicule embryonnaire.

faites sur le *Taxus;* mais elle se lie intimement avec lui pendant la fécondation et ce fait rappelle assez bien la liaison du tube pollinique avec la vésicule embryonnaire des autres phanérogames. J'avais cru aussi pendant un certain temps que le globule de fécondation était produit par le tube pollinique; je suis revenu de cette erreur à la suite d'expériences plus exactes.

La disposition des cellules qui naissent, dans le corpuscule, du globule fécondé, est très-différente suivant les espèces que l'on considère; elle n'est pas toujours aussi régulière que dans les abiétinées. Déjà, dans les cupressinées, la rosette inférieure manque; les tubes embryonnaires, au contraire, existent partout, mais, plus tard, ils se résorbent, et on ne les retrouve guère à l'état de tubes desséchés, dans les graines mûres, que chez les cycadées et le mélèze. Dans le *Pinus Pumilio* et le *Pinus Strobus,* les quatre tubes embryonnaires se séparent les uns des autres, et chacun développe un embryon particulier. Ordinairement plusieurs corpuscules sont fécondés, mais un seul se développe complétement. — On n'a jamais observé de spermatozoïdes, à l'époque de la fécondation, dans les tubes polliniques des conifères.

Il est moins difficile d'observer le mode de fécondation des conifères que d'interpréter les phénomènes que l'on constate. Avec du temps et de la patience, on pourra facilement suivre les faits que je viens de décrire. Les recherches nouvelles devront tendre à montrer: 1º ce que l'on doit réellement considérer comme les vésicules embryonnaires, et 2º comment elles arrivent, après la fécondation, à l'extrémité opposée du corpuscule. Dans le *Pinus* à cônes pendants, la translation paraît s'effectuer en vertu du poids; le contenu du corpuscule est, en effet, plus limpide vers le haut que dans le bas, et le globule de fécondation, après s'être détaché du tube pollinique, semble traverser successivement ces couches. Dans l'*Abies* dont les cônes sont droits, ce mode d'explication n'est pas admissible; peut-être alors que le tube pollinique s'allonge et pousse devant lui le globule de fécondation, à travers le corpuscule; la même chose pourrait avoir lieu pour le *Juniperus* et le *Thuya.*

L'acte de la fécondation, dans tout le règne végétal, est donc basé sur le mélange d'une matière mâle et d'une matière femelle; le résultat de ce mélange est la première cellule-mère de l'embryon. La substance femelle est une cellule dépourvue de membrane et inachevée, incapable de se développer à elle seule; la substance mâle, au contraire, est soit un spermatozoïde, soit le contenu d'une cellule mâle. Le mélange des deux matières peut se faire directement, sans intermédiaire, ou par endosmose; mais, toutefois, ce dernier point n'est pas démontré.

Le corps embryonnaire se développant plus tard en embryon, on doit observer la première apparition des cotylédons; ils forment de petites éminences sur le corps qui était primitivement globuleux. Vient ensuite à observer le développement de ces cotylédons, et de la pointe de la tige (plumule), puis la naissance de l'anneau de cambium dans l'axe de l'embryon, et la formation de la coiffe de la racine, à l'extrémité de la radicule. On étudiera encore la position relative de l'embryon dans la graine mûre, la disposition de l'albumen (Fig. 47), et les changements produits dans les téguments, par suite de la résorption ou de l'épaississement des cellules, etc. On verra se reproduire, pour les enveloppes des graines de conifères et de cycadées, les mêmes faits que dans les autres phanérogames: ainsi le *Salisburia* et le *Cycas* présentent des fruits pierreux; le fruit du *Taxus* est muni d'un tégument mou (arille); la graine du *Podocarpus* offre un support charnu, et le fruit du *Pinus* est recouvert d'une enveloppe complétement lignifiée. Dans l'albumen on déterminera, par les réactifs connus, la nature des parois des cellules et de leur contenu.

On devra chercher, aussi bien pour les végétaux monocotylédonés que pour les dicotylédonés, s'il existe déjà des faisceaux vasculaires dans l'embryon, avant la germination, et si la plumule montre déjà des feuilles. On observera ensuite, à de courts intervalles, les progrès de la germination, en portant principalement son attention sur l'accroissement de l'axe (tige et racine), la division des faisceaux vasculaires, et la formation de l'anneau ligneux qui résulte de leur rapprochement. Il est facile alors de résoudre la question de savoir si le développement de nouveaux faisceaux vasculaires provient de la tige ou de la feuille.

Il faut chercher les limites anatomiques entre la tige et la racine, limites qui sont souvent visibles à l'extérieur, et qui tantôt sont placées tout près des cotylédons *(Quercus, Juglans)*, tantôt sont situées plus bas (conifères, *Fagus*, etc). Il est bon de voir si la position des jeunes feuilles correspond à ce qu'elle est plus tard sur la plante âgée, et si leur forme est aussi la même. [1]

Je recommanderai à l'observateur de semer lui-même les graines dont il veut étudier la germination; la plupart des graines peuvent germer sur un support de feutre ou de flanelle humide recouvert d'une cloche de verre; d'autres germent directement dans l'eau. Il est bon dans tous les cas, pour étudier le développement normal d'une plante, de la placer dans son milieu normal.

---

[1] Pour ces recherches, je renvoie à l'histoire de la germination de la noix dans mon livre: Beiträge zur Anatomie und Physiologie der Gewächse. — Lire également mon Lehrbuch, I, p. 445.

V.

EXEMPLES POUR L'ORGANOGÉNIE DE LA FLEUR.

Pour éviter une explication ennuyeuse à chaque partie séparée des figures représentées Pl. II. et pour les faire comprendre au premier coup d'œil, je les ai indiquées par les initiales de leurs noms latins de la manière suivante:

anth. anthera.

br. bractea.

gm. gemmu'a.

grm. germen.

pet. petalum.

pl. placenta.

sep. sepalum.

stg. stigma.

stl. stylus.

Comme exemple de fleur régulière nous avons choisi, dans cette troisième édition, l'*Ananassa sativa* et le *Lythrum virgatum;* le *Matthiola maderensis* offre l'exemple d'une fleur irrégulière dès l'origine, et le *Cuphea strigulosa,* d'une fleur qui devient irrégulière en se développant. [1])

Ananassa sativa.

(Pl. II; Fig. 1—13).

L'inflorescence de l'*Ananas* est un épi vertical qui se termine, non par une fleur, mais par un bouquet de feuilles. Les boutons

---

[1]) Dans la première édition on a décrit le développement des fleurs de l'*Asclepias syriaca*, de *Stachys coccinea*, de *Salvia nivea* et de *Cleome arborea*, et, dans la seconde, on a expliqué l'*Asclepias syriaca*, l'*Agropyrum giganteum*, avec le *Lolium* et quelques autres graminées.

16*

les plus inférieurs de cet épi se développent souvent en forme de feuilles, tandis que les autres produisent des fleurs. Tant qu'il porte des fleurs, l'axe de l'inflorescence est gonflé, ses mérithalles restent courts, et les fleurs se trouvent serrées en grand nombre les unes contre les autres. A l'aisselle de chaque bractée apparaît un bouton; les plus jeunes boutons sont au sommet, et c'est à la partie inférieure de l'inflorescence qu'il faut chercher les plus anciens. Pour saisir la première apparition du cône de végétation de la fleur derrière la bractée, et, bientôt après, celle des trois sépales que suivent au bout de peu de temps trois pétales, et ainsi de suite, il est nécessaire de choisir une inflorescence toute jeune et cachée encore sous le feuillage, et d'exécuter sur elle les préparations indiquées à la page 213. La fleur étant très-régulière, et formée de cinq verticilles ternaires dont chacun alterne avec le précédent, je regarde comme superflu de la représenter par une figure, et je renvoie, pour tout exemple de ce genre, à la figure 103. Le développement ultérieur de chaque verticille floral est, au contraire, très-intéressant. Nous voyons, par exemple, les parties des deux premiers verticilles (calice et corolle) apparaître d'abord comme de petits mamelons situés à égale hauteur autour du cône de végétation; plus tard elles se disposent en spirales, mais de façon que la spirale du premier verticille monte vers la gauche, et celle du second vers la droite (Fig. 5 et 6); cette disposition devient plus tard méconnaissable parce que les feuilles sont imbriquées; elle rappelle la disposition des feuilles sur la tige des broméliacées et sur le chaume des graminées. [1])

Les six anthères appartiennent à deux verticilles, dont le premier alterne avec les pétales (Fig. 6), et le second, avec le premier. Les trois feuilles carpellaires alternent enfin avec le dernier verticille d'étamines et sont, par conséquent, superposées au premier; elles forment trois stigmates foliacés, distincts seulement à leur extrémité (Fig. 11), et un long pistil tubuliforme (Fig. 3) dont la coupe transversale montre nettement qu'il est formé par la réunion de trois feuilles carpellaires, et qu'il possède un canal pollinique relativement

---

[1]) Dans la figure dessinée avec le prisme redresseur, le premier verticille (1—3) monte vers la gauche, le second (4—6), vers la droite, à cause du redressement de l'image; le microscope, sans prisme, fournit la position inverse.

grand (Fig. 8). La cavité inférieure de l'ovaire repose sur l'axe renflé, et n'en est séparée par aucune paroi distincte. Elle est rendue triloculaire par trois placentas pariétaux qui s'avancent jusqu'au centre et s'y réunissent; chaque loge porte deux rangées d'ovules anatropes, l'une appartenant à un des placentas, et l'autre, au placenta voisin (Fig 9), ce qui rappelle une disposition analogue chez les musacées, les iridées, les amaryllidées, les liliacées, etc.

Dans la fleur développée, les sépales sont charnus et colorés en rouge comme la bractée, mais beaucoup moins longs qu'elle (Fig. 2). Les pétales sont tendres, jaunes à la partie inférieure, mais colorés en violet ou en rouge à la partie supérieure; ils font saillie au-dessus de la bractée, au temps de la floraison. Les six anthères, munies de longs filets, sont quadriloculaires (Fig. 12), et s'ouvrent vers l'intérieur par deux fentes longitudinales. Les filets des étamines du dernier verticille sont entourés, jusqu'au tiers de leur longueur, par les pétales qui, renflés à leur base, forment une sorte de tube (x); les trois autres étamines sont libres (Fig. 7). Le style est long, mais ne s'élève jamais au-dessus de la fleur, et déploie rarement ses trois stigmates; il se continue en bas dans les placentas pariétaux de l'ovaire, tandis que les bords des trois feuilles carpellaires, nettement distinctes dans la coupe transversale du pistil (Fig. 8) se replient dans la cavité ovarienne pour former les placentas pariétaux. Leur partie supérieure seule, qui pénètre bien loin dans chaque loge de l'ovaire, porte des ovules beaucoup plus développés du côté de leur raphé (Fig. 10), et munis, comme dans toutes les monocotylédones (excepté quelques amaryllidées), de deux téguments. Les graines de pollen sont ovoïdes, et portent, à l'état sec, une fente pour la sortie du boyau pollinique. L'enveloppe en est élégamment plissée. Les tubes polliniques se développent rapidement sur la surface intérieure des stigmates, et, quand la fleur se fane, ils remplissent en foule considérable la majeure partie du canal pollinique.

L'épiderme des feuilles, des bractées, et des sépales est garni, du côté inférieur, d'écailles tendres, qui se montrent aussi sur la surface supérieure des deux premiers organes. Pour les mieux voir, il faut choisir la base des jeunes feuilles, où elles apparaissent isolées et finissent par manquer complétement. La présence de stomates dans ces organes me paraît encore discutable (?). Dans le tissu des jeunes feuilles et des fruits, (et dans ceux-ci, aussi bien au centre qu'à la circonférence), se montrent de nombreux faisceaux de raphides; l'amidon semble manquer (est-ce à toute époque?). La couleur rouge des feuilles des bractées et des sépales est produite par le suc rouge de la couche cellulaire sous-épidermique. [1])

Matthiola maderensis.

(Pl. II, Fig. 14—25.)

Pour étudier les premières phases du développement de cette fleur, il faut chercher les toutes jeunes inflorescences à l'aisselle des feuilles caulinaires et y exécuter des coupes transversales (p. 225).

On découvre d'abord, par ce procédé, un petit mamelon rond, le cône de végétation de la fleur (Fig. 14). Puis apparaissent latéralement, et un peu au-dessous du mamelon, deux jeunes feuilles, ce qui donne à la fleur, vue d'en haut, une forme un peu ob'ongue (Fig 15). Ensuite se forment deux autres feuilles, en croix avec les premières, et insérées beaucoup plus haut (Fig. 16). Les quatre sépales du *Matthiola* appartiennent, par conséquent, à deux verticilles binaires, les deux premiers étant situés plus bas que les deux autres (Fig. 24). Les bords des deux sépales extérieurs, insérés plus bas, enveloppent bientôt les deux intérieurs, plus élevés; puis il naît quatre nouveaux mamelons ovales, un devant chaque bord des sépales intérieurs; ils n'alternent donc pas avec eux et ne leur sont pas superposés; mais si on suppose que deux de ces mamelons tiennent lieu d'une feuille, ils alterneront avec les deux sépales précédents. Ces quatre mamelons formeront les pétales; mais leur développement est lent, et ils restent longtemps incomplets derrière les autres organes foliacés de la fleur; aussi faut-il, pour les voir dans la phase suivante du développement, faire passer la coupe transversale près de la base du bouton   Deux petits mamelons, qui deviendront des étamines, apparaissent ensuite superposés aux sépales intérieurs (Fig. 18 ; ils sont bientôt suivis par quatre nouveaux mamelons, dès le principe un peu plus grands que les derniers superposés aux quatre pétales et qui formeront quatre autres étamines à filets plus longs (Fig. 19 et 20). — Jusque-là, l'axe floral apparaissait au centre de la fleur comme un mamelon un peu plus grand que les autres,

---

[1]) Dans les environs de Funchal, l'ananas est cultivé en plein air dans les champs; il fleurit en mai et au commencement de juin, et son fruit mûrit d'août en octobre.

le cône de végétation, tandis qu'au-dessous de lui se formaient successivement les différents verticilles floraux; mais, à cette période du développement, naissent sur son sommet même, deux très-petites élévations en forme de bourrelets, superposées aux sépales extérieurs du calice; ce ne sont plus des feuilles libres et isolées, comme les organes précédents, mais leurs bords, en se soudant entre eux, forment comme un tube creux, et constituent un ovaire supère avec ses deux stigmates sessiles (Fig. 19, 20, et 23). Dans cet ovaire foliacé naissent ensuite les placentas, non des bords des feuilles carpellaires, comme à l'ordinaire, mais de la nervure médiane de ces feuilles: uniloculaire à l'origine, l'ovaire devient ainsi biloculaire. La cloison est constituée par un parenchyme résistant donnant naissance, de chaque côté, aux ovules qui, par suite, forment dans chaque loge une double rangée le long de la cloison. Ils sont campulitropes, et pourvus de deux téguments.

La fleur du *Matthiola maderensis*, et en général celle des crucifères, dévie donc essentiellement de la marche que suit une fleur régulière dans son développement. Elle consiste: 1° en un calice à quatre sépales formant deux verticilles binaires qui alternent; 2° en une corolle à quatre pétales qui appartiennent à un même verticille quaternaire; 3° en six étamines dont deux constituent un verticille binaire, et les quatre autres un verticille quaternaire; 4° enfin, en un ovaire à deux loges superposées aux deux sépales extérieurs, et dont la cloison part des nervures médianes des deux feuilles carpellaires qui le composent. Ainsi, dans la fleur des crucifères, les verticilles binaires et quaternaires alternent l'un avec l'autre, et si on peut considérer ces derniers comme de doubles verticilles binaires, on aura six verticilles dont les cinq premiers alternent entre eux, tandis que le dernier est superposé à celui qui le précède, le troisième et le cinquième verticille sont doubles, les autres simples. [1]

Toutes les parties de la fleur du *Matthiola maderensis*, à l'exception de l'ovaire, tombent plus tard. Les deux sépales intérieurs sont pubescents à leur face externe, et revêtus de glandes pédicellées. Les pétales ont un long pédicule jaune (onglet) [2], et un limbe violet assez profondément lobé, épanoui en forme de roue, et légèrement

---

[1] Dans les fleurs de laurinées, on voit aussi une alternance entre les verticilles simples et doubles (Fig. 81, p. 196).

[2] L'épiderme de la face extérieure de cet onglet porte des stomates.

tordu dans le bouton (Fig. 24 et 25). Les deux étamines extérieures ont un filet court et glabre; les quatre autres présentent, du côté extérieur de chaque paire, un prolongement membraneux denté sur son bord supérieur (Fig. 22). Les anthères du second verticille sont un peu plus grandes que celles du premier; pour le reste, elles sont pareillement constituées. Leurs parois possèdent des cellules spirales bien développées; les filets sont glabres; les anthères sont quadriloculaires, introrses, et s'ouvrent par deux fentes longitudinales. Le pollen est ovoïde, il a $\frac{17 \text{ à } 20}{400}$ de m. m. dans la longueur; son enveloppe extérieure est rugueuse, mais sans ouverture visible pour la sortie du tube pollinique. L'ovaire, donnant pour fruit une longue silique, est pubescent et garni de glandes pédicellées qui, au temps de la floraison, ne font encore que de naître. Les poils de la tige, des feuilles, et des sépales sont simples, mais on rencontre chez d'autres crucifères, des cellules polyédriques rameuses et des poils rameux. Les glandes pédicellées sont abondantes ou rares, suivant les localités, et suivant les individus soumis à l'observation.[1]

Lythrum virgatum.

(Pl. II, Fig. 27—32).

Ici se forment tout d'abord, autour du cône de végétation de chaque fleur, six proéminences mamelonnées, rudiments des six sépales (Fig. 27). Ceux-ci se soudent bientôt, et il naît en chaque point de réunion de deux sépales voisins, une élévation en forme de bourrelet qui grandit progressivement, et de là six prolongements aciculaires propres au bouton développé du *Lythrum* (Fig. 31). Ce ne sont point là des organes foliacés particuliers, mais bien de simples annexes du calice. Bientôt, alternant avec les six premiers mamelons, en naissent six autres qui deviendront les six pétales; puis apparaît un premier verticille d'étamines, au nombre de six, alternant avec les pétales (Fig. 29); il est bientôt suivi d'un second verticille de six étamines qui alterne avec lui[2]; et enfin, sur le som-

---

[1] Le *Matthiola maderensis* végète sur les rochers les plus escarpés et les plus inabordables du rivage de la mer, tant à Madère qu'à Porto-Santo; il fleurit depuis mars jusqu'en été; sa racine est vivace.

[2] La fig. 36 montre; pour le *Cuphea strigulosa*; cette phase de développement.

met du cône de végétation, se développe le premier commencement d'un ovaire supère. Cet ovaire paraît résulter de la réunion de deux feuilles carpellaires dont les bords, repliés en dedans, forment une cloison, tandis qu'au milieu de la cavité ovarienne se dresse une petite colonne qui formera un placenta central; le *Cuphea* semble confirmer ce fait (Fig. 38). Le calice, tubuliforme, est divisé en six lobes à son bord supérieur, sur lequel sont soudés les pétales, un peu froissés dans le bouton (Fig. 30). Les filets des douze étamines sont, au contraire, insérés au fond du tube calicinal, et ceux du premier verticille sont deux fois aussi longs que ceux du second (Fig 32). Enfin, l'ovaire supère a deux loges de même grandeur, et le placenta médian est, dans toutes les deux, recouvert d'un grand nombre d'ovules (Fig 33) anatropes et munis de deux téguments. Le grain de pollen a dans son enveloppe, pour la sortie du tube pollinique, trois places marquées à l'avance, et qui, à l'état sec, ont la forme de fentes longitudinales.

La fleur du *Lythrum* est donc entièrement régulière; tous les éléments s'y développent également; elle a quatre verticilles foliacés à six membres qui sont: six sépales, six pétales et douze étamines. Le tube calicinal est, de tous côtés, de la même longueur; par leur développement précoce les pétales sont enlevés avec lui, et leurs bases se trouvent ainsi soudées sur le bord supérieur du tube, tandis que les étamines, qui ne se développent que plus tard, sont très-faiblement entraînées par le calice (Fig. 30). Quant au développement de l'ovaire et de son placenta, je n'ose pour le moment, rien affirmer.

Cuphea strigulosa et *Cuphea platycentra.*

(Pl. II, Fig. 34—51).

La description que nous venons de donner du *Lythrum* convient parfaitement aux premiers développements de la fleur du *Cuphea*, et les figures 27—29 et 34—36 s'appliquent aux deux cas. Dans le *Cuphea*, il apparaît aussi, successivement, quatre verticilles à six membres: calice, corolle et étamines; seulement les prolongements du calice y sont toujours moins développés que dans le *Lythrum*. Le tube calicinal s'élève dès que le dernier verticille staminal est formé, et entraîne avec lui les pétales (Fig. 35 et 37). L'ovaire est constitué, comme dans le *Lythrum*, par deux feuilles carpellaires,

et le placenta y est également formé par la croissance de la petite
colonne centrale (Fig. 38). Mais ici se montre bientôt, dans le tube
calicinal, une irrégularité de développement, car l'un des côtés reste
toujours plus court que l'autre (Fig. 37 et 38). Sur le côté le
plus court se développent deux pétales qui se colorent plus tard en
bleu, tandis que les quatre autres s'atrophient et ne sont plus reconnaissables dans la fleur épanouie. De même, l'une des six étamines du premier verticille qui ont apparu à l'origine, et c'est probablement celle qui se trouve entre les deux pétales, ne se développe pas. A sa place il se fait une fente qui rappelle la fente que
porte le tube formé par la réunion des anthères dans les papiliona-
cées, qui ont une étamine libre, avec cette différence toutefois qu'ici
le tube staminal, libre seulement d'un côté, est soudé de l'autre avec
le calice. Les cinq étamines du premier verticille ont, comme dans
le *Lythrum*, un filet plus long que ceux des étamines du second
verticille. L'ovaire, entouré par ce tube staminal fendu, porte à sa
base une petite excroissance solide (Fig. 38, 39 et 43*x*). Il est
biloculaire, mais les loges sont d'inégale grandeur, et la plus grande
seule est pourvue d'un placenta garni d'ovules; la petite loge est,
au contraire, stérile (Fig. 43 et 45). Le placenta médian est formé
par une petite colonne centrale, charnue, mais n'atteignant pas le
sommet de la cavité ovarienne (Fig. 38, 43, 44). Les ovules sont
anatropes, mais très-obliquement développés, et munis de deux téguments (Fig. 44 et 46). Les anthères sont quadriloculaires et le
pollen a, comme dans le *Lythrum*, trois fentes dans son enveloppe
pour la sortie du tube pollinique (Fig. 48)

Dans le *Cuphea platycentra*, les pétales avortent complétement.
Des six étamines à long filet formant le premier verticille, il y en a
une qui s'atrophie; la fleur a donc cinq étamines à longs filets et
six à filets plus courts; toutes sont soudées assez haut sur le tube
calicinal (Fig. 49) Nous avons dit que dans le *Cuphea strigulosa*,
le tube formé par les anthères est séparé du calice; ici cette séparation est à peine visible. L'ovaire est biloculaire, et les deux
loges sont fécondes (Fig. 51). Enfin, quand les graines mûrissent,
le placenta central se courbe vers le haut, déchire la paroi de l'o-
vaire et le calice, et sort librement, encore charnu et recouvert de
graines encore vertes. Les grains de pollen sont constitués comme
dans l'espèce précédente, et l'enveloppe en est élégamment striée
(Fig. 50).

Il est important de remarquer chez les trois espèces de lythrariées dont nous venons de parler, ces modes de développement, si essentiellement différents, d'organes originairement semblables. Ainsi, dans le *Lythrum*, tous les éléments de la fleur se développent de la même façon, à tel point que nous avons pu le prendre pour type d'une fleur entièrement régulière; le *Cuphea strigulosa* nous présente l'avortement de quatre pétales et d'une étamine, et le développement dissymétrique de toute la fleur; enfin, dans le *Cuphea platycentra*, nous voyons disparaître une étamine et tous les pétales. Pour ce qui est de l'ovaire, le *Lythrum* et le *Cuphea platycentra* nous montrent deux loges ovariennes, de grandeur presque égale, et toutes deux fertiles; tandis que, dans le *Cuphea strigulosa*, il se produit une loge plus grande et une autre plus petite, la première seulement formant des ovules. Il semble donc que, dans cette dernière fleur, la cloison ovarienne qui correspond sans doute au bord des feuilles carpellaires, ne rencontre plus, à cause de son développement irrégulier, le placenta formé par la petite colonne centrale; et, dès lors, la seule loge qui entoure le placenta, et c'est la grande, devient féconde (Fig. 45). Le stigmate bilobé qui, dans le *Lythrum*, est porté par un long style, est sessile dans le *Cuphea*. Le pollen a, dans ces trois plantes, la même structure; seulement les dessins striés sont mieux développés dans le *Cuphea platycentra*. [1])

Pour faire bien comprendre la difficulté qu'il y a à faire connaître un organe complet, et étudié d'ailleurs avec soin, quand on ignore l'organogénie, nous prendrons pour exemple, en finissant, la fleur femelle du

Cecropia palmata

(Pl. II, Fig. 53).

Une coupe longitudinale de cette fleur montre un corps *(a)* creux, charnu et cylindrique qui entoure un ovule dressé, mais assez irrégulièrement développé; ce corps doit dès lors être considéré comme un ovaire Mais cet ovaire n'a pas de stigmate, tandis que le tégument extérieur de l'ovule porte en un de ses points un prolongement styliforme, qui sort par l'ouverture de l'ovaire, et se termine par un petit bouquet de poils stigmatiques. Contre ce prolongement,

---

[1]) Ce pollen méritait une étude plus minutieuse.

à sa base, se trouve le micropyle. Le tégument extérieur et charnu de l'ovule porte à sa face intérieure *(b)* un épiderme formé de cellules en forme de palissade. Le tégument intérieur *(c)* ne consiste qu'en deux rangées de cellules, et le sac embryonnaire *(se)* occupe le sommet de la nucelle *(d)*: quelques cellules seulement le séparent du tégument intérieur. Le faisceau vasculaire qui pénètre dans l'ovule s'y bifurque bientôt: il envoie à la nucelle une branche qui aboutit à la chalaze, pendant que l'autre branche court dans le prolongement du tégument extérieur, et se termine sous le petit bouquet de poils. Si ma manière de voir est juste, nous trouvons dans le *Cecropia* un ovaire sans style ni stigmate, et ces deux organes sont remplacés par un prolongement du tégument extérieur de l'ovule. Si l'on veut, au contraire, considérer l'enveloppe charnue *(a)* comme une enveloppe florale dont les feuilles sont soudées, le tégument extérieur de mon ovule sera un ovaire. L'organogénie peut seule trancher définitivement cette question. [1])

---

[1]) Les recherches sur l'*Ananassa*, le *Matthiola* et le *Cecropia* ont été entreprises à Madére en 1856; les observations relatives au *Lythrum* et au *Cuphea* datent de 1850.

VI.

DU DESSIN DES OBJETS D'HISTOIRE NATURELLE, ET PARTICULIÈREMENT DES OBJETS MICROSCOPIQUES.

Pour toutes les branches des sciences naturelles, il est indispensable d'être d'une certaine habileté en dessin. Celui qui ne peut pas reproduire lui - même par le dessin ce qu'il a observé, et doit au contraire se servir d'un secours étranger, en éprouvera toujours des inconvénients; il faut en effet pour exécuter des dessins d'histoire naturelle, deux choses: 1º une certaine habileté en dessin, 2º une intelligence suffisante de l'objet. Plus grandes sont ces deux choses, et meilleur est le dessin; mais si l'une des deux manque, le dessin devient le plus souvent défectueux ou inutile.

Sous le nom d'habileté en dessin, je comprends non - seulement un maniement habile du crayon ou du pinceau, ou une connaissance et un emploi juste des couleurs, qualités importantes d'ailleurs, mais avant tout, une intelligence juste de la nature. Le dessin doit être vivant; on doit sentir en lui que le dessinateur connaissait le caractère de l'objet et le comprenait de manière à le rendre fidèlement. Il faut donc s'exercer d'abord à voir d'une manière juste les objets qui nous sont présentés par la nature.

Dans les établissements d'instruction d'Allemagne ou de France, on a importé récemment la méthode de dessin fondée sur le principe de la propre intuition; il serait à désirer que cette même méthode fût adoptée partout et s'étendît à toutes les écoles, les plus élevées, aussi bien que les plus modestes. Une méthode de dessin qui développe le pouvoir d'intuition et de compréhension de l'élève, agit en même temps sur son intelligence; il apprend, en dessinant, à comparer la valeur des rapports et à connaître les lois si importantes

de la perspective et de l'ombre. Par la perspective, il apprend à
estimer les distances, et par l'étude des ombres, il arrive à comprendre le mode d'éclairement d'un objet et l'influence de cet éclairement sur le relief des formes et l'harmonie des nuances. Au contraire, celui qui ne copie que des formes données ne distinguera
jamais le vrai d'avec le faux, et ne comprendra jamais la nature.

Si je me suis arrêté aussi longtemps sur l'importance d'une instruction bien dirigée en dessin, c'est que je crois y être parfaitement autorisé; j'ai déjà montré que cet enseignement fortifie le coup
d'œil et corrige les jugements auxquels on serait conduit. Dans les
écoles professionnelles, l'enseignement du dessin est estimé depuis
longtemps et est devenu obligatoire; il est négligé, au contraire, dans
les écoles supérieures, et à tort, car beaucoup de médecins et tous
ceux qui s'adonnent aux sciences naturelles, seraient heureux de savoir dessiner convenablement. Ils faciliteraient leur propre travail
et pourraient conserver, pour eux et pour la science, beaucoup de
choses intéressantes qu'ils observent. Pour reproduire un objet d'a-
près nature, d'une manière intelligente, on n'a pas besoin d'être un
grand artiste; il suffit de voir *bien* et de pouvoir reproduire *exactement* ce qu'on a vu. Les jeunes gens même qui cultivent d'autres
sciences devraient savoir dessiner; parfois, dans nos écoles, on passe
beaucoup de temps à d'autres exercices qui ne sont guère utiles
dans la vie. Beaucoup de choses, dans la nature, seraient observées
avec plus d'intérêt, et, parfois un talent endormi pourrait se réveiller
et être entraîné vers l'art. Dans tous les cas, le dessin est une oc-
cupation agréable dans les heures d'oisiveté.

Pour comprendre un objet, il faut connaître exactement chacune
de ses parties et l'importance de chacune d'elles. Cela et connaître
extérieurement un objet sont donc deux choses distinctes; dans ce
dernier cas on n'examine ordinairement que la partie morphologique,
sans s'inquiéter des détails. D'après cela le port d'un animal ou
d'une plante sera incomparablement mieux représenté par un véritable
artiste que par un homme de science. Le premier, et avec raison,
se contente de l'impression de l'ensemble et ne dessine que ce qu'il
voit réellement. L'homme de science, au contraire, lorsqu'il n'est
pas artiste en même temps, et cela est malheureusement le cas le
plus général, met trop de choses dans son dessin. Dans un dessin
général il faut faire ressortir surtout le port, c'est-à-dire le caractère
extérieur: pour l'anatomie, au contraire, il ne faut négliger aucun

détail. On comprend donc qu'il est bon pour un dessin anatomique, que l'observateur dessine lui-même ce qu'il voit.

Dans la plupart des cas il suffira pour le naturaliste de dessiner avec le crayon, ou mieux avec l'encre de Chine ou la sépia. Lorsqu'on sait dessiner, on peut, en général, obtenir beaucoup avec peu. Souvent il est bon d'appliquer les couleurs, et il faut, pour cela, savoir les apprécier. On peut étudier les nuances des couleurs sur la nature, mais on fera bien de prendre un maître habile ou de s'exercer longtemps pour apprendre à reproduire ces nuances par le mélange des couleurs. Pour les dessins scientifiques, les couleurs à l'eau sont ordinairement suffisantes, et souvent même, ce sont les seules que l'on doive employer; ce n'est que pour de très-grandes esquisses que l'on doit recourir aux couleurs à l'huile; le maniement de ces couleurs demande une étude spéciale. Les aquarelles peuvent remplacer avantageusement les couleurs à l'huile. Comme couleurs à l'eau, je recommanderai spécialement les couleurs anglaises d'ACKERMANN, et les couleurs françaises, au miel, de CHENAL. Ces dernières doivent être préférées pour les dessins d'ensemble auxquels elles donnent plus de corps; les couleurs d'ACKERMANN, au contraire, seront utiles pour les dessins au microscope, à cause de leur grande transparence; c'est ainsi que je me suis toujours servi de ces couleurs, dans les premiers temps, mais aujourd'hui, grâce à un long exercice, je suis arrivé à réussir également bien dans les dessins microscopiques et les dessins d'ensemble avec les couleurs au miel, en modifiant la manière de m'en servir, suivant les cas.

Au sujet de l'emploi des couleurs, je recommanderai avec insistance de les étudier préalablement. Il est rare que l'on ait à sa disposition des couleurs pures, et il faut apprendre à les mélanger, ce qui exige que l'on connaisse d'une manière précise, la nature de chacune d'elles; cela est surtout indispensable pour les couleurs d'azur (carmin, laque carminée, sienne brûlée, gomme-gutte, vert de vessie, bistre). Veut-on, par exemple, reproduire le rouge de feu de la fleur de grenadier, on étend une couche inférieure de gomme-gutte, la laisse sécher, et applique ensuite une couche de carmin; mélange-t-on, au contraire, ces deux couleurs, on obtient un rouge tout différent, qui n'est nullement brillant. Particulièrement pour les nuances du violet, il est souvent bon de ne pas mélanger le bleu avec le rouge, mais d'employer séparément les deux couleurs, l'une après l'autre. Pour faire du vert, on ne devrait jamais employer le bleu de Prusse, car, lors même qu'il n'est pas exposé à la lumière, il se force en couleur et devient de plus en plus dominant; il vaut mieux se servir d'indigo et de gomme-gutte; pour avoir un vert brillant, il faut employer le vert de vessie et le stil de grain (brown pink des couleurs d'Ackermann.

Pour faire des dessins d'ensemble, il est important d'éclairer convenablement l'objet; il est bon d'ébaucher les ombres en même temps que le reste; on les achève plus tard et place ensuite les couleurs par dessus. On obtiendra un dessin présentant un aspect assez gai en ébauchant d'abord les ombres avec un bleu noirâtre. Cette teinte que j'appellerai teinte neutre nuit à quelques couleurs, par exemple au jaune qu'elle rend sale; aussi, dans ce cas faut-il l'appliquer très-légèrement La teinte neutre d'Ackermann a, sur toutes les autres nuances, ce grand avantage qu'elle supporte les couleurs les plus liquides sans se fondre, lorsqu'une fois elle a été bien séchée. La teinte neutre des couleurs de miel n'a pas la même propriété et ne peut être employée pour l'ébauche; l'encre de Chine ne convient pas non plus, mais la sépia peut servir. L'encre de Chine est utile pour tracer les contours d'une manière nette et précise, usage auquel ne conviendraient ni la teinte neutre, ni la sépia; il est important, en effet, de tracer des traits aussi fins que possible, afin qu'ils ne se fondent pas par l'application des couleurs et ne salissent pas ces dernières; les traits forts ne doivent être faits qu'à la fin. Pour les ombres très-sombres, on emploie ordinairement les couleurs d'azur, mais seulement à la fin. On peut quelquefois employer pour le même usage un peu d'eau gommeuse, ou ajouter un peu de gomme arabique dans la couleur; mais il me semble que l'éclat des parties recouvertes avec de la gomme a quelque chose de désagréable et, il vaut mieux, je crois, appliquer une ombre épaisse au moyen de l'indigo ou de la sépia, ou de ces deux couleurs mélangées, ou encore au moyen de l'encre de Chine.

Pour faire de beaux dessins, on doit choisir de beau papier; la nature du papier, d'ailleurs, doit varier avec la nature du dessin. Pour les reproductions microscopiques, au pinceau, je recommanderai le papier vélin à dessin, anglais et uni. Pour les esquisses colorées, il faut un papier moins poli, et, pour de grandes figures de port ou de végétation, un papier granuleux, comme celui qu'emploient les paysagistes. Ces recommandations peuvent paraître puériles, mais elles sont essentielles pour obtenir de beaux dessins; il est faux de croire que l'on puisse dessiner sur le premier papier venu et avec n'importe quelle couleur.

Pour avoir de bons crayons à mine de plomb, je recommande les fabriques de Faber et de Rehbach. Pour ombrer, il faut avoir plusieurs sortes de crayons; pour l'esquisse on n'a besoin que des espèces dures. Comme pinceaux, je conseille les plus chers de Vienne ou de Paris; pour les contours fins il convient d'avoir des pinceaux de poils de martre noirs se terminant par une pointe très-fine. On doit avoir, au moins six ou huit espèces de pinceaux, de grosseurs diverses, et différemment tronqués au bout, et employer, pour fondre les ombres larges, des pinceaux complétement tronqués.

Le plus souvent on emploie les plumes à dessin pour tracer les contours fins, mais je préfère le pinceau. L'emploi de ce dernier exige, il est vrai, plus d'exercice; mais, lorsqu'on a appris à s'en servir, on obtient plus avec lui qu'avec la plume, et marche plus vite. De plus, un dessin microscopique représenté avec le pinceau est beaucoup plus tendre, parce qu'avec ce dernier, il est beaucoup plus facile de reproduire la force relative de chaque ligne.

Je regarde comme un objet de grande valeur un dessin scientifique bien fait; mais je suis très-exigeant sur ce sujet, et je désire que tout le monde le soit autant que moi. Je tiens, avant tout, à ce que l'on n'oublie jamais ce que doit être un dessin d'histoire naturelle: une reproduction exacte de la nature, et non la représentation d'une idée. Aussi, je désapprouve toute figure schématique; je ne demande pas des figures artistiques, mais des représentations fidèles et bien comprises.

Pour les objets microscopiques, il suffit de représenter exactement les contours; pour l'organogénie de la fleur, cela suffit aussi; dans d'autres cas, on doit représenter la forme des cellules et leur contenu. Celui qui n'a jamais dessiné peut arriver, avec une attention soutenue, à faire au bout de peu de temps, de ces dessins de figures microscopiques, ne représentant qu'une surface plane; la chambre claire lui sera pour cela d'un grand secours.

Un dessin d'ensemble présente, au contraire, beaucoup plus de difficultés, car il demande un peu de goût artistique. On a ici, outre les rapports de grandeur et de forme, à observer la position normale de l'objet, à faire les raccourcissements d'après les règles de la perspective, à placer les ombres; il faut, si l'on veut reproduire un objet tout entier, tel qu'il se présente, le placer à la lumière d'une manière convenable, c'est-à-dire dans la position la plus propre pour reconnaître ses formes et ses propriétés extérieurs; enfin, il faut placer l'objet toujours dans la même position, et l'éclairer de la même manière. Si un dessin ne suffit pas pour donner une idée de l'ensemble, on doit alors choisir plusieurs points de vue et placer l'objet dans des conditions d'éclairement différentes.

Sous le microscope, on n'observe d'ordinaire que des coupes minces, rarement des objets en relief; ces derniers doivent être observés sous de faibles grossissements, et avec la lumière incidente, et il faut alors, comme pour les vues d'ensemble, éclairer l'objet d'une manière convenable et avoir égard aux ombres aussi bien qu'à la perspective.

Il est d'usage, pour les corps en relief, d'éclairer l'objet du côté gauche; lorsqu'une planche contient plusieurs figures, l'ombre doit donc être placée sur toutes du côté droit, afin que l'on puisse distinguer nettement, à l'inspection du dessin, les parties convexes des parties concaves. Il ne faut jamais négliger cette règle; l'homme de science peut l'oublier quelquefois, mais cet oubli ne serait pas pardonnable de la part de l'artiste.

Avec les forts grossissements et la lumière transmise on n'observe que des surfaces planes; cependant l'ombre est encore sensible dans ce cas, au bord de l'objet, ou au bord des cellules. Plus la coupe est mince, et plus la lumière tombe normalement sur elle (surtout d'un miroir plan), plus les ombres sont faibles; avec la lumière transmise obliquement, les ombres sont plus sensibles; la netteté avec laquelle on voit l'objet dépend souvent du mode d'éclairement. Quand on voit dans le microscope de pareilles ombres, on doit les reproduire dans l'image, car, pour le dessin d'objets microscopiques aussi bien que de tout autre, il faut se faire une loi de reproduire tout ce qu'on voit. Ces ombres nous font connaître la profondeur des cellules, surtout pour les cellules ligneuses, où elles sont très-marquées; le dessin exact de la finesse, de la largeur ou de la noirceur des traits est aussi important. En dessinant, on fait souvent des observations très-importantes qui auraient pu échapper; on apprend les plus petits détails; on cherche, pour mieux voir, à faire de meilleures préparations, et l'on devient plus difficile dans les résultats que l'on obtient.

Lorsqu'on dessine avec la chambre claire, il arrive souvent, surtout pour les forts grossissements, que par le changement de position de l'objet, l'image change aussi; il faut alors, avant de continuer le dessin, changer la position du papier, de manière que l'image et le dessin coïncident de nouveau. C'est ce qui arrive quand on fait marcher l'objet dans un sens ou dans l'autre pour amener ses différentes parties dans le champ; avec un peu d'exercice, on se familiarise avec cette manipulation. On doit s'habituer en outre à tenir ouverts les deux yeux pendant l'observation. Celui qui observe beaucoup au microscope ne devrait jamais changer d'œil; l'œil avec lequel on observe souvent s'habitue au microscope et fait voir des choses que l'on ne distinguerait pas avec l'autre; il est vrai qu'il devient myope peu à peu, lors même qu'il était sain d'abord; l'œil qui ne sert pas est alors inactif, sans être fermé.

Pour l'analyse des fleurs, il est bon, à côté d'un dessin anatomique, de faire une vue de l'ensemble, lors même que cela ne servirait qu'à orner les planches; d'ailleurs, un dessin exact des contours, abstraction faite des couleurs, peut suffire. Lorsqu'on ne se sent pas de force à dessiner les reliefs, il faut y renoncer, les dissections précises étant ce qu'il y a d'important; une bonne vue d'ensemble, sans une analyse exacte de la fleur, n'a aucune valeur scientifique.

Pour l'organogénie des fleurs ou d'autres parties végétales, il est souvent avantageux de ne pas achever les dessins correspondant aux divers états du développement, mais de les esquisser seulement au crayon; en poursuivant ses recherches on obtient souvent de meilleures préparations; on efface alors les contours qui n'étaient pas exacts et les remplace par de nouveaux; de cette manière on épargne du temps et du papier. (Dans ce cas, on place au-dessus de l'oculaire la chambre claire simple (page 37); il est facile de la tourner de côté, tandis que la chambre claire à genoux d'Ober-häuser doit être échangée avec l'oculaire chaque fois que l'on veut s'en servir). Pour l'organogénie des cellules, il faut toujours, au contraire, saisir l'image qui s'offre à l'œil et la reproduire aussi exactement que possible, car il survient dans ces parties des changements très-rapides qui ne permettent pas d'attendre pour reproduire ce qu'on a vu.

Pour l'origine de l'embryon des phanérogames, il est important d'exécuter un dessin aussi exact que possible, d'après une préparation très-fraîche, pour les deux côtés de la coupe, et aussi d'après une préparation conservée dans le chlorure de calcium. En comparant ces deux dessins, on reconnaît l'importance de ces préparations conservées, pour l'enseignement de la fécondation dans les plantes, car on reconnaît qu'il ne s'y produit pas de changements, au moins dans les parties importantes.

Lorsqu'on a exécuté pour soi un grand nombre de dessins, on doit choisir les meilleurs et les livrer à la publicité, lorsque cela peut être utile; on cherchera naturellement à éviter les frais superflus, mais on devra veiller à ce que cela ne nuise pas à la précision du dessin. Pour les objets microscopiques, j'aime beaucoup un dessin gravé sur pierre, ou encore la méthode employée par SCHMIDT: les contours sont dessinés avec l'encre lithographique, et les ombres avec le crayon lithographique; les contours sont rendus ainsi très-nets à cause de la mollesse de l'ombre. Celui qui sait manier l'aiguille à graver fera bien de reproduire lui-même ses dessins afin d'en assurer l'exactitude.

Chaque dessin microscopique doit porter à côté de lui le grossissement avec lequel il a été exécuté; sous forme de fraction ($\frac{1}{1}$ = grandeur naturelle, $\frac{100}{1}$ = 100 fois en diamètre). En dessinant avec la chambre claire sur le papier, on peut non-seulement, estimer avec précision le grossissement, mais aussi le rapport de grandeur des parties qui sont dessinées avec le même grossissement, en les mesurant avec le compas. Il peut être utile souvent, par exemple pour l'organogénie des bourgeons de nos arbres, de mettre à côté de la figure la date de l'observation; pour ne pas surcharger les planches de caractères d'impression et de chiffres, on pourra mettre la date et les notes à l'explication des figures. Pour estimer le grossissement produit par chaque combinaison des verres du microscope, on se sert d'un micromètre de verre placé sous l'objectif, et dont, au moyen de la chambre claire, on projette l'image sur une règle divisée placée au point où serait le papier; ou mieux encore, on projette l'image sur du papier blanc, fixe la graduation avec le crayon, et transporte ensuite cette graduation, avec le compas, sur une règle divisée. J'ai mesuré tous mes grossissements à 250 millimètres de distance (c'est à cette distance que je dessine). Quand, par exemple, $\frac{1}{8}$ de millimètre de verre (je possède deux micromètres de verre où le millimètre est divisé en 100, 200 et 400 parties) couvre 25 millimètres de la règle graduée, alors le grossissement est de 8×25 fois, ou 200 fois. Par un calcul semblable, on évalue très-facilement les grossissements correspondant à toutes les combinaisons d'oculaires et d'objectifs de son microscope, et l'on peut en dresser un tableau.

J'ai reconnu, par ma propre expérience, que pour peindre avec les couleurs au miel, il faut avoir les couleurs suivantes: carmin ou laque carminée, bleu de Berlin (le violet s'obtiendra par leur mélange), indigo, gomme-gutte (le mélange des deux donne un vert faible), vert de vessie, stil de grain, terre de sienne brûlée (peut être mélangée avec la gomme-gutte, le carmin et la sépia, comme brun), sépia (donne avec d'autres couleurs une teinte d'ombre profonde de même que l'indigo), outremer, vermillon et blanc d'argent (ces deux dernières couleurs sont rarement employées). Outre ces couleurs, il est encore nécessaire d'avoir l'encre de Chine et la teinte neutre. Pour les couleurs de miel solides, on ne se sert pas de palettes, on prend directement la peinture sur la couleur, et l'on juge du ton, surtout pour les mélanges, sur un morceau de papier blanc. Ces peintures au miel présentent l'avantage qu'on peut les enlever avec un pinceau humide; mais en rapportant la nouvelle couche, on doit veiller à ne pas laver les couleurs ou les ombres qui sont au-dessous, et pour cela, il faut attendre qu'elles soient bien sèches. Dans ces derniers temps, on a fait aussi des couleurs anglaises au miel, humides, et conservées dans de petites capsules en fer battu; elles sont belles, mais trop chères, et n'atteignent pas, comme chaleur de ton, les couleurs sèches de Chenal. Pour les couleurs à l'eau préparées avec la gomme, il faut une palette blanche de porcelaine. On y fait le mélange des couleurs, et leur maniement exige moins de précautions. On utilise, parmi ces couleurs, celles qui ont été énumérées ci-dessus.

VII.

SUR LA CONSERVATION DES PRÉPARATIONS
MICROSCOPIQUES.

Il est important de pouvoir conserver pour les discussions scientifiques, les bonnes préparations microscopiques, et ce n'est que depuis quelques années, que l'on connaît des moyens de conservation.

Ce que je dis ne s'applique qu'aux préparations très-bien réussies, aussi est-il bon d'abord d'apprendre à en apprécier la valeur. Une collection de mauvaises préparations est aussi superflue qu'une collection d'objets que l'on peut obtenir immédiatement, et sans peine. Une collection de bonnes préparations est, au contraire, très-utile, et je donnerai quelques renseignements sur la manière de la faire.

Une telle collection doit commenter les faits écrits et dessinés par l'observateur, et confirmer les opinions qu'il a émises. Pour l'organogénie, elle doit présenter toutes les phases du développement, dans une succession déterminée; pour les bois et les écorces, il est nécessaire de conserver des coupes suivant les trois dimensions, faites sur des branches jeunes et vieilles; pour les feuilles, il faut avoir isolé l'épiderme de chaque côté et avoir fait une coupe transversale et une longitudinale. Il est bon de rassembler sur une même plaque de verre les coupes présentant les états successifs du développement, ainsi que les coupes faites, suivant trois directions, dans le bois et l'écorce. Je me sers toujours de plaques ayant 3 pouces de long et 1 pouce de large.

Les préparations sèches d'objets animaux ou végétaux que l'on rencontre encore quelquefois accompagnant les vieux microscopes, n'ont aucune valeur, parce que tout est desséché, à moins qu'il ne s'agisse, par exemple, du squelette siliceux des diatomées ou de formations silicifiées semblables. En général, les préparations animales ou végétales doivent être conservées dans un milieu liquide (p. 185).

Pour conserver les préparations, je recommande les liquides suivants: *a,* dissolution de chlorure de calcium; *b,* huile douce; *c,* eau sucrée; *d,* baume de Canada; *e,* laque de copal.

La dissolution de chlorure de calcium convient pour toutes les coupes de bois, d'écorce de feuilles, ainsi que pour la plupart des tissus végétaux, même lorsqu'ils sont jeunes; elle n'altère pas les préparations relatives à la fécondation; seulement, pour tous les objets délicats, elle doit être employée d'abord à l'état très-étendu; on pourra l'étendre d'abord beaucoup, et la laisser ensuite se concentrer peu à peu par évaporation sous une cloche de verre. Si l'on ajoutait tout d'un coup une dissolution concentrée, il se produirait un retrait dans la substance et les jeunes cellules pourraient être détruites; par un emploi modéré, au contraire, la préparation reste toujours fraîche. Cette dissolution altère toujours plus ou moins la matière colorante des cellules; les grains d'amidon s'y gonflent au point de devenir méconnaissables, mais cela influe rarement sur l'impression générale d'une coupe de bois ou d'écorce; elle rend l'objet opaque; de plus, il n'est pas nécessaire de la préserver du contact de l'air comme pour l'huile douce et l'eau sucrée. Cependant elle s'altère quelquefois en se décomposant, et formant du chlorhydrate basique de chaux, qui cristallise souvent sur la préparation et gêne pour l'observation; en ajoutant une très-petite quantité d'acide chlorhydrique on peut redissoudre ce dépôt. Pour éviter sa formation, il est bon d'acidifier la dissolution de chlorure de calcium en y versant quelques gouttes d'acide libre. Une dissolution trop concentrée pourrait former des cristaux transparents, mais d'ailleurs ils ne nuisent nullement (p. 47).

La glycérine remplit le même but, mais l'amidon n'y éprouve pas de changements, et la chlorophylle s'y conserve beaucoup mieux. Il est vrai que dans cette liqueur les couches d'amidon disparaissent d'abord, mais elles apparaissent de nouveau au bout de 24 heures, et plus nettement que jamais. La glycérine devra donc être employée toutes les fois que l'on veut conserver les grains d'amidon. En outre, elle éclaire l'objet et rend la préparation plus transparente, ce qui rend souvent service; mais pour les préparations qui sont déjà transparentes, elle peut nuire en empêchant de distinguer nettement les parties délicates. On choisira donc entre la dissolution de chlorure de calcium et la glycérine, suivant la nature de l'objet, et lorsqu'il s'agit de conserver des parties délicates, on devra commencer par étendre chacune de ces liqueurs avec beaucoup d'eau distillée; on laissera ensuite évaporer lentement cette eau à l'air en la préservant de la poussière avec une cloche de verre; on la remplacera par un second mélange un peu plus concentré que le premier, et ainsi de suite. De cette manière on évite les altérations de la matière intracellulaire, du moins, autant que cela est possible. La glycérine étendue modérément avec de l'eau distillée perd la propriété qu'elle possède lorsqu'elle est concentrée, de rendre transparentes les préparations; lorsqu'elle est étendue, elle doit être préservée du contact de l'air. On ne devrait jamais conserver dans la glycérine les préparations relatives à la fécondation; elle convient, au contraire, parfaitement pour conserver les objets solides.

Une dissolution de gélatine avec de la glycérine (gélatine 1 partie, eau 3 parties, glycérine 4 parties) peut quelquefois remplacer avec avantage la glycérine pure, surtout lorsqu'il s'agit d'objets très-petits, car ils ne peuvent se déplacer dans le liquide, par suite de la congélation de celui-ci. On chauffe le mélange sur la lampe à esprit de vin, ou en le plaçant dans l'eau bouillante.

L'eau sucrée et autres liquides qui s'évaporent ou se décomposent facilement, peuvent servir pour la conservation des préparations microscopiques, mais à la condition seulement qu'on les préserve du contact de l'air; on devra les choisir lorsque les liquides précédents pourraient produire des altérations. Il est bon toutefois d'ajouter à l'eau sucrée un peu de sublimé corrosif pour éviter le développement de champignons.

Le baume de Canada sert à conserver les bois fossiles, ainsi que le squelette des diatomées et beaucoup d'autres objets solides; lorsqu'il est pur, il est préférable à la laque de copal liquide. Ces deux substances ne doivent être employées que pour rendre transparents les objets complétement secs. On commence par imbiber la préparation avec un peu d'huile de térébenthine, et la dépose ensuite sur une goutte de baume de Canada; on l'étend convenablement, la recouvre d'une seconde goutte de baume et chauffe légèrement la plaque de verre sur une lampe à alcool afin de chasser les bulles d'air. Si on se sert de baume de Canada solide, il faut, soit l'étendre avec de l'huile de térébenthine, soit le rendre liquide en le chauffant. Quoique le baume de Canada et la laque de copal se dessèchent facilement à l'air, il est bon cependant, au bout de 8 jours, d'appliquer au petit verre une couche de mastic.

Le *Vasserglas* que l'on recommande quelquefois comme moyen de conservation, ne convient nullement, car, au bout de quelques semaines seulement, il se trouble et gâte complétement les préparations.

La nature de la résine qui sert à fermer les préparations est aussi importante que celle du liquide conservateur; elle doit sécher vite, et une fois sèche, ne jamais devenir ni molle ni dure, aux températures ordinaires de l'atmosphère; il est rare de trouver une résine réunissant ces qualités.

La bonne résine d'asphalte est une des meilleures pour la fermeture; cependant on doit l'essayer avant de s'en servir, parce que toutes les résines d'asphalte ne sont pas également bonnes. Je recommanderai de préférence une résine à l'alcool, dont je me sers avec succès depuis quatre années, et que l'on trouve dans la fabrique de Beseler, à Berlin, Schützenstrasse, no 66; on la désigne sous le nom de mastic noir no 3 (schwarzer Maskenlack, no 3), et elle coûte un prix modéré (2 onces pour 5 sgr.). Ce mastic sèche vite et ne se fendille pas lorsqu'il est durci. Si la fermeture a été bien faite, ce que l'on reconnaît à la fixité du liquide conservateur, on peut être sûr qu'elle se maintiendra en bon état, pourvu que l'on manie avec prudence la préparation. La dissolution de gomme laque, que j'employais autrefois, a le grand inconvénient de se durcir et de se détacher; aussi j'ai renoncé à l'employer depuis quatre ans, et je ne me sers plus exclusivement que du mastic noir. Le caoutchouc ramolli n'est pas meilleur, bien qu'il ait été recommandé par Schleiden; il s'étire de tous côtés et déplace le liquide conservateur.

Avant de transporter la préparation sur la plaque de verre, il est bon de souffler sur la goutte du liquide qu'on y a déposée, afin qu'elle s'étende. Quant à la préparation elle-même, il faut l'introduire avec la plus grande précaution. Il n'est pas utile de traiter préalablement par l'alcool les objets frais et juteux; cela est nécessaire, au contraire, pour les coupes de bois, afin d'éloigner la résine ou l'air. Il faut, après avoir soumis la coupe à l'action de l'alcool, et avant de la transporter dans le liquide conservateur, la laver avec de l'eau dans un verre de montre. On transporte ensuite la préparation de l'eau dans le liquide qui lui est destiné, au moyen d'un pinceau à pointe très-fine. Pour retrouver plus facilement dans l'eau les petites préparations, on fera bien de placer le verre de montre sur un fond de bois sombre ou sur du papier noirci. Quand les préparations sont toutes sur la plaque de verre, on porte celle - ci sous le microscope simple, et amène les préparations dans la position la plus convenable, en ayant soin de les écarter l'une de l'autre avec l'aiguille. En même temps, on éloigne les corpuscules de poussière, ainsi que les fils ou les poils qui pourraient s'y trouver accidentellement.

En transportant la préparation avec le pinceau, de l'eau dans le liquide conservateur, on ne peut éviter d'étendre celui-ci; il est bon alors d'enlever avec un pinceau assez gros la majeure partie du liquide dans lequel est plongée la préparation, ce qui peut se faire, avec un peu d'exercice, sans la toucher ni la déplacer. On remplace ensuite le liquide enlevé par le liquide conservateur, en en versant une goutte, de grosseur proportionnée à la grandeur de la préparation. Si la goutte que l'on a ajoutée est trop grosse, on peut enlever encore une partie du liquide avec le pinceau. Avant de déposer le verre à couvrir, on doit encore observer sa préparation au microscope simple, ou mieux au microscope composé, avec un faible grossissement, pour savoir s'il y a encore des améliorations à y faire. On procède ensuite comme il suit:

On nettoie avec le plus grand soin la plaque de verre, en la frottant avec un morceau de toile très-sec. On tire ensuite dessus, à l'aide du pinceau à encre, deux traits parallèles, avec le mastic noir, d'une largeur de deux lignes, et à une distance l'un de l'autre qui dépend de la grandeur du verre à couvrir. Ces lignes de vernis, sur lesquelles doivent reposer plus tard les deux bords opposés du verre à couvrir, doivent être à moitié sèches déjà lorsqu'on transporte la préparation sur la plaque; cela arrive pour le mastic noir au bout de 10 à 15 minutes. Si la préparation est très-mince, il suffit d'une seule couche de vernis; si, au contraire, elle est épaisse, il est nécessaire, pour qu'elle ne soit pas comprimée, d'appliquer plusieurs couches, en ayant soin d'attendre que la couche précédente soit complétement sèche. Lorsqu'on a atteint ainsi une hauteur convenable, et que le vernis, par une dessication modérée, est devenu suffisamment solide, on porte, avec une baguette de verre, une goutte du liquide conservateur entre les deux lignes de vernis, et on y transporte la préparation à l'aide d'un petit pinceau à encre de Chine, comme il a été dit plus haut. Quand elle est à sa place, et que tout ce qui peut nuire a été enlevé, ce que l'on verra en regardant au microscope, on observe si la quantité de liquide qui entoure la préparation est suffisante; si elle est trop faible, on en ajoute; si elle est trop grande, on enlève l'excès. Si les bandes de résine sont complétement sèches, ce qui arrive au bout de quelques jours, on les rafraîchit en ajoutant une nouvelle couche très-mince du même vernis; si elles sont encore fraîches, on peut appliquer le verre à couvrir, avec les précautions convenables. Il faut naturellement nettoyer d'abord avec soin le verre à couvrir, et le dessécher avec un morceau de toile fine. S'il n'y a pas assez de liquide, c'est-à-dire s'il ne remplit pas complétement l'intervalle des deux bandes, on en ajoute une petite quantité, au moyen d'une baguette de verre, sur le bord du petit verre; si, au contraire, on avait mis trop de liquide, l'excès s'échappe sur les bords, si l'on exerce une douce pression, et on l'enlève avec un pinceau sec bien propre, ou avec un petit morceau de papier buvard blanc. Quand tout est ainsi ordonné, on termine en fermant le petit verre, sur ses deux bords qui sont encore ouverts, avec une résine de la même espèce que la première, mais plus épaisse, et que l'on obtient en laissant évaporer l'alcool à l'air dans un flacon ouvert. Si l'on employait un liquide moins épais, une petite portion pourrait glisser sous les verres à couvrir et se mêler au liquide conservateur. On fixe ensuite définitivement les deux autres bords qui reposent sur le vernis, et on abandonne la préparation à elle-même pendant quelques heures. Si, au bout de ce temps, on remarque que la quantité de liquide ait diminué, c'est que la fermeture n'est pas hermétique, et l'on peut remplacer, par l'addition d'un peu d'eau distillée, la substance qui a disparu par évaporation. Alors, après avoir désséché de nouveau les bords avec du papier buvard, on étend une nouvelle couche de mastic. Au bout de quelques heures, on étendra une troisième couche, et, si cela est nécessaire, on en mettra une quatrième au bout de quelques jours. Si, après une huitaine de jours, il n'est survenu aucun changement, on peut être sûr que la fermeture est hermétique, et que la préparation se conservera bien. Il est dangereux de placer dans des boîtes les préparations encore fraîches, avant que leur vernis ne soit complétement sec.

J'ai d'abord employé des bordures de vernis à 4 angles, ou circulaires, que les Anglais ont trouvé moyen d'appliquer d'une manière très-simple; mais je me suis bientôt convaincu que, par ce procédé, il reste presque toujours de l'air emprisonné, ce qui peut souvent nuire; j'emploie toujours maintenant deux bandes de vernis parallèles, sur lesquelles le verre repose comme sur deux piles de pont; l'air sort très-facilement et l'espace compris sous le verre peut être rempli complétement par le liquide, ce qui n'était pas possible dans le premier procédé. Cette méthode n'offre qu'une difficulté: c'est pour l'obtention d'une fermeture complète sur les deux côtés ouverts; cependant, avec un peu d'exercice, on arrive à triompher de cette difficulté.

Lorsque l'on fait une fermeture complète, il est indifférent que le liquide conservateur soit facilement évaporable ou non: les fermetures non complètes, comme celle que l'on obtient en séparant deux lames de verre par deux bandes de papier imprégnées de gomme, ne peuvent servir, au contraire, que pour les liquides qui ne s'évaporent pas facilement, ou qui puisent dans l'air humide l'eau qu'ils ont perdue, comme le chlorure de calcium en dissolution concentrée, et la glycérine. Malgré cela, ce vieux procédé est vicieux, et rien ne peut remplacer l'emploi des petits verres à couvrir. On trouvera dans la seconde édition de mon ouvrage (p. 189—192) des détails sur cet ancien procédé.

Quand ou veut conserver des préparations épaisses, on arrive difficilement à obtenir une fermeture complète; WELKER recommande, dans ce cas, l'emploi de la cire[1]). Pour les préparations plus minces, il recommande encore la cire, afin d'éviter la pression du petit verre sur la préparation; il soude un peu de cire à chaque coin du petit verre, de manière à former en quelque sorte quatre piliers, puis il fait, tout autour, une fermeture complète à l'aide de cire fondante. En enduisant à plusieurs reprises les bords avec le mastic d'OCHATZ (céruse et vernis de copal), ou avec le vernis d'asphalte, on protége la cire et donne plus de solidité à la liaison du petit verre avec le grand; on peut ainsi obtenir des préparations très-solides. Mais ce procédé me semble, au moins pour les petits objets, moins commode que celui que j'ai indiqué précédemment. Pour les objets épais, je recommande le châssis de verre des Anglais, bien qu'il coûte un peu cher; je le colle avec le mastic sur le porte-objet, et j'enduis de la même manière le verre à couvrir et l'extérieur du cadre. WELKER

---

[1]) H. WELKER, sur la conservation des objets microscopiques. Giessen, 1856, p. 8.

construit aussi de semblables châssis de verre, avec quatre rayons de verre, qu'il réunit en un cadre qu'il assujettit sur le porte-objet avec du baume de Canada. D'autres préfèrent des cadres en caoutchouc ou en gutta-percha. Pour voir s'il ne reste pas de bulle d'air dans ces cadres, il faut pousser un peu le petit verre de côté; le liquide doit alors s'écouler.

Pour ne pas comprimer les préparations en empilant les plaques de verre les unes sur les autres, je me servais autrefois de bandes de gros papier ou de papier carton; je me sers aujourd'hui, d'après l'exemple de Welker, de baguettes de verre larges de 2 à 3 lignes, dont la longueur correspond à la largeur de la tablette de verre et qui sont collées aux deux bouts de celle-ci avec du mastic; on peut même, avec cette disposition, expédier des préparations empilées les unes sur les autres.

Si une préparation placée dans le chlorure de calcium ou l'huile douce a perdu un peu de son liquide, on peut lui en restituer facilement, surtout s'il s'agit de préparations de bois ou d'écorce. On place de nouveau du liquide au bord du petit verre, et chauffe modérément la plaque à la lampe à alcool; par le refroidissement, cette eau est pompée avec avidité. Pour les préparations délicates, il faut évidemment prendre plus de précautions.

On indique la nature de la préparation au moyen d'une bande de papier collée sur la plaquette, ou directement sur le verre, avec le mastic noir. Si ce vernis était trop épais pour écrire avec un pinceau, on l'étendrait avec un peu d'alcool. Je me sers aussi de ce vernis pour entourer d'un cercle les petites préparations, ou les parties importantes d'une grande préparation, pour les faire remarquer plus facilement (p. 65). Cela vaut mieux que de graver les caractères avec le diamant, car ces caractères ne peuvent être vus que par transparence ou sur un fond obscur.

Je conserve mes préparations dans des boîtes plates qui sont garnies de velours en haut et en bas. On doit toujours veiller à ce que la préparation soit horizontale, afin que les objets minces ne changent pas de position. Dans une collection, il est bon d'avoir des plaques de verre spéciales pour les différents genres de plantes et leurs différents organes [1]).

----

[1]) De très-belles préparations ont été livrées au commerce par Bour-gogne, à Paris; on trouve aussi chez lui des squelettes de diatomées

(p. 28). Le Dr. SPEERSCHNEIDER, à Blankenburg près Rudolstadt, a fait aussi, dans un but purement scientifique, une très-belle collection de préparations. Il prépare en ce moment, par souscription, de nouvelles séries qui paraîtront en 6 livraisons, chacune de 24 préparations, et qui contiendront tout ce qu'il y a d'essentiel dans l'anatomie générale des plantes; un texte accompagne la boîte contenant chaque livraison; prix de la livraison, 4 thlr. 15 sgr. Je recommande cette collection, pour l'enseignement comme pour l'instruction personnelle.

FIN.

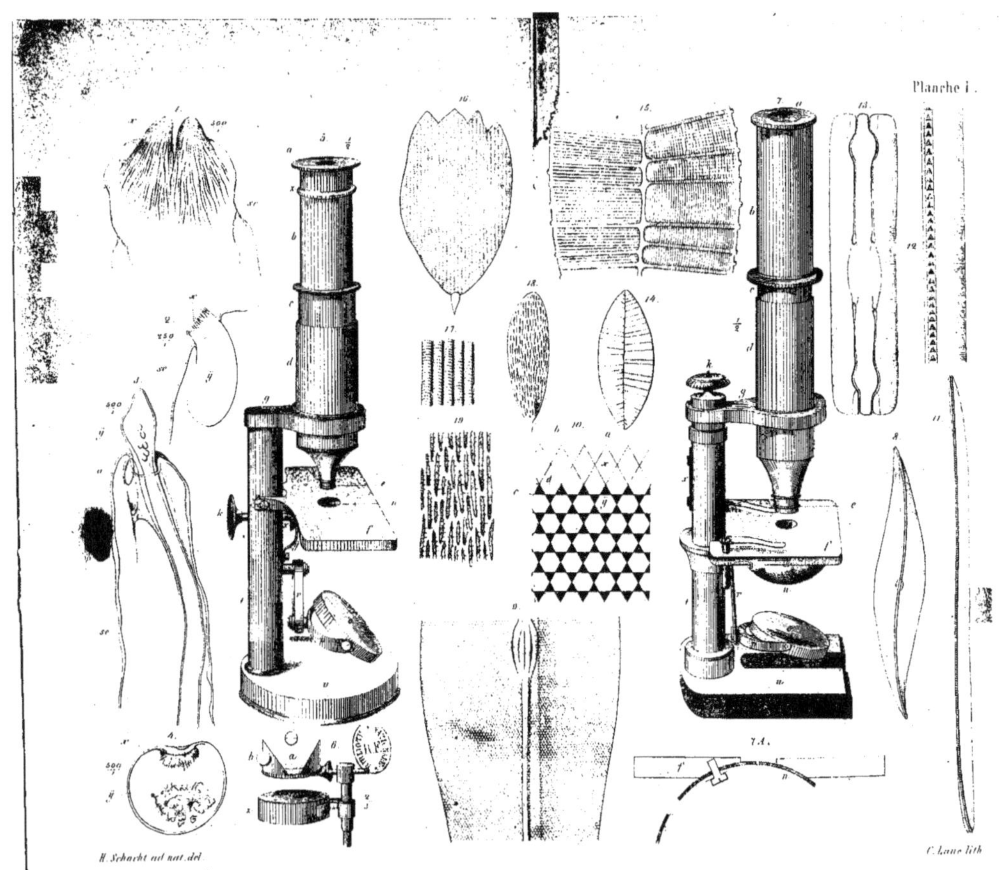

Planche i.
H. Schacht ad nat. del.
C. Lane lith.

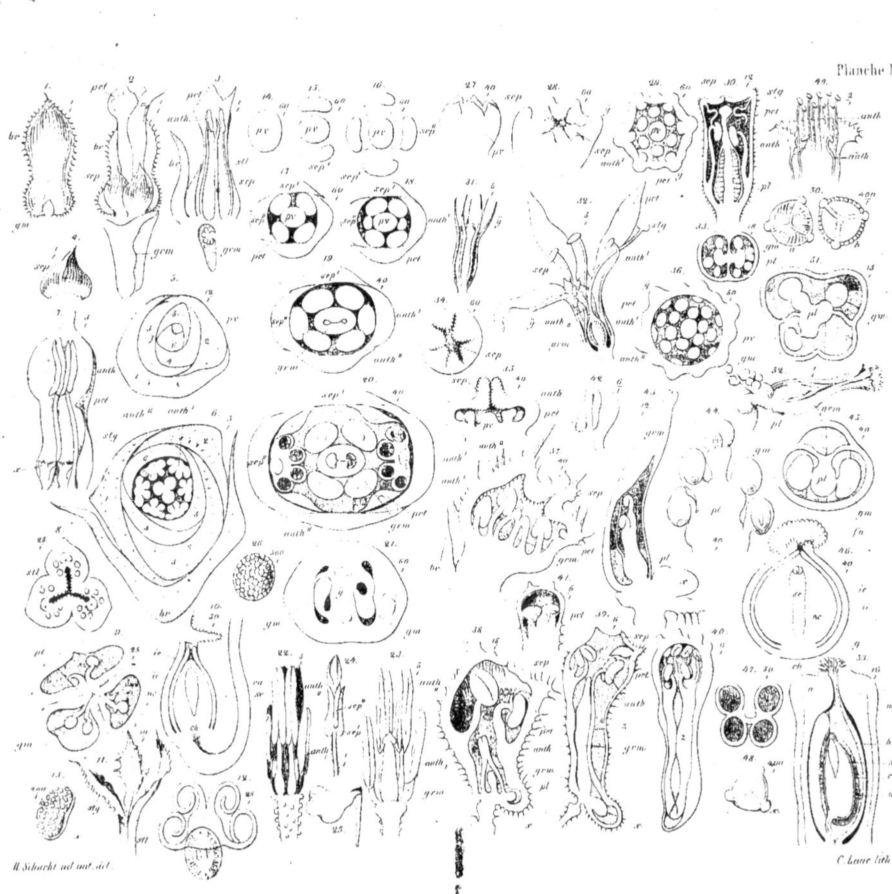

H. Schacht ad nat. del.
C. Laue lith.